Wichtige Sch

Triode

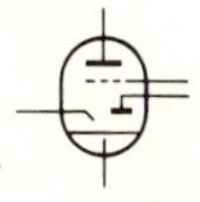

Einanoden - Entladungsgefäß mit Quecksilberkathode

Pentode

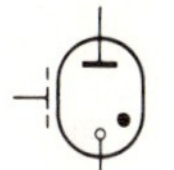

Blitzröhre

Fotozelle

Zählrohr

Halbleiterdiode

Kapazitätsdiode

Begrenzerdiode

Tunneldiode

Vierschichtdiode

Diac

Thyristor

Fotothyristor

Triac

Di-Triac

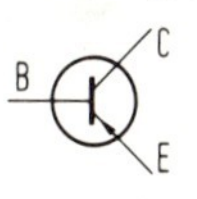

pnp - Transistor

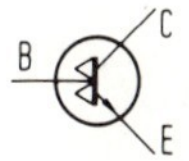

npn - Fototransistor

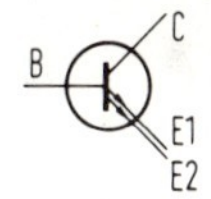

npn - Doppelemitter - Transistor

E B2 B1

p - UJT

G D S

p - FET

G D S

p - Foto - FET

G2 G1 D S

n - MOS - FET - Tetrode

G D S

MOS - Widerstand

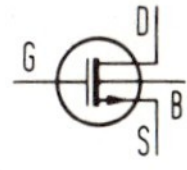

n - MOS - FET, Verarmung

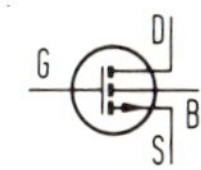

n - MOS - FET, Anreicherung

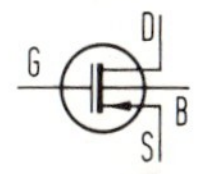

p - MOS - FET, Verarmung

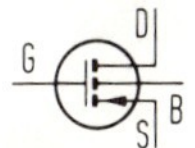

p - MOS - FET, Anreicherung

Bastelbuch für Integrierte Schaltungen

Ing. (grad.) Heinz Richter

Bastelbuch für Integrierte Schaltungen

Schaltungen und Experimente mit neuen Elektronik-Bauteilen

Mit 100 Abbildungen im Text
und 16 Fotos auf 8 Tafeln

Telekosmos-Verlag
Franckh'sche Verlagshandlung
Stuttgart

Schutzumschlag von Edgar Dambacher unter Verwendung eines Fotos von Armin Rudert
Das Foto zeigt den Niederfrequenzverstärker nach Abb. 46
100 Abbildungen im Text, nach Vorlagen des Verfassers gezeichnet von Hans-Hermann Kropf, Aalen
Fotos: Eigenaufnahmen des Verfassers

ING. (grad.) HEINZ RICHTER
1909 geboren, erhielt seine Ausbildung an der Höheren Technischen Lehranstalt München (jetzt Oskar-von-Miller-Polytechnikum), die er 1932 mit dem Ingenieurzeugnis verließ.
Nach einer mehrjährigen Tätigkeit als Konstrukteur von Selbstbaugeräten und Reparatur-Werkstättenleiter in einem Einzelhandels-Fachgeschäft ging er zum Flugfunk-Forschungsinstitut (Prof. Dieckmann), zuerst als Entwicklungsingenieur, später als Leiter einer technisch-wissenschaftlichen Arbeitsgruppe. Dort kam er sehr eng mit der Technik der Oszillographen und der Impulstechnik in Berührung, was zur Anmeldung und Erteilung mehrerer Patente führte. Seit 1945 betätigte sich Heinz Richter freiberuflich als Fachschriftsteller, Gutachter, Redakteur, Inhaber eines Fernunterricht-Unternehmens und als Entwicklungsingenieur im eigenen Laboratorium. Die praktische Arbeit am Labortisch lag Heinz Richter von allen Tätigkeiten am meisten am Herzen, und er hat sich auch in dem hier vorliegenden Buch bemüht, den Lesern unmittelbare Erfahrungen aus der Praxis in möglichst einfacher Form zu vermitteln.

Franckh'sche Verlagshandlung, W. Keller & Co., Stuttgart / 1971
 / LH 10 hö / ISBN 3-440-03820-3 / Printed in Germany
Gesamtherstellung: Konrad Triltsch, Graphischer Betrieb, Würzburg

Bastelbuch für Integrierte Schaltungen

Einleitung

Nicht nur die Industrie, sondern auch der Selbstbaufreund elektronischer Schaltungen, kurz Elektronikbastler genannt, wird immer wieder neuen Bauteilen gegenübergestellt. Es macht Spaß, damit zu arbeiten und einfache Schaltungen mit oft verblüffenden Wirkungen aufzubauen.

Schon als es lediglich Röhren gab, war der Selbstbau sehr beliebt. Damals waren es allerdings vorzugsweise Radioempfänger, die in Betracht kamen. Gleichzeitig mit der Erfindung des Transistors begann sich aber auch die Elektronik in unwahrscheinlichem Maße zu entwickeln, und es entstanden bei der Industrie zahlreiche Schaltungen, die zum Selbstbau bzw. zum Nachbau reizten. Das ging seinerzeit allerdings nur mit Germaniumtransistoren, die anfänglich recht wenig leisteten. Die Siliziumtransistoren verbesserten die Verhältnisse gewaltig, und nun ist es der integrierte Schaltkreis, der vollständige Transistorstufen ersetzen kann und heute zu recht tragbaren Preisen im Handel ist. Selbstverständlich interessiert sich jetzt auch der Elektronikbastler dafür. Mit Hilfe der integrierten Schaltungen kann er seine Geräte nicht nur leistungsfähiger, sondern auch wesentlich kleiner und mit geringerem Aufwand an zusätzlichen Einzelteilen aufbauen.

Der Verfasser hat bereits ein Buch mit dem Titel „Praxis der integrierten Schaltungen“ geschrieben, das im gleichen Verlag erschienen ist und das die wichtigsten Grundlagen der integrierten Technik bringt. Wer lediglich kleine Geräte mit möglichst wenig geistigem Aufwand bauen möchte, braucht die in diesem Buch enthaltenen vielen Einzelheiten jedoch gar nicht zu kennen. Er muß nur ungefähr wissen, was ein integrierter Schaltkreis enthält, wie er — in groben Umrissen — aufgebaut ist und — vor allem — was man damit machen kann. Er braucht Schaltungen mit kurzer Erläuterung, die sich leicht nachbauen lassen und zu fertigen Geräten führen. Viel denken und grübeln will er nicht, denn dafür ist seine Freizeit schon im Hinblick auf die zahlreichen Vergnügungs- und Reisemöglichkeiten viel zu knapp bemessen.

Den vorstehenden Gedanken trägt auch dieses Buch wie die übrigen Bastelbücher des Verfassers Rechnung. Im ersten Kapitel wird der integrierte Schaltkreis vorgestellt, und zwar in einer stark vereinfachten Form; wir lesen hier, warum das neue Bauelement geschaffen wurde, wie es aufgebaut ist, lernen dann die Typenbezeichnungen kennen, sprechen über die Bezugsmöglichkeiten und betrachten die Preise. Das alles sind unmittelbar praktische Fragen, die jeden berühren. Auch das zweite Kapitel ist der reinen Praxis gewidmet. Wir besprechen hier die sich beim Löten ergebenden Sonderfragen, behandeln das noch wichtigere Entlöten, klären die Kühlfragen bei integrierten Schaltungen und prüfen, ob man diese auch verschrauben oder stecken kann. Dann kommt ein wichtiger Abschnitt. Er behandelt den Aufbau eines Versuchsgerätes, mit dem man schnell und ohne Löten alle nur denkbaren Schaltungen, vor allem die in diesem Buch vorgestellten, aufbauen und untersuchen kann. Verliebt man sich dabei in eine Schaltung ganz besonders, so steht nichts im Wege, sie in Form eines kleinen Selbstbaugerätes für immer festzuhalten. Wie man das macht, bringt ein weiterer Abschnitt in diesem Kapitel. Der Schlußabschnitt bespricht die Stromversorgung, bei der einige Besonderheiten zu beachten sind, wenn man mit integrierten Schaltungen arbeiten will.

Wer besonders neugierig ist, möchte auch einen Blick in das Innere der kleinen, geheimnisvollen Röhrchen und Kästchen tun, als welche sich die integrierten Schaltungen äußerlich darbieten. Das geschieht im dritten Kapitel; dort bringen wir die Innenschaltungen der wichtigsten in diesem Buch besprochenen integrierten Schaltkreise, ferner sprechen wir davon, wie man die Bauteile auf einfache Weise prüft und wie sie elektrisch von außen beeinflußbar sind. Das ganze dritte Kapitel kann jedoch auch übersprungen werden. Man kann also gleich mit dem Studium von Kapitel 4 beginnen, das die ersten praktischen Selbstbauschaltungen bringt. Hier finden wir alle diejenigen Anordnungen, die in der Unterhaltungselektronik von Bedeutung sind, soweit sie sich für den Selbstbau eignen. Das sind vorzugsweise kleine Verstärkerschaltungen und einfache Empfänger. Selbstverständlich klammern wir die größeren Empfangsschaltungen, z. B. Superschal-

tungen, ferner die ganze Tonband- und Fernsehtechnik aus, denn hier geht es nicht mehr mit einfachen Mitteln.
Der an der Elektronik besonders Interessierte findet im fünften Kapitel eine vielseitige Auswahl von Schaltungen aller Art. Wir sehen dort, wie wir zu Lichtsteuerschaltungen kommen, wie man mit integrierten Schaltungen Temperaturen mißt, wie sich Zeitschalter bauen lassen, wie man Schwingschaltungen herstellen kann und viele sonstige Dinge. Bei der Auswahl haben wir vor allem darauf geachtet, daß die Schaltungen nicht nur elektrisch reizvoll sind, sondern auch einen praktischen Zweck haben, daß sie sich also z. B. im Haushalt, für Hobbyzwecke usw. einsetzen lassen.
Im letzten Kapitel schließlich sind einige Meßschaltungen enthalten, vorzugsweise solche einfacher Art. Neben hochstabilen Netzgeräten besprechen wir z. B. Meßgeräte für kleinste Ströme und Spannungen und auch einige Sonderschaltungen.
Der Verfasser hat viele der in diesem Buch gezeigten Schaltungen auf dem später zu besprechenden Experimentieraufbau selbst erprobt und einige der Aufbauten fotografiert, worauf jeweils im Text hingewiesen wird. Diese Bilder sind im Tafelteil des Buches zu sehen.
Wenig denken, nur basteln — dieses Motto steht unsichtbar über dem Beginn des Buches. Selbstverständlich werden keinerlei Formeln benutzt oder als bekannt vorausgesetzt. Wenn einige einfache Rechnungen unvermeidlich sind, so beschränken sie sich auf Additionen, Multiplikationen und Divisionen, die sicherlich von allen Zeitgenossen beherrscht werden. Verlag und Verfasser hoffen, daß dieses Buch einen ähnlichen Anklang findet wie die bisher erschienenen Bastelbücher.

H. Richter

Erstes Kapitel: Integrierte Schaltungen stellen sich vor

Wir wollen mit den in diesem Buch besprochenen integrierten Schaltungen vor allem Anordnungen aufbauen, die uns Freude machen und Nutzen bringen. Auf die oft recht komplizierten elektronischen Einzelheiten, auf die man im Inneren der integrierten Schaltungen trifft, brauchen wir daher überhaupt nicht einzugehen. Aber einige Grundtatsachen müssen bekannt sein, wenn man ein „inneres Verhältnis“ zu den neuartigen Bauteilen bekommen will. Deshalb befassen wir uns im ersten Abschnitt dieses Kapitels mit der Frage, warum man integrierte Schaltungen überhaupt hergestellt hat. Der zweite Abschnitt zeigt uns dann, wie integrierte Schaltungen, die man auch abgekürzt IS nennt, im Prinzip aufgebaut sind. Viele Einzelheiten der äußerst komplizierten Herstellungstechnik übergehen wir dabei, denn beim praktischen Arbeiten haben wir keinen Einfluß darauf und müssen die Bauteile so nehmen, wie sie sind. Es kommt uns ja nur auf ihre elektrischen Eigenschaften an, die den Bau zahlreicher Geräte ermöglichen. Viel ausführlicher gehen wir daher in diesem Abschnitt auf die praktischen Ausführungsformen der IS ein, denn die zahlreichen „Beinchen“, die aus den Gehäusen herausragen, haben eine bestimmte elektrische Bedeutung, die man beim Zusammenschalten mit anderen elektronischen Bauteilen kennen muß. Leider ist der Wirrwarr auf diesem Gebiet zur Zeit noch recht groß; insbesondere gibt es verschiedene Gehäuseformen, die wahrscheinlich in nächster Zeit noch durch weitere ergänzt werden.

Blättert man im Anzeigenteil der großen Fachzeitschriften, so findet man zahlreiche IS-Angebote, die nur durch eine kurze Typenangabe gekennzeichnet sind. Der Anfänger kann sich darunter überhaupt nichts vorstellen. Wir müssen daher das Schema kennen, nach dem diese Bezeichnungen gedeutet werden können, was im dritten Abschnitt dieses Kapitels geschehen soll. Eine sehr wichtige Frage wird im vierten Abschnitt behandelt: Von wo bekommt man überhaupt IS? Sind sie leicht oder sind sie schwer zu beschaffen? Wie steht es mit der Kostenfrage? Das alles sind Probleme, die in der Praxis von großer Bedeutung sind und die wir klären wollen, soweit das möglich ist. Hier sei schon darauf hingewiesen, daß man bei der Beschaffung wohl immer, auch in Zukunft, mit bestimmten Schwierigkeiten zu rechnen haben wird. Schließlich bringt der fünfte Abschnitt einige Hinweise zur Kostenfrage. Früher war es die Röhre, die die meisten Kosten beim Selbstbau von radiotechnischen und elektronischen Geräten aller Art verursachte. Dann kam der Transistor, der anfänglich sehr viel Geld kostete, und heute steht die IS zur Diskussion. Glücklicherweise hat das Überangebot in der zweiten Hälfte des Jahres 1970 die Preise so gesenkt, daß die praktische Beschäftigung mit integrierten Schaltungen an finanziellen Gründen nicht mehr zu scheitern braucht.

1. Warum die IS geschaffen wurden

Der Wunsch nach möglichst kompakten Bauteilen bestand zwar seit vielen Jahren. Nun beschloß aber nicht etwa plötzlich irgendein Fachmann, integrierte Schaltungen zu schaffen. Sie standen vielmehr am (vorläufigen) Ende einer sehr langen, durchaus logisch verlaufenen Entwicklungsarbeit, die in dem Augenblick begann, als man anfing, die physikalischen Vorgänge in Halbleiterschichten richtig zu verstehen. Der erste Erfolg war die Schaffung von praktisch wirklich brauchbaren Halbleiterdioden (Germanium und Silizium), die nicht mehr wie der alte gute Kristalldetektor nachgestellt werden mußten und im entscheidenden Moment versagten. Dann kam die große Erfindung aus den USA, der Transistor, der einen entscheidenden Einschnitt bedeutete und die Halbleiterkenntnisse der Physiker schlagartig vermehrte. Aber nicht nur Physiker, sondern parallel dazu auch Technologen und Anwender befaßten sich jetzt sehr intensiv mit den Herstellungsproblemen bei Halbleiterbauelementen aller Art, von denen übrigens in relativ kurzen Abständen immer wieder neue Bauformen geschaffen wurden (wer sich näher dafür interessiert, sei auf die Bücher „Transistor-Praxis“ und „Neue Halbleiterpraxis“ vom gleichen Verfasser im gleichen Verlag verwiesen). Man entwickelte neue chemische und physikalische Methoden zur Herstellung extrem reiner Ausgangsstoffe, vorzugsweise Germanium und Silizium, und lernte, die verschiedenartig dotierten Schichten sauber aufeinander abzustimmen, gewissermaßen wirkungsvoll in den eigentlichen Halbleiterkristall „einzubauen". Man konnte auch bald Widerstände und Kondensatoren durch entsprechende Ausgestaltung der Halbleiterschichten herstellen.

Die auf die geschilderte Weise schnell erzielten Fortschritte legten nun den Gedanken nahe, mehrere solcher Einzelbauteile zu einem abgeschlossenen Ganzen zu kombinieren, die Bauteile also zu „integrieren". Damit war der Weg zum Bau der integrierten Schaltungen frei. Als sich nun technische Möglichkeiten zur Herstellung solcher Bauelemente eröffneten, erkannte man schnell, daß damit ungeheure Vorteile verbunden sind. Wir wollen sie in Kürze aufzählen: größere elektrische Zuverlässigkeit, hohe Wirtschaftlichkeit, Einsparung an Raum und Gewicht und damit verbundene extreme Miniaturisierung, die dazu führte, daß z. B. das Mikroskop heute ein wichtiges Hilfsmittel bei der Herstellung von IS geworden ist. Daneben gibt es noch zahlreiche andere Vorteile und Gründe, die für die Herstellung solcher Systeme sprechen.

Das typische Kennzeichen einer jeden integrierten Schaltung ist die Tatsache, daß mehrere elektronische Bauteile, und zwar vorzugsweise Dioden, Transistoren, Widerstände und kleine, oft unbeabsichtigte Kondensatoren, in einer winzigen Einheit miteinander vereinigt sind. Diese Einheit — häufig nicht mehr als ein Quadratmillimeter groß — ist ein in sich abgeschlossenes Ganzes. Da es in ihrem Inneren keine Lötstellen gibt, weil die einzelnen Organe durch spezielle, sehr sichere Verfahren miteinander verbunden sind, gibt es auch keine schlechten Lötungen bzw. dadurch verursachte schlechte Kontakte. Die sich so ergebende Steigerung der Zuverlässigkeit ist heute, im Zeitalter der Raumfahrttechnik, so wichtig, daß schon dieser Umstand allein die Herstellung integrierter Schaltungen in größerem Umfang gerechtfertigt hätte. Aber nicht nur die Techniker und Ingenieure, sondern auch die Kaufleute profitieren von dem neuen Bauteil: Wir werden später sehen, daß man integrierte Schaltungen in einem Arbeitsgang in großer Stückzahl herstellen kann. Der Produktionsprozeß wird also sehr wirtschaftlich, und das ist bei der immer komplizierter werdenden elektronischen Technik von großer Bedeutung.

Die mit integrierten Schaltungen verbundene Miniaturisierung führt,

wie wir schon erwähnten, zu einer äußerst weitgehenden Raum- und Gewichtseinsparung. Geräte, die früher raumfüllende Abmessungen hatten, können heute mit einem Bruchteil des ursprünglichen Volumens und Gewichtes hergestellt werden. Daraus ziehen vor allen Dingen zwei immer wichtiger werdende Anwendungsgebiete ihren Nutzen: die Raumfahrttechnik und die Technik der elektronischen Datenverarbeitung. In einem Raumfahrzeug sind zahlreiche, oft sehr komplizierte elektronische Systeme notwendig, die gar nicht klein und leicht genug sein können. Ähnlich ist es bei den Computern. Als man noch mit Röhren arbeiten mußte, brauchte man zahlreiche Zimmer für diese Einrichtung. Die Transistortechnik führte schnell zu einer Reduzierung des Raumbedarfs, und die Einführung der integrierten Schaltungen auf diesem Gebiet ermöglichte noch wesentlich kleinere Abmessungen, was nicht nur aus Gründen der Handlichkeit, sondern auch aus elektrischen Gründen sehr wichtig war.
Fassen wir kurz zusammen: Integrierte Schaltungen beruhen nicht auf der sensationellen Erfindung eines einzelnen oder eines Teams, sondern sie sind das Ergebnis einer langen, äußerst erfolgreichen Entwicklung auf dem Halbleitergebiet. Sie bestehen grundsätzlich aus der innigen Vereinigung elektronischer Bauelemente zu einem in sich geschlossenen unlösbaren Ganzen, wobei vor allem Dioden, Transistoren, Widerstände und kleine Kondensatoren eine Rolle spielen. Merken wir uns, daß sich Spulen, Transformatoren, große Kondensatoren und andere Bauteile nach dem heutigen Stand der Technik nicht oder nur sehr schwer integrieren lassen.

2. Wie IS im Prinzip aufgebaut sind

„Man nehme einen kleinen Meißel, spalte unter Zuhilfenahme eines Hammers von einem großen Silitblock ein kleines Stückchen ab, setze dieses in eine Fassung und befestige darüber eine isoliert angebrachte Feder, die auf die Oberfläche des Kristalls drückt.“ Dieses einfache Rezept, das man bei der Herstellung von Kristalldetektoren anwenden konnte, eignet sich zur Schaffung integrierter Schaltungen leider nicht; wäre das der Fall, könnten wir sie uns selbst bauen. Die Herstellung ist so kompliziert, daß die dafür nötigen Fabrikationseinrichtungen nur von einigen wenigen, sehr finanzstarken Firmen beschafft

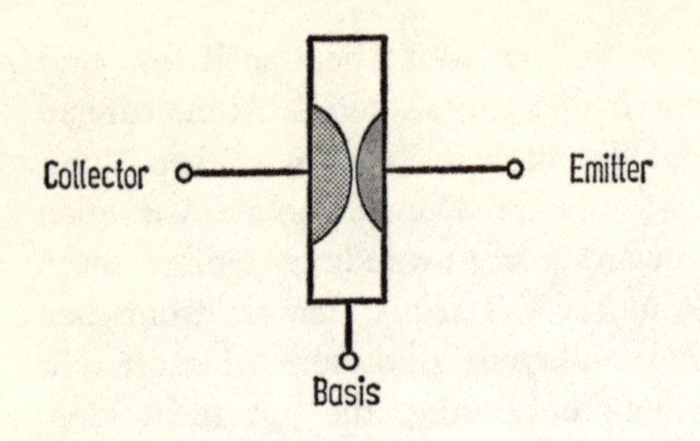

Abb. 1. Aufbau eines Transistors

werden können. Ein Meißel kostet wenige Mark, Herstellungseinrichtungen für integrierte Schaltungen dagegen Hunderte von Millionen. Noch dazu — man möchte es kaum glauben — sind diese kostspieligen Fabrikationssysteme sehr schnell veraltet, müssen daher stets erneuert und auf dem letzten Stand der Technik gehalten werden. Das bedeutet häufig eine totale Umstellung der ganzen Herstellungseinrichtung. Mit diesen Zeilen sei nur die Größenordnung angedeutet, mit der die Hersteller integrierter Systeme rechnen müssen. Sie kommen nur dann zu einem angemessenen Gewinn, wenn die eigentliche serienmäßige Herstellung der Bauteile so wirtschaftlich wie möglich verläuft, wenn ferner riesige Stückzahlen produziert werden, die zu einem diskutablen Preis auf den Markt kommen. Beides ist heute erreicht — in einem einzigen Herstellungsgang kann man viele hundert Exemplare integrierter Schaltungen fertigen, und der Bedarf an diesen Bauteilen ist tatsächlich sehr groß. So sind die Hersteller elektronischer Datenverarbeitungsanlagen beispielsweise die wichtigsten Kunden der Halbleiterindustrie, und viele professionelle Zweige, etwa die Raumfahrttechnik, haben ebenfalls einen erheblichen Bedarf. Auch die Unterhaltungselektronik kommt mehr und mehr als Abnehmer in Betracht, obwohl die dort benötigten Stückzahlen noch relativ klein sind.

Nun kurz ein ganz roher Abriß über die Herstellungsmethoden. Abb. 1 zeigt zunächst das Schema eines legierten Transistors, der aus einem Stückchen Germanium oder Silizium besteht. Links und

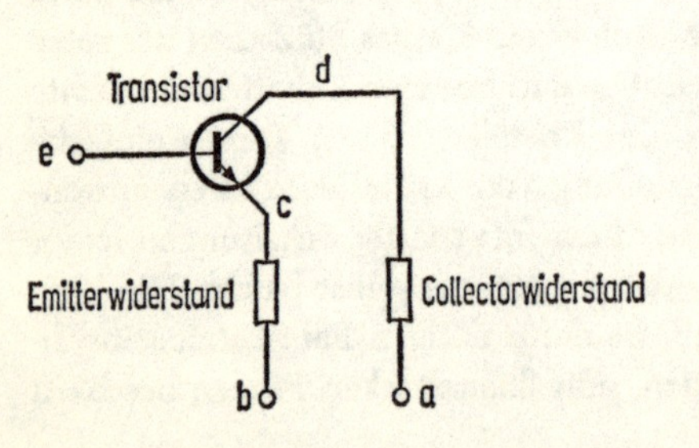

Abb. 2. Transistor mit Emitter- und Collectorwiderstand

rechts werden durch komplizierte Vorgänge Collector und Emitter einlegiert. Der Kristall selbst bildet den Basisanschluß. Wir haben einen einfachen „Legierungstransistor", der heute zugunsten der diffundierten Systeme immer mehr an Bedeutung verliert. Die Diffusion ist es nun auch, die bei der Herstellung integrierter Schaltungen eine Hauptrolle spielt.
Als Beispiel sei anhand von Abb. 2 und 3 dargestellt, wie man einen

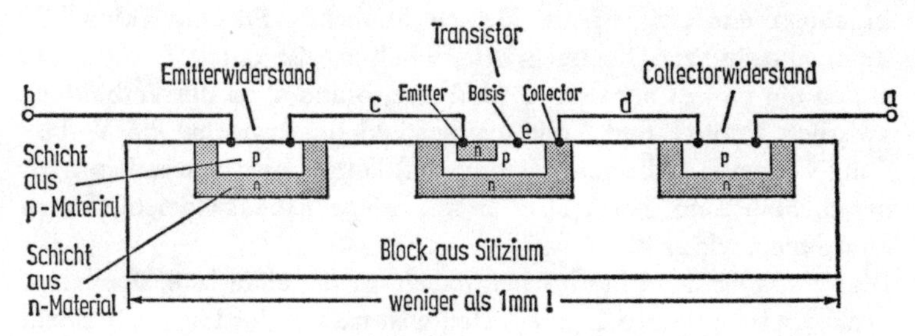

Abb. 3. Eine ganz einfache integrierte Schaltung

Transistor zusammen mit seinem Emitterwiderstand und Collectorwiderstand (Abb. 2) als integrierten Bauteil herstellen kann. Man geht dabei nach Abb. 3 von einem kleinen Block aus Silizium aus, das einen sehr hohen Reinheitsgrad aufweisen muß. Nun stellt man durch physikalische und chemische Verfahren zunächst (ganz links) eine Halbleiterschicht aus negativ dotiertem Material (n-Material) her, in die man eine ebenfalls sehr dünne Schicht aus positiv dotiertem Material (p-Material) „eindampft". Diese so zustande kommende Schicht stellt bereits den ganzen Emitterwiderstand (Strecke b – c in Abb. 2) dar, wobei das eine Ende nach außen geführt wird (b), während das andere Ende (c) innerhalb des ganzen Siliziumsystems mit dem Emitter des Transistors verbunden ist (c). Dieser Transistor (Mitte in Abb. 3) kommt auf ähnliche Weise zustande wie schon beschrieben: Man stellt zunächst eine n-Schicht her, in die man eine p-Schicht eindampft. In diese wiederum fügt man eine weitere n-Schicht ein, und wir sehen bereits, daß auf diese Weise ein Halbleiter-Bauelement mit der Reihenfolge n-p-n entsteht. Wir haben einen npn-Transistor vor uns, wobei das obere kleine Rechteck den Emitter, das große untere den Collector und die dazwischen befindliche Schicht die Basis bildet. Die Basis wird (Anschluß e) nach außen geführt, während der Collectoranschluß im Inneren der Schaltung zu einem weiteren Widerstand führt (d), der (ganz rechts in Abb. 3) ebenso aufgebaut wird wie der Emitterwiderstand ganz links in Abb. 3. Herausgeführt wird der Anschluß a, und wir erkennen, daß auf diese Weise ein Transistor zusammen mit zwei Widerständen in einem einzigen, winzig kleinen Stückchen Silizium (Monolith) untergebracht ist. Die integrierte Schaltung ist damit fertig. Nach außen hin gibt es nur drei Anschlüsse e, b und a, an die Verbindung zwischen Emitter und Emitterwiderstand (c) sowie an die Verbindung Collector–Collectorwiderstand (d) kommt man von außen nicht heran. Man muß den Transistor mit seinen Arbeitswiderständen so hinnehmen, wie er ist.

Was wir vorstehend beschrieben haben, ist die einfachste, überhaupt denkbare integrierte Schaltung. Heute ist man in der Lage, auf einem ebenso winzigen kleinen Siliziumstückchen hundert und mehr einzelne elektronische Bauelemente unterzubringen. Das sind die sogenannten LSI-Systeme, die etwa die Grenze des derzeit Erreichbaren darstellen. Häufiger sind die MSI-Systeme, die weniger als hundert Bauteile enthalten. Aber auch diese sind als Wunderwerk moderner Technik anzusehen. Es leuchtet wohl ohne weiteres ein, daß moderne integrierte Schaltungen — will man den zur Verfügung stehenden Siliziumraum ausnutzen — aus vielen nicht nur nebeneinander, sondern auch übereinander liegenden einzelnen Schichten bestehen, die nicht nur sinnreich miteinander verbunden, sondern auch ebenso sinnreich voneinander getrennt werden müssen. Man kann daher nicht in einem einzigen Arbeitsgang kompliziertere integrierte Schaltungen vollständig herstellen, sondern muß mehrere Arbeitsgänge hintereinanderschalten, wobei zunächst die inneren und später die äußeren Schichten entstehen. Damit nichts durcheinander kommt, verwendet man kleine, mit höchster Präzision gearbeitete Masken, die nacheinander auf das Kristallplättchen gelegt werden und diejenigen Teile, die nicht mit einer neuen Schicht belegt werden sollen, sorgfältig abdecken. Durch diese Maske wird nun die neue Lage des Halbleiterstoffs aufgedampft. Zur Herstellung jeder weiteren „Lage“

Abb. 4. Schaltsymbol für integrierte Schaltung, allgemein Verstärker

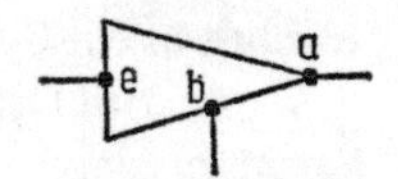

braucht man eine neue, anders geformte Maske, die die Herstellung der nächsten Halbleiterschicht ermöglicht. Ist diese hergestellt, so geht es in diesem Sinne weiter, bis schließlich die Schaltung fertig ist. Die Herstellung der benötigten Masken selbst ist eine Wissenschaft für sich, denn sie müssen trotz ihrer Kleinstabmessungen sehr exakt gearbeitet sein. Sie werden zuerst in großem Format gezeichnet und dann mit phototechnischen Hilfsmitteln so weit verkleinert, daß sie für die Verwendung in integrierten Schaltungen geeignet sind.
Wollte man nun die zahlreichen, höchst komplizierten Herstellungsabschnitte jeweils für ein einziges Exemplar einer integrierten Schaltung anwenden, so wäre das denkbar unwirtschaftlich. Deshalb bringt man mehrere hundert solcher Plättchen auf einer Siliziumscheibe unter, die wenige Zentimeter Durchmesser hat. Diese Scheibe („Wafer“) durchläuft die einzelnen, vorstehend angedeuteten Herstellungsschritte, und man erhält in einem Arbeitsgang mehrere hundert Einzelstücke integrierter Schaltungen. Dadurch wird die Herstellung so wirtschaftlich, daß sich der riesige Aufwand durchaus lohnt.
Fügt man die einzelnen Bauteile nach dem angedeuteten Verfahren in sinnvoller Weise aneinander, so kommt man zu recht umfangreichen Schaltungen, gewissermaßen zu in sich abgeschlossenen, fertigen Teilgeräten, die die eigentliche integrierte Schaltung bilden. In ihr Inneres kann man nicht sehen, zugänglich sind nur die Außenanschlüsse. Es liegt daher nahe, die IS in Schaltbildern nicht immer in vollem Umfang darzustellen, sondern ein Symbol zu verwenden, wie es in Abb. 4 dargestellt ist. Da integrierte Systeme in der Mehrzahl der Fälle Verstärker sind oder zumindest verstärkende Eigenschaften haben, verwendet man das seit langem bekannte Verstärkersymbol, also ein Dreieck, dessen Basis links und dessen Spitze rechts liegt. In bezug auf Abb. 2 sind nur die Anschlüsse e, b und a nach außen geführt, was man entsprechend andeutet. Bei komplizierteren Schaltungen entstehen viel mehr Außenanschlüsse, meistens bis zu 14. Das sind dann die 14 „Beinchen“, die aus dem Gehäuse herausragen. Die eigentliche IS, also der sorgfältig präparierte Siliziumkristall, muß

nämlich in ein Gehäuse gesetzt werden, damit er vor Beschädigungen sicher ist. Am Gehäuseboden sind dann die Anschlüsse befestigt. Das Gehäuse selbst ist — nebenbei bemerkt — wesentlich größer als die eigentliche integrierte Schaltung, so daß die Größenverhältnisse, von außen her gesehen, täuschen können. Wer einmal eine defekte IS zur Verfügung hat, sollte sie sorgfältig zerlegen. Er wird erstaunt sein, wie groß das Gehäuse gegenüber dem eigentlichen integrierten System ist.

Das vorstehend in seiner Herstellung ganz kurz besprochene Bauteil ist nur eine der möglichen Formen integrierter Schaltungen. Man spricht von Monolithsystemen, weil sie aus einem einzigen, kompakten Siliziumkristall hervorgehen. Daneben gibt es noch die sogenannten Dünnfilm- und Dickfilmschaltungen, die uns jedoch in der Praxis wenig interessieren. Sie seien daher nur ganz kurz angedeutet: Bei der Herstellung einer Dickfilmschaltung geht man von einer Keramikscheibe aus, wobei die Widerstände und die Leitungen mit Hilfe der Siebdrucktechnik angebracht werden. Die benötigten aktiven Bauteile, vorzugsweise also Dioden und Transistoren, muß man gesondert einlöten. Allerdings verwendet man dabei Transistoren und Dioden ohne Gehäuse, so daß die ganze Anordnung bereits recht kompakt wird. Bei den Dünnfilmschaltungen dient als Unterlage eine Glasplatte, auf der man die erforderlichen Leiterbahnen, Widerstände, erforderliche Kondensatorflächen usw. in sehr dünnen Schichten durch Aufdampfen im Vakuum unterbringt. Auch so kommt eine unteilbare Einheit zustande; die aktiven Bauelemente müssen aber ebenso wie bei den Dickfilmschaltungen nachträglich eingefügt werden. Auch hier kommen Miniaturtransistoren und Miniaturdioden zur Anwendung. Das ganze System läßt sich nachträglich mechanisch schützen, indem man es z. B. mit Kunstharz umpreßt. Diese Dickfilm- und Dünnfilmschaltungen treten in ihrer Bedeutung gegenüber den Monolithschaltungen, mit denen wir es im Selbstbau ausschließlich zu tun haben, stark in den Hintergrund.

3. Sprung in die Praxis: Gehäuse und Anschlüsse

Wem die Betrachtungen des vorhergehenden Abschnitts schon zu schwierig waren, konnte sie ohne Schaden überspringen. Sollte der eine oder andere Leser jedoch den Wunsch haben, noch etwas tiefer in die Herstellungstechnik einzudringen, so sei er auf das Buch „Praxis der integrierten Schaltungen" vom gleichen Verfasser im gleichen Verlag verwiesen, in dem zahlreiche weitere Einzelheiten und eine genauere Beschreibung des Herstellungsvorganges enthalten sind. In diesem Buch wird nur beschrieben, was wir mit den integrierten Schaltungen in der Praxis, vorzugsweise in der Selbstbaupraxis, machen können, und deshalb befassen wir uns gleich mit denjenigen Dingen, die in der Selbstbaupraxis unbedingt bekannt sein müssen.

Sprechen wir zunächst von den verschiedenen Gehäusen der integrierten Schaltungen. Bei ihrem Entwurf hat man sich teilweise an die Transistortechnik angelehnt, obwohl auch gänzlich neuartige Formen geschaffen wurden. Am ältesten ist das Rundgehäuse, wie wir es auch von den Transistoren her kennen, und zwar mit unterschiedlichen Abmessungen. Die Norm kennt für diese Gehäuse verschiedene Bezeichnungen, beispielsweise TO-78, TO-74 usw. Die Umrisse solcher Gehäuse sehen wir in den Abb. 5 und 6, Seite 20, erkennen also, daß es sich um eine kleine runde Kapsel aus Metall, neuerdings auch aus Plastik handelt, in der sich das eigentliche integrierte System befindet. Mit Hilfe von Spezialverfahren wird es im Gehäuse so eingebettet, daß es gegenüber Umwelteinflüssen aller nur denkbaren Art vollständig geschützt ist. Beispielsweise ist ein hermetischer (luftdichter) Abschluß unbedingt erforderlich, damit die Atmosphäre keinen Schaden anrichten kann. Auch muß man für eine gute Wärmeableitung sorgen, soweit das überhaupt zu verwirklichen ist. Die in den integrierten Schaltungen umgesetzten Leistungen sind zwar nicht sehr groß, aber immerhin so erheblich, daß eine gewisse, möglichst gut abzuführende Verlustwärme entsteht. Metall ist ein guter Wärmeleiter, und man ist daher bestrebt, das eigentliche System in einen möglichst engen Wärmekontakt mit diesem Gehäuse zu bringen. Dann genügt im allgemeinen Luftkühlung, wenn nicht größere Leistungen verarbeitet werden sollen. Falls erforderlich, kann man auf dieses Rundgehäuse auch eine der aus der Transistortechnik bekannten Kühlvorrichtungen setzen (Kühlsterne, Radiatoren usw.), die die Wärmeableitung verbessern.

Die genauen Abmessungen der Rundgehäuse können wir den in Abb. 5 und 6 enthaltenen Zeichnungen entnehmen. Wie man sieht,

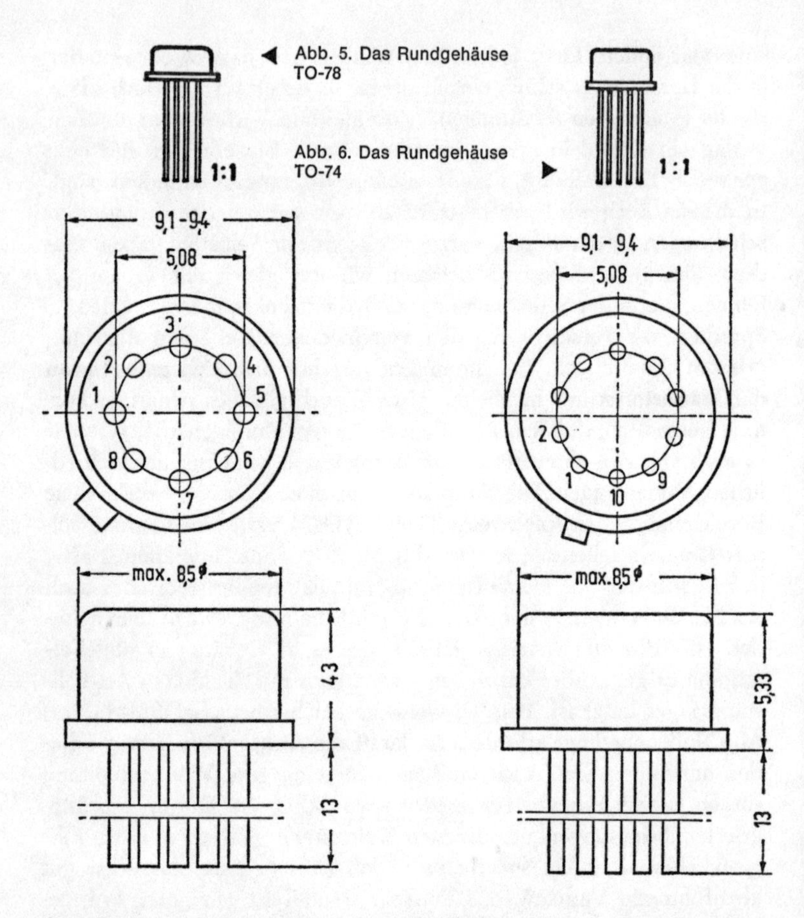

Abb. 5. Das Rundgehäuse TO-78

Abb. 6. Das Rundgehäuse TO-74

hat das kleinere Gehäuse (TO-78) insgesamt 7, das größere Gehäuse (TO-74) dagegen 10 Anschlüsse. Es gibt natürlich auch Gehäuse mit mehr oder weniger Anschlüssen. Die Herstellerfirmen geben in ihren Datenblättern jeweils an, welcher herausgeführte Anschluß zu welchem Punkt in der integrierten Schaltung selbst gehört. Wir besprechen später einige integrierte Schaltungen der Industrie und geben dabei jedesmal gleich das Anschlußschema des betreffenden Gehäuses mit an.

Wie man den Zeichnungen entnehmen kann, sind die Abstände zwischen den einzelnen Anschlüssen sehr klein, was vom Praktiker große Sorgfalt bei der weiteren Verarbeitung erfordert. Wird solch eine Schaltung in eine bestimmte Verdrahtung eingelötet oder mit Hilfe eines Spezialsockels eingesteckt, so sollte man sich immer wieder davon überzeugen, daß sich die Anschlüsse untereinander nicht berühren können. Sonst ist unter Umständen mit einer sofortigen Zerstörung des nicht gerade billigen Bauteiles zu rechnen, etwas, das man bei sorgfältigem Vorgehen durchaus vermeiden kann. Die Drähte sind — ähnlich wie bei den modernen Transistoren — relativ kurz, weil die Industrie die integrierten Schaltungen gewöhnlich unter Zuhilfenahme des Tauchlötverfahrens in die Leiterplatten einsetzt. Dadurch wird zwar die Herstellung besonders wirtschaftlich; für den Selbstbau dagegen sind die kurzen Drähte mitunter recht hinderlich, was wir jedoch in Kauf nehmen müssen. Hier schon der Hinweis, daß man ein stärkeres Verbiegen der Drähte nach Möglichkeit vermeiden muß; sie brechen leicht ab, insbesondere in Nähe des Durchführungspunktes, also dort, wo die Drähte aus dem Gehäuseboden herauskommen.

Moderner ist die Bauform nach Abb. 7. Es handelt sich um das so-

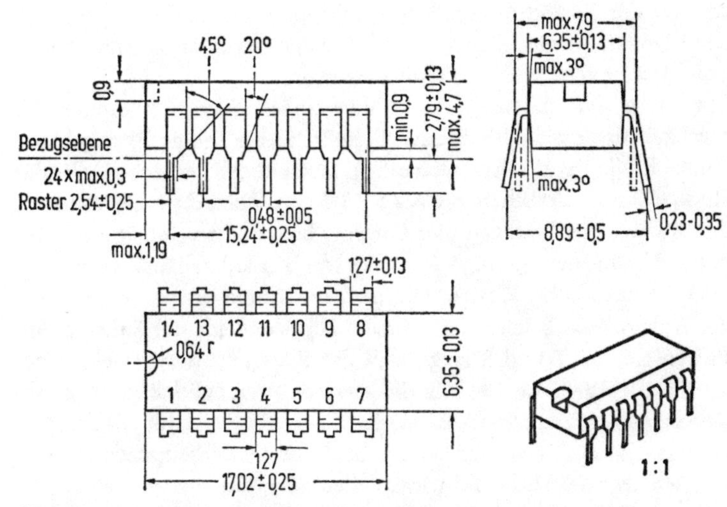

Abb. 7. Ansicht und Maße des Steckgehäuses TO-116

genannte Steckgehäuse (TO-116), das die Form eines flachen Rechteckes hat. International nennt man diese Form Dual-in-line-Gehäuse, und zwar deshalb, weil zwei Anschlußreihen zu den Längsseiten des Rechteckes parallel laufen. In Abb. 7 ist die äußere Form dieses Gehäuses im Maßstab 1 : 1 dargestellt, und man erkennt die winzigen Abmessungen. Sie betragen etwa 17×6×2 mm. Normalerweise verwendet man für den Körper Preßstoff, findet aber auch keramische Körper. In den meisten Fällen befinden sich an den beiden Längsseiten 7 Kontakte, die nicht wie beim Rundgehäuse aus einfachen Drähten, sondern aus Metallaschen bestehen, deren Abstände genormt sind. Das geht aus den Meßskizzen in Abb. 7 deutlich hervor. Auch bei diesen Gehäusen gibt es verschiedene Zahlen für die Anschlüsse, wobei die Zahl 14 am häufigsten vorkommt. Von Fahne zu Fahne ergibt sich ein Abstand von genau einer Rastereinheit (2,54 mm), für den Abstand von Reihe zu Reihe hat man drei Rastereinheiten gewählt. Gehäuse dieser Art sind für den Selbstbau am praktischsten, vor allem weil man die Wahl hat, entweder zu löten oder unter Verwendung von Spezialfassungen auch zu stecken. Über dieses wichtige Problem werden wir noch im 2. Kapitel Näheres hören. Vorteilhaft beim Steckgehäuse ist die Tatsache, daß man mit der aus der Transistortechnik gut bekannten Druckschaltungstechnik ohne größere Veränderungen oder Verfeinerungen auskommt. Abb. 1 Tafel 1 zeigt verschiedene IS mit Fassungen.

Legt man auf extrem kleine Abmessungen Wert, so kommt das Flachgehäuse nach Abb. 8 bzw. 9 in Betracht. Dieses Flachgehäuse (englisch: flat pack) hat wesentlich kleinere Abmessungen als das Steckgehäuse, nämlich nur 6×4,5×1,5 mm. Die Abstände zwischen den Anschlüssen betragen hier nur eine halbe Rastereinheit, sind also mit 1,27 mm sehr gering. Auch für diese Flachgehäuse verwendet man Keramik oder Plastik. Die genauen Abmessungen können wir der Abb. 8 bzw. 9 leicht entnehmen. Ein Vergleich der äußeren Ansichten in Abb. 7 und 8 zeigt, daß der Flachgehäusetyp viel kleiner als das Steckgehäuse ist. Für die angestrebte möglichst geringe Abmessung des Gesamtgerätes, in dem solche integrierten Kreise vorkommen, ist das zwar sehr erwünscht; in der Selbstbaupraxis ergeben sich jedoch zusätzliche Schwierigkeiten, die von uns vor allem ein sehr, sehr sorgfältiges Arbeiten erfordern, will man keinen Fehler

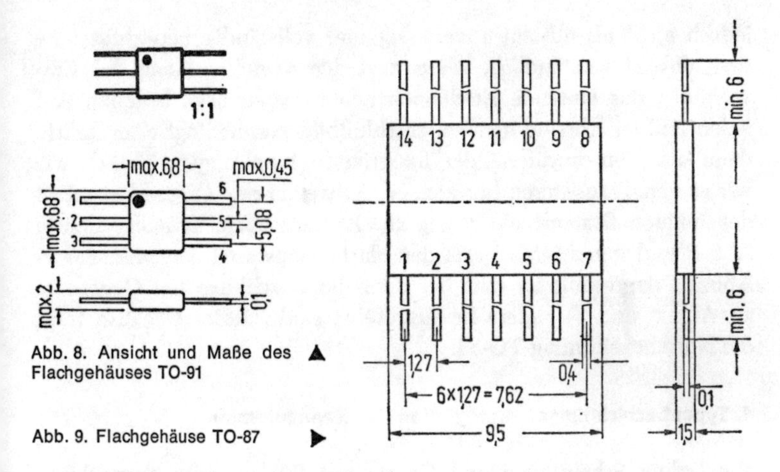

Abb. 8. Ansicht und Maße des Flachgehäuses TO-91 ▲

Abb. 9. Flachgehäuse TO-87 ▶

machen, der meistens mit einer Zerstörung des ganzen Systems verbunden ist.

Auch für die beiden anderen hier besprochenen Gehäuse gilt, daß sich die Zuordnung zwischen den einzelnen Außenanschlüssen und den Schaltpunkten im Inneren aus den Datenblättern, die von den Herstellern mitgeliefert werden, ergibt. Allerdings ist es mitunter schwer, diese Datenblätter zu beschaffen. Wir bringen daher in unserem Buch nur Schaltungen mit solchen IS, von denen wir das Anschlußbild gleich mit angeben. Dann kann nichts schiefgehen. Außer den Datenblättern gibt es übrigens auch Bücher, aus denen man die Anschlüsse entnehmen kann. Sie sind eine wichtige Ergänzung bei unseren Arbeiten, können

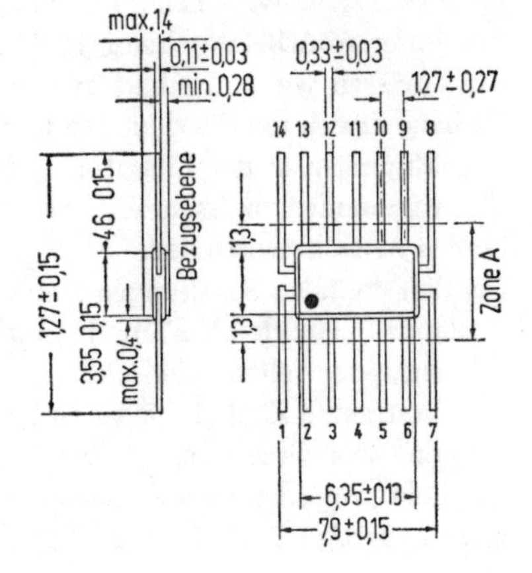

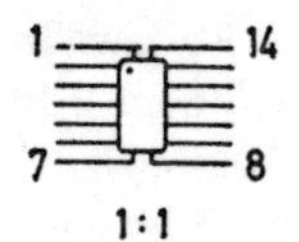

Abb. 10. Flachgehäuse TO-84

jedoch nicht als absolut zuverlässig und vollständig betrachtet werden; das ist verständlich, wenn man den schnellen Gang der Entwicklung, das laufende Erscheinen neuer Typen usw. bedenkt. Auf jeden Fall jedoch sind genaue Anschlußbilder unbedingt erforderlich, denn ein „Durchprüfen“ der integrierten Schaltungen, ähnlich wie wir es von Transistoren her kennen, ist wegen der Abgeschlossenheit des inneren Systems nicht möglich. Es gibt übrigens außer der in Abb. 8 und 9 gezeigten Form des Flachgehäuses ein weiteres, das in Abb. 10 dargestellt ist und bei dem die Anschlüsse (im Gegensatz zu Abb. 8 und 9) anders herausgeführt sind. Dieses Gehäuse trägt die Normbezeichnung TO-84.

4. Typenbezeichnungen ermöglichen das Kennenlernen

Wer schon Schaltungen und Geräte mit Röhren oder Transistoren hergestellt hat, weiß genau, daß die Röhren bzw. Transistoren Typenbezeichnungen haben. Hierfür gibt es verschiedene Kennzeichnungsschlüssel, die der Praktiker sicherlich kennt, so daß wir darauf nicht eingehen müssen. Solche Bezeichnungsschlüssel gibt es nun auch für integrierte Schaltungen; sie sind noch nicht alt, und es ist zu erwarten, daß sie noch geändert bzw. ergänzt werden. Der Schlüssel soll nämlich nicht nur Auskunft über bestimmte elektrische Eigenschaften, sondern auch über die Anwendungsgebiete geben, und diese sind keineswegs heute schon abgeschlossen.
Bei unseren Arbeiten, beim Einkauf der integrierten Schaltungen usw. müssen wir nun scharf zwischen zwei Gruppen unterscheiden. Es handelt sich um die digitalen und die analogen Bauteile. Da diese Bezeichnungen in der Literatur, in Firmenschriften usw. immer wieder vorkommen, müssen wir ganz kurz den Unterschied zwischen beiden Arten herausstellen.
Bei den digitalen Schaltungen kommen meistens nur zwei elektrische Zustände, nämlich „Ein“ und „Aus“, vor. Das System im Inneren soll entweder leiten oder nicht. Jedem dieser Zustände ist jeweils eine bestimmte Zahl (1 für leitend bzw. 0 für nicht leitend) zugeordnet, und aus diesen beiden Zuständen kann man sehr komplizierte „digitale“ Anordnungen aufbauen. Aus diesen Überlegungen ist eine ganz neuartige Technik, die Digitaltechnik, entstanden, wobei sich

jedoch selbst die komplizierteste Anordnung aus einigen wenigen digitalen Grundschaltungen zusammensetzen läßt. Diese Grundschaltungen nun verlangen Bauteile, die ihren Aufgaben besonders angepaßt sind. Das sind dann die digitalen Bauteile, zu denen bestimmte Transistoren und Spezialdioden, vor allem aber digitale integrierte Schaltungen gehören, die ganz bestimmte Aufgaben zu erfüllen haben. Diese Gruppe hat im Rahmen unseres Buches praktisch keine Bedeutung, denn sie läßt nur den Aufbau verschiedener Spezialschaltungen zu, die für die Selbstbaupraxis weniger geeignet sind. Deshalb verwenden wir fast ausschließlich die sogenannten analogen oder linearen integrierten Schaltungen, die sich zwar auch „ein- und ausschalten“ lassen, denen man jedoch beliebige elektrische Zustände zuteilen kann, ähnlich wie das bei der Röhre oder bei dem Transistor möglich ist. Man kann durch Wahl einer entsprechenden Eingangsspannung beispielsweise den Ausgangsstrom in einem Analogverstärker vollkommen gleichmäßig von 0 bis zu einem Höchstwert steuern. Schon eine flüchtige Überlegung zeigt, daß die Anwendungsgebiete solcher Schaltungen besonders zahlreich sind.
Wir kennen nun in groben Zügen den Unterschied zwischen den Digital- und den Analogschaltungen. Jetzt wollen wir uns mit dem Schlüssel vertraut machen, der eine Unterscheidung zuläßt und Hinweise auf die Verwendungsmöglichkeiten gibt. Zunächst zu den integrierten Digitalschaltungen.
Man unterscheidet zwischen Einzelschaltungen und Schaltungsreihen. Innerhalb einer Reihe haben diese Schaltungen aufeinander abgestimmte Daten und sind für den Zusammenbau zu größeren Gruppen vorgesehen. Im Augenblick besteht die Typenbezeichnung der integrierten Systeme aus drei Buchstaben und drei Ziffern. Dabei zeigen der erste und der zweite Buchstabe an, ob es sich um Reihenschaltungen oder um Einzelschaltungen handelt. Lesen wir z. B. die Bezeichnungen FA, FB, FC oder GA, GB, GC bzw. NY, NZ usw., so wissen wir, daß es sich um digitale Schaltungsreihen handelt. Erscheint als Kennbuchstabe das S, so handelt es sich um eine digitale Einzelschaltung, während man den Buchstaben U solchen Schaltungen zugeteilt hat, in denen sowohl lineare als auch digitale Systeme vorkommen. Zur laufenden Kennzeichnung verwendet man den zweiten Buchstaben bei Einzelschaltungen, den zweiten und

dritten Buchstaben bei gemischten Digital-Linear-Schaltungen. Im allgemeinen deutet der dritte Buchstabe die Funktion der Schaltung an. Da uns die Digitalschaltungen nicht weiter interessieren, wollen wir die Bedeutung der auf die Funktion hindeutenden Buchstaben hier übergehen.

Außer Buchstaben finden wir in dem Bezeichnungsschlüssel auch Ziffern. Die ersten beiden dienen der laufenden Kennzeichnung, während die dritte Ziffer den Mindestbereich der zulässigen Umgebungstemperaturen anzeigt. Nachstehend kurz eine kleine Tabelle, aus der sich die Temperaturbereiche ergeben. Es bedeuten:

1 0 ... + 70 °C
2 −55 ... +125 °C
3 −10 ... + 85 °C
4 +15 ... + 55 °C
5 −25 ... + 85 °C
6 −40 ... +100 °C
7 andere Temperaturbereiche.

Lineare Schaltungen sind ebenfalls entsprechend verschlüsselt. Der erste Buchstabe bezeichnet die Art der Schaltung, und zwar finden wir T für eine reine lineare bzw. analoge Schaltung, während man U, wie schon erwähnt, für gemischte Digital-Linear-Schaltungen verwendet. Ebenso wie bei den Digitalschaltungen dienen der zweite und dritte Buchstabe zur laufenden Kennzeichnung. Auch die beiden ersten Ziffern verwendet man hierfür, während die dritte Ziffer den Mindestbereich der Umgebungstemperatur, wie oben angegeben, kennzeichnet. Der zweite Buchstabe bei den Analogschaltungen deutet auf die Anwendungen hin. Es bedeutet:

A = Verstärker
B = Frequenzumformer, Demodulator
C = Oszillator
D und G = Netzwerke

Die Anschlüsse der verschiedenen integrierten Schaltungen sind numeriert. Um zu erkennen, wo die Numerierung beginnt und wo sie aufhört, gibt es Markierungspunkte auf den Gehäusen, die der jeweilige Hersteller stets definiert. So hat es sich z. B. bei den Steckgehäusen eingebürgert, den Anschluß 1 lediglich durch eine Einkerbung an der Gehäuse-Stirnseite zu kennzeichnen. Dieser Hinweis ist jedoch mit Vorsicht zu genießen, weil es bei den einzelnen Herstellern noch immer ziemlich durcheinander geht. Manche Hersteller verwenden andere Markierungen, benützen irgendwelche natürliche Verformungen des Gehäuses für Markierungszwecke usw. Maßgebend ist also jeweils nur das Datenblatt, aus dem sich eindeutig die Markierung ergibt.

5. Wo bekommt man IS?

Mit dieser Überschrift schneiden wir einen heiklen und leider nicht immer erfreulichen Punkt an, der gerade im Selbstbau eine wichtige Rolle spielt. Geht man z. B. in ein beliebiges Fachgeschäft für Radiogeräte und Fernsehempfänger und fragt dort nach integrierten Schaltungen, so wird man — je nach Temperament — entweder verwundert angesehen oder mitleidig belächelt. Die Verkäufer von Geräten der Unterhaltungselektronik kennen den Begriff integrierte Schaltungen nur aus den Prospektangaben der Gerätehersteller, wo sie lediglich eine Werbefunktion zu erfüllen haben. Daß man sie auch einzeln kaufen kann, weiß der Durchschnittsverkäufer eines Fachgeschäftes meist nicht. Es ist also sinnlos, nach diesen Teilen in einem beliebigen Fachgeschäft der Unterhaltungselektronik zu fragen. Für Geschäfte dieser Art lohnt es sich auch nicht, integrierte Schaltungen zu führen, weil die Nachfrage viel zu gering wäre. Man muß daher nach Bezugsquellen Ausschau halten, die sich auf derartige Teile spezialisiert haben.

Im wesentlichen gibt es nur zwei Bezugsmöglichkeiten, denn die Hersteller der Teile selbst scheiden aus, weil sie nur Großabnehmer beliefern. Die erste Hauptgruppe bilden die sogenannten Distributoren, die die Halbleiterhersteller zwischen sich und die Kleinabnehmer geschaltet haben. Das sind gewöhnlich Vertragsfirmen, die sich entweder nur auf die Erzeugnisse eines bestimmten Herstellers oder auf die von mehreren Fabrikanten spezialisiert haben. Solche Firmen haben vor allem im Hinblick auf die Tatsache Daseinsberechtigung, daß es viele Laboratorien, Kleinwerkstätten, Servicestellen, Entwicklungsstellen usw. gibt, die Halbleiterbauteile für ihre Arbeit brauchen, auf große Stückzahlen jedoch keinen Wert legen. Diese Distributoren sind also Auslieferungsstellen bestimmter Fabrikate, die auch

Kleinstmengen zur Verfügung stellen und im allgemeinen sehr pünktlich arbeiten. Allerdings sind sie auf Privatleute, die lediglich aus Liebhaberei an den Erzeugnissen interessiert sind, nicht immer gut zu sprechen, wie erst ein kürzliches Gespräch zwischen einem solchen Distributor und dem Verlag zeigte. Die Verbraucher beschränken sich nämlich in vielen Fällen nicht etwa nur auf eine exakte Bezeichnung der gewünschten Einzelteile ohne weitere Zusatzfragen, sondern sie drücken sich oft unklar aus und haben darüber hinaus noch Zusatzfragen, deren Beantwortung die Zeit der betreffenden Lieferfirma weit über Gebühr in Anspruch nimmt. Daß man dann lieber auf die Belieferung solcher Kunden verzichtet, versteht sich ohne weiteres. Legt man daher auf die Belieferung durch einen Distributor Wert, so sollte man *unbedingt eine exakt formulierte Bestellung (genaue Angabe des Typs, möglichst auch der Bestellnummer, Katalognummer, Stückzahl usw.) absenden und auf Rückfragen jederlei Art verzichten. Nur dann besteht Aussicht einer schnellen Belieferung.* Außerdem empfiehlt sich der Hinweis, daß man die Teile für die Entwicklung eines elektronischen Gerätes benötigt. Auch die Frage der Bezahlung muß sachgemäß und schnell abgewickelt werden, wobei man sich an die Zahlungsbedingungen des Distributors halten muß. Einige wichtige Distributoren sind im Anhang dieses Buches zusammengestellt.

Der zweite Weg zur Beschaffung von integrierten Schaltungen (oder sonstigen passiven und aktiven Bauelementen) führt zu den großen Spezial-Versandgeschäften, von denen wir die wichtigsten ebenfalls im Anhang des Buches zusammengestellt haben. Das Programm dieser Geschäfte ist zwar sehr reichhaltig und vielfältig, keineswegs jedoch erschöpfend bzw. vollständig, so daß man nicht mit Sicherheit damit rechnen kann, ein ganz bestimmtes Bauteil bei jeder dieser Firmen zu erhalten. Zwar führen die Versandgeschäfte im allgemeinen die gängigsten lieferbaren Typen der Halbleiterfirmen, können jedoch nur eine Auswahl bereithalten, wobei sie sich nach der jeweiligen Nachfrage richten. Weiterhin kaufen solche Firmen häufig Restbestände der Halbleiterhersteller zu günstigen Preisen auf und bieten sie dann dem Kleinverbraucher an, häufig unter Typenbezeichnungen, die mit denen des Herstellers nicht identisch sind. Meistens geschieht das auf Wunsch der Halbleiterfabrikanten, da diese Aus-

lauftypen nicht immer den hohen, an sie normalerweise zu stellenden Anforderungen entsprechen. Für Selbstbauzwecke ist das meistens unbedenklich, denn im allgemeinen genügen sie den wesentlich kleineren Forderungen, die an solche Geräte zu stellen sind.
Wir haben uns nun bemüht, in unserem Buch Schaltungen nur von solchen Bauteilen zu bringen, die tatsächlich gut eingeführt und verbreitet sind. Wie Stichproben zeigen, werden die meisten auch von den Versandgeschäften geliefert. Eine Garantie für die dauernde Lieferbarkeit ist jedoch mit dieser Aussage nicht verbunden, denn wenn beispielsweise ein Restposten ausverkauft ist, hängt es vom Zufall ab, ob die Lieferfirma einen neuen, gleichartigen Posten wieder hereinbekommt. Es kann also sehr gut sein, daß bestimmte Bauteile vergriffen sind, wenn das vorliegende Buch in die Hände seiner Leser kommt. Wir können an diesen Tatsachen nichts ändern, sondern müssen die Verhältnisse so schildern, wie sie nun einmal sind.
Leider vergeht zwischen dem Absenden der Bestellung und der Erledigung der Lieferung häufig eine erhebliche Zeit, die mehrere Wochen betragen kann. Auch muß man damit rechnen, daß man überhaupt keine Antwort bekommt, wenn ein bestelltes Einzelteil gerade ausgegangen ist. Das ist recht unerfreulich, muß aber in Kauf genommen werden. Man achte auch darauf, daß der Rechnungsbetrag nicht zu niedrig liegt. Viele Firmen verzichten auf Aufträge unter DM 5.— oder DM 10.—. Gewöhnlich ist das in den Lieferbedingungen vermerkt. Sie sollten also sorgfältig studiert werden, bzw. es ist immer vorteilhaft, wenn man sich vor Aufgabe einer Bestellung einen Katalog der Firma verschafft, in dem die Lieferbedingungen mit Sicherheit verzeichnet sind. Findet man irgendein Bauelement nicht im Katalog, so kann man eine Rückfrage stellen. Man vergesse jedoch nicht die genaue Angabe des betreffenden Typs und lege der Anfrage Rückporto bei, weil sie sonst nicht beantwortet wird. Auch bei solchen Rückfragen muß man viel Geduld haben.
Wie schon erwähnt, handelt es sich bei den Angeboten von Versandfirmen häufig um Sonderposten, die mehr oder weniger schnell vergriffen sein können. Es empfiehlt sich daher das laufende Studium der Anzeigen dieser Firmen, wie man sie in größeren Fachzeitschriften (für Rundfunk, Fernsehen, Elektronik, Hobbyzwecke, Bastelbedarf usw.) regelmäßig findet. Die Bauteile werden meistens mit

genauer Typenbezeichnung angeboten. Ein sorgfältiges Studium zahlt sich gewöhnlich aus, weil man dabei häufig auf Bauteile trifft, die man vielleicht aus anderen Gründen schon lange sucht und hier billig angeboten bekommt. Prüft man dann noch das Angebot an integrierten Schaltungen selbst, so findet man häufig Ersatztypen, die sich für einen bestimmten, von uns ins Auge gefaßten Zweck ebenfalls eignen. Wenn wir uns längere Zeit mit integrierten Schaltungen in der Praxis befaßt haben, werden uns auch die Typenangaben bald keine toten Begriffe mehr sein, und wir werden selbständig entscheiden können, ob sich der eine oder der andere vorgeschriebene Typ durch einen ähnlichen ersetzen läßt. Bei dieser Gelegenheit ein dringender Hinweis: *Weder der Verlag noch der Verfasser sind imstande, Rückfragen hinsichtlich Lieferbarkeit bestimmter Teile zu beantworten. Wir bitten daher unsere Leser höflichst, von solchen Anfragen abzusehen.*

In der Zeitschriftenliteratur findet man häufig interessante Schaltungen, die ebenfalls für den Selbstbau in Frage kommen, die jedoch meistens komplizierter Natur sind. Sie eignen sich gewöhnlich für den fortgeschrittenen Amateur, dem dann auch Original-Firmenunterlagen zur Verfügung stehen werden. Das Auslandsangebot ist sehr groß, und zahlreiche ausländische Firmen (vorzugsweise amerikanische und japanische) haben in Deutschland Zweigwerke, zumindest Zweigniederlassungen. Bekommt man Datenblätter von diesen Firmen, so sind sie häufig in einer fremden Sprache abgefaßt. Das erschwert natürlich ihre Auswertung, und man muß gegebenenfalls versuchen, deutsche Unterlagen zu erhalten. Auch das ist nicht leicht und setzt den guten Willen der Lieferanten voraus, der leider nicht immer vorhanden ist.

6. Was sagt der Geldbeutel zu den IS?

Als Anfang der fünfziger Jahre in Deutschland die ersten Transistoren auf den Markt kamen, mußte man dafür erhebliche Preise bezahlen. Mancher verzichtete auf die Anschaffung, denn die damaligen Transistoren boten im Hinblick auf die stark beschränkte Leistung und den geringen Frequenzumfang nur wenig Aussicht, mit der Röhre konkurrieren zu können. So verzichteten die Hobby-Elektroniker anfänglich ganz auf Transistoren; sie kamen erst in Betracht, als sie billiger und leistungsfähiger wurden. Trotzdem lagen die Preise immer noch beachtlich hoch. Das änderte sich erst, als die Transistoren in wesentlich größeren Stückzahlen mit rationelleren Methoden gefertigt werden konnten. Es begann ein erheblicher Preisverfall, Transistoren wurden ebenso billig wie Röhren, und heute sind sie billiger als diese, obwohl die Röhrenpreise erheblich gesenkt werden konnten.

Auch die Preise integrierter Schaltungen unterlagen einer starken Wandlung. Als die ersten Typen auf den Markt kamen, ergaben sich Preise von einigen 100 DM pro Stück. Sehr schnell jedoch, wesentlich schneller als bei den Transistoren, wurden größere Stückzahlen gefertigt, und man beherrschte schon bald die rationelle Herstellung so gut, daß die Preise erheblich sanken. Immerhin — kompliziertere Typen waren kaum unter DM 50.– bis DM 20.– zu haben. Erst in der zweiten Hälfte des Jahres 1970 setzte plötzlich ein starker Preisverfall ein, der seinen Ursprung in den Vereinigten Staaten hatte. Dort wirkte sich sehr bald das Sparprogramm der amerikanischen Regierung aus, das zu einer starken Kürzung der Aufträge für die Raumfahrtelektronik und andere Zweige führte. Kurz vorher noch hatte die amerikanische Halbleiterindustrie umfangreiche und kostspielige Investitionen unter der Annahme durchgeführt, die Auftragssituation werde sich nicht verschlechtern. Als das trotzdem der Fall war, begann der Preiskampf, denn viele Firmen brachten ihre jetzige Überproduktion nicht mehr an den Mann und versuchten sich dadurch Luft zu verschaffen, daß sie auch auf europäischen Märkten ihre Erzeugnisse abzusetzen versuchten. Ein starkes Unterbieten der Preise europäischer Hersteller war an der Tagesordnung, und diese mußten, ob sie wollten oder nicht, mit ihren Preisen nachziehen. Es ist leicht verständlich, daß die Preise wegen des jetzt beginnenden erheblichen Konkurrenzkampfes und wegen des „Absatzes um jeden Preis" beträchtlich sinken mußten. Besonders deutlich wurde das auf der Münchener Ausstellung „electronica", auf der der Preisverfall ein Gesprächsthema ersten Ranges war. Bauteile, die noch vor mehreren Jahren einige 100 DM kosteten, wurden jetzt für wenige Mark angeboten.

Nun muß man berücksichtigen, daß die derzeitige Ausnahmesituation eines Tages ihr Ende finden wird und daß die extrem niedrigen Preise vor allem für solche Typen gelten, die in der Digitaltechnik eine Rolle spielen (auf diesem Gebiet arbeiten bekanntlich die Großabnehmer, vor allem die Hersteller elektronischer Rechengeräte). Analogschaltungen, die für die Selbstbautechnik vor allem in Frage kommen, wurden zwar auch von diesem Preisverfall betroffen, sind jedoch auch heute noch nicht um die berühmten Pfennigbeträge zu erhalten, von denen auf der Münchener Ausstellung die Rede war. Im Mittel müssen wir mit einer Ausgabe von etwa DM 2.— bis DM 20.— rechnen, wenn wir einen komplizierten analogen integrierten Schaltkreis erwerben wollen. Diese Ausgabe wird nicht jedem Hobby-Elektroniker leichtfallen; wenn er jedoch die laufenden Angebote der Versandhäuser studiert, wird er immer wieder auf preiswerte Typen treffen, deren Erwerb möglich ist und die den Anforderungen durchaus gewachsen sind. Das wird vor allem für die Zukunft gelten, denn es ist durchaus anzunehmen, daß viele integrierte Analogschaltungen schon bald durch neuere Typen ersetzt werden. Die noch vorhandenen Restbestände der alten Ausführungen werden dann erfahrungsgemäß über die Versandhäuser billig angeboten.

Zusammengefaßt können wir sagen, daß man zwar integrierte Analogschaltungen nicht gerade geschenkt bekommt, daß sie jedoch nicht unerschwinglich sind und daß der Abnehmer von dem Preisverfall auf dem Halbleitermarkt auch heute noch profitieren kann. Sorgfältiges Studium des Marktes, Vergleich zwischen den Angeboten und ein wenig Glück sind Voraussetzung.

Zweites Kapitel: Wie man mit IS beim Selbstbau umgeht

Hat man zum ersten Mal eine integrierte Schaltung in der Hand, so zieht man gewöhnlich die Stirn etwas kraus. Da liegt nun ein kleines Mäuschen mit vielen Beinchen, und man steht vor der Aufgabe, die Anschlüsse mit der „Außenwelt" zu verbinden, worunter man die sonst noch erforderlichen Einzelteile zu verstehen hat, die zu einem kompletten Gerät gehören. Das Einfügen einer integrierten Schaltung in das Gesamtgerät erfordert — das sei hier schon bemerkt — nicht nur die Anwendung bestimmter Techniken, sondern sehr große Sorgfalt, feinfühlige Hände und ein Mindestmaß an Geschick, das man sich jedoch nach einiger Übung automatisch aneignen wird.
Im vorliegenden Kapitel besprechen wir zunächst die eine Möglichkeit der Einfügung von IS in die Gesamtschaltung, nämlich das Löten. Hier gibt es zahlreiche und teilweise neue Gesichtspunkte zu beachten, von denen im ersten Abschnitt die Rede ist. Nicht unwichtig ist auch die Frage der Kühlung des Gehäuses, denn wenn auch die umgesetzten Leistungen bei einfacheren IS relativ klein sind, so gibt es doch heute schon Sondertypen, die mehrere Watt nach außen abzugeben vermögen. Dabei entsteht eine beträchtliche Verlustwärme, die abgeführt werden muß. Von diesen Problemen sprechen wir im zweiten Abschnitt. Der dritte Abschnitt behandelt die zweite Möglichkeit des Einfügens von IS in ein Gesamtgerät, nämlich die Verschraubung der Anschlüsse oder das Steckprinzip, für das man Spezialfassungen braucht. Auch hier wollen zahlreiche Gesichtspunkte beachtet sein.
Mit am wichtigsten für den IS-Amateur ist die Frage, wie er schnell zu einem Versuchsgerät kommt. Wir haben uns dieses Problem lange überlegt und sind zu dem Entschluß gekommen, unserem Leser einen Versuchsaufbau zu empfehlen, mit dem er die verschiedenen Schaltungen schnell und ohne große Mühe aufbauen kann. Dieser Versuchsaufbau ist nicht etwa zur Herstellung eines *einzigen* Gerätes gedacht, sondern er bezweckt die schnelle Untersuchung vieler Schal-

tungen, die wir in ihrer Wirkungsweise studieren können. Gefällt uns eine davon ganz besonders, so können wir sie jederzeit als Einzelgerät aufbauen, bei dem man sich dann nur noch den mechanischen Fragen widmen muß, denn die elektrischen Ergebnisse liegen bereits vor. Das gibt eine gute Sicherheit gegen „Fehlbauten", die nicht nur ärgerlich, sondern auch teuer sein können, besonders wenn beispielsweise beim öfteren Aus- und Einlöten eines IS die Einheit zerstört wird. Dem beugt man durch die Anfertigung eines Versuchsgerätes vor, das im vierten Abschnitt dieses Kapitels gründlich beschrieben wird.

Wer sich nun entschließt, die eine oder andere der von uns empfohlenen Schaltungen endgültig aufzubauen, findet im fünften Abschnitt Winke für den eigentlichen Gerätebau. Wir gehen dabei auf alle modernen Techniken ein und zeigen, wie man mit wenig Geld und geringem Zeitverlust zu einem in der Praxis recht brauchbaren Gerät kommen kann. Im Schlußabschnitt behandeln wir die Frage der Stromversorgung von Geräten, die mit IS arbeiten. Die hierher gehörenden Fragen bringen gegenüber der üblichen Stromversorgung einige neue Gesichtspunkte, die wir ebenfalls verhältnismäßig ausführlich behandeln wollen. Bei dieser Gelegenheit bringen wir einen Schaltungs- und Aufbauvorschlag für ein Stromversorgungsgerät, das zusammen mit unserer Versuchsschaltung ein kleines, aber sehr vielseitiges IS-Labor, völlig ausreichend für unsere Zwecke, darstellt.

1. Das Löten an IS will gelernt sein!

Wie schon kurz erwähnt, sind die heute zur Verfügung stehenden IS vorzugsweise für die Großserienfertigung bestimmt. Man macht dabei fast ausschließlich vom sogenannten Tauchlötverfahren Gebrauch, das etwa folgendermaßen funktioniert: Die verschiedenen Einzelteile werden in die Löcher einer vorbereiteten Leiterplatte gesteckt, die Anschlüsse enden dabei auf der Unterseite an den betreffenden Verbindungsbahnen. Dieses Einsetzen kann von Hand, aber auch automatisch erfolgen. Sind sämtliche Einzelteile eingesetzt, so kommt die Platte in eine automatisch arbeitende Tauchlöt-Vorrichtung, die aus einem langen Förderband besteht. Dieses bringt die Platten zunächst mit ihrer Unterseite in ein Flußmittel, was die Voraussetzung für

ein schnelles und sauberes Verlöten schafft. Dann passiert die Unterseite der Platte das eigentliche Lötbad, das aus geschmolzenem Lötmittel besteht und nun mit den zu verlötenden Stellen in Berührung kommt. Durch verschiedene Maßnahmen ist dafür gesorgt, daß nur die zu verlötenden Stellen vom Lötmetall benetzt werden. Dort erfolgt im Handumdrehen eine schnelle und meistens einwandfreie Verlötung, und schon passiert die nächste Platte das Lötbad. Es ist klar, daß bei einem solchen Verfahren Hunderte, ja Tausende von Lötstellen in wenigen Minuten hergestellt werden können.
Für Selbstbauzwecke scheidet das Verfahren aus leicht verständlichen Gründen aus. Erstens spielt das schnelle Löten unzähliger Lötstellen dabei überhaupt keine Rolle, zweitens wären Anlagen dieser Art viel zu teuer. Man muß daher mit den üblichen Handlötmethoden arbeiten. Die wegen des Tauchlötverfahrens absichtlich sehr kurz gehaltenen Zuleitungen erschweren uns leider die Arbeit und führen dazu, daß man von manchen Methoden insbesondere beim Ablöten keinen Gebrauch machen kann.

Sprechen wir zunächst vom Einlöten und vom Verbinden der einzelnen Lötstellen mit der sonstigen Schaltung. Grundsätzlich geht man dabei ebenso vor, wie es uns aus der Technik der gedruckten Schaltungen bekannt ist. Man bohrt also Löcher [1] in einem Abstand, wie es der IS erfordert, wobei man wieder zwischen den drei schon besprochenen Ausführungen (Rundgehäuse, Steckgehäuse und Flachgehäuse) unterscheiden muß. Relativ einfach ist die Sache bei den Rundgehäusen, denn die Zuleitungsdrähte kann man innerhalb geringer Grenzen etwas verbiegen, vorzugsweise auseinanderspreizen, so daß sich der Abstand zwischen den Anschlüssen vergrößert. Liegen die Abstände einmal fest, so bohrt man in die Leiterplatte entsprechende Löcher und führt die Drähte in diese ein. Wegen der Vielzahl der Anschlüsse sitzt nunmehr die IS bereits ausreichend fest in der Platte und kann von der Unterseite her mit den Leiterbahnen verlötet werden.
Hier begegnet uns eine weitere Schwierigkeit: Wie kommen wir zu den passenden Leiterbahnen? Am einfachsten ist es, wenn uns eine

---

[1] Angenommen sind zunächst einfache Isolierplatten ohne Bohrungen.

vorbereitete Leiterplatte speziell für den in Betracht kommenden IS zur Verfügung steht. Dann werden die Anschlüsse bereits genau in die Leiterbahnen hineinpassen und brauchen nur noch verlötet zu werden. Zu diesem Zweck drehen wir die Leiterplatte so, daß die Unterseite gut zugänglich ist, und beginnen nun mit dem Verlöten. Hier erhebt sich sofort die Frage nach dem zu verwendenden Lötkolben. Die Industrie stellt ein reichhaltiges Angebot zur Verfügung, wobei man zwischen Niederspannungs- und Netzspannungstypen unterscheidet. Wir erwähnen hier (ohne daß das ein Werturteil bedeutet) die Erzeugnisse der Firma ERSA, die für unsere Zwecke in Betracht kommen. Der Typ ERSA 30 z. B. ist ein Feinlötkolben für Leistungen zwischen 30 und 40 W, der jedoch für das Einlöten von integrierten Schaltungen nur bedingt verwendbar ist, da er eine erhebliche Hitze entwickelt. Fast etwas zu schwach ist der kleinste Typ, ERSA-minor 040 B, der vom Hersteller als Lötnadel bezeichnet wird und für allerfeinste Lötungen gedacht ist. Er wird mit 6 V betrieben, ist also ein Niederspannungskolben und hat eine Leistung von nur 5 W. Die Anheizzeit liegt bei 20 Sekunden, die Wärme reicht jedoch besonders dann nicht ganz aus, wenn man schnell hintereinander löten will; dann macht sich der Wärmeverlust schon recht stark bemerkbar. Denselben Typ gibt es jedoch auch für 8 W, mit dem man gute Ergebnisse erzielt. Bei dieser Leistung ist der Kolben als Netzspannungskolben ausgeführt.

Besonders brauchbar erscheint der Typ ERSA multitip 15 W, der eine Leistung von 15 W aufweist. Dabei wird eine Lötspitzentemperatur von 350 °C erreicht. Dieser Kolben ist sowohl für 6 V, also für Niederspannung, als auch für 220 V zu haben. Schon etwas zu groß ist der multitip 25 W, der ebenfalls in Niederspannung und in Netzspannung auf den Markt kommt. Die Leistung von 25 W reicht für unsere Bedürfnisse immer aus.

Bei der Verlötung selbst sind alle Regeln der Löttechnik zu beachten (genügend heißer und sauberer Kolben, saubere, zu verlötende Stellen). Als Lötmaterial kommt ausschließlich Kolophonium-Lötdraht in Betracht, der nicht nur ein einwandfreies Verfließen, sondern auch ein absolut korrosionsfreies Löten garantiert. Mit der einen Hand hält man den Kolben, mit der anderen führt man das Lötzinn zu und wartet so lange, bis es einwandfrei an der Lötstelle verlaufen ist. Anschließend entfernt man Kolben und Lötzinn und wartet so lange, bis die Lötstelle einwandfrei erstarrt ist. Unter allen Umständen muß man vermeiden, daß die Lötstelle während des Abkühlvorganges bewegt wird; andernfalls bildet sich mit Sicherheit eine „kalte" Lötstelle, die aufzufinden später nicht immer ganz einfach ist.

Noch ein wichtiger Hinweis: Beim Einkauf des Lötkolbens achte man darauf, daß er eine zunderfreie Lötspitze besitzt. Der vom eigentlichen Heizkörper umfaßte Schaft der Lötspitze kann dann nicht mehr korrodieren. Indessen ist der vordere Teil der Spitze nicht geschützt, so daß das Lötzinn dazu neigt, das Kupfermaterial anzugreifen. Noch besser als solch eine zunderfreie Lötspitze ist die sogenannte Dauerlötspitze, die dünne Eisen- und Chromschichten enthält. Dadurch ist nicht nur der Schaft, sondern auch die Lötspitze selbst korrosionsbeständig, und die Lebensdauer beträgt das Zehn- bis Zwanzigfache einer normalen Kupferspitze. Ein Nacharbeiten ist nicht nötig, aber auch nicht zulässig. Will man die Spitze reinigen, so verwendet man dafür ein Tuch. Leider ist der Preisunterschied zwischen gewöhnlichen Kupferlötspitzen und der Dauerlötspitze beträchtlich; die Dauerlötspitze ist etwa fünfmal teurer als die Kupferlötspitze. Trotzdem empfiehlt sich die Anschaffung, weil gerade bei integrierten Schaltungen das einwandfreie Löten im Vordergrund der gesamten Technik steht. Übrigens sollte man zum Ablegen des Lötkolbens nicht mehr die früher üblichen Bügel, sondern einen federförmigen Ständer benutzen, der nicht nur eine sichere Ablage garantiert, sondern auch die Leerlauftemperatur des Lötkolbens herabsetzt.

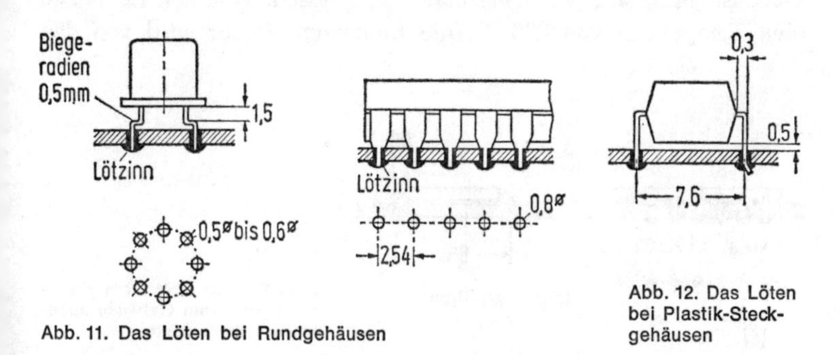

Abb. 11. Das Löten bei Rundgehäusen

Abb. 12. Das Löten bei Plastik-Steckgehäusen

Dadurch erzielt man bei allen Lötungen die gleiche Temperatur und schont die Lötspitze ganz besonders.
Die Hersteller von IS haben in Anbetracht der Wichtigkeit des Lötproblems genaue Vorschriften dafür gegeben. Für Rundgehäuse betrachten wir diese Vorschriften anhand von Abb. 11. Dort ist das Verlöten bei Verwendung von Rundgehäusen dargestellt. Die Lage des Gehäuses kann beliebig sein, und wenn man will, kann man die Anschlußenden bis zu einem Abstand von 1,5 mm vom Gehäuseboden abkröpfen. Sie lassen sich dann um 90° nach unten abbiegen. Vorgeschrieben sind übrigens auch die Maximallötzeiten in Abhängigkeit von der Kolbentemperatur; sie liegen zwischen etwa 5 und 15 Sekunden.
Wie steht es mit der Verlötung von Plastik-Steckgehäusen? Grundsätzlich geht man dabei ebenso vor wie bei den Rundgehäusen, nur muß man die Löcher genauer bohren, da sich die Anschlüsse nachträglich nicht mehr verbiegen lassen. In Abb. 12, Seite 37, ist das Löten bei Plastik-Steckgehäusen gezeigt, die Abstände und Durchmesser der zu bohrenden Löcher sind angegeben. Hier muß man sehr genau arbeiten, damit nichts schiefgeht. Hinsichtlich des Lötens selbst gelten dieselben Gesichtspunkte wie für Rundgehäuse, die Verlötung erfolgt auf der vom Gehäuse abgewandten Plattenseite. Nach dem Einsetzen berührt der Gehäuseboden nicht die Leiterplatte, denn kurz vor dem Gehäuse werden, wie sich aus den Abbildungen ergibt, die Anschlußfahnen breiter. Ist das Gehäuse eingesetzt, so biegt man zweckmäßigerweise zwei Anschlußenden in einem Winkel von etwa 30° zur Leiterplatte ab. Dann braucht man während des Lötvorganges das Gehäuse nicht auf die Leiterplatte zu pressen. Hat der Lötkolben eine Temperatur von 250 °C (die Kolbentemperatur wird von den

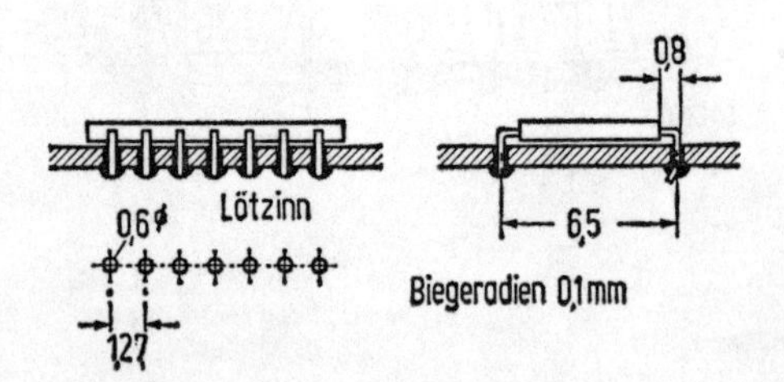

Abb. 13. Das Löten bei Flachgehäusen, vom Gehäuse abgewandte Plattenseite

Abb. 14. Das Löten bei Flachgehäusen, Plattenseite

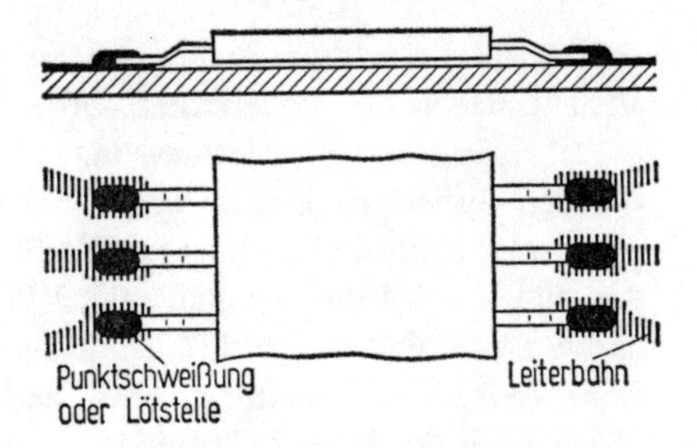

Kolben-Herstellern angegeben), so darf die maximale Lötzeit 7 Sekunden nicht überschreiten.
Am heikelsten ist das Einlöten von Flachgehäusen. Es erfolgt ebenfalls an der vom Gehäuse abgewandten Plattenseite. Dabei biegt man die Anschlußdrähte um 90° nach unten und setzt sie in die Bohrungen der Leiterplatte ein. Diese Technik ergibt sich aus Abb. 13. Bis zu einem Abstand von 0,8 mm vom Gehäuse ist das rechtwinklige Abkröpfen der Anschlußdrähte zulässig. Die Lötzeit muß kürzer sein als bei den Steckgehäusen und darf höchstens etwa 5 Sekunden betragen. Auch hier kann man zwei oder alle Anschlußenden in einem Winkel von etwa 30° zur Leiterplatte abbiegen, damit man das Gehäuse während des Lötens nicht an die Leiterplatte pressen muß. Flachgehäuse lassen sich übrigens auch auf der Plattenseite verlöten, so daß man die Leiterplatte nicht durchbohren muß. Die Leiterbahnen werden dann mit den Anschlüssen durch Lötung verbunden. Ist der Lötabstand größer als 1,5 mm und hat man eine Kolbentemperatur von 250 °C, so soll das Löten nicht länger als 15 Sekunden dauern. Höhere Löttemperaturen erfordern entsprechend kürzere Zeiten. In der Praxis muß man natürlich nicht mit der Uhr in der Hand löten, sondern man schätzt die Lötzeit durch einfaches langsames Zählen ungefähr ab. Bei den Flachgehäusen muß besonders sorgfältig gelötet werden, weil die Abstände der Leiterbahnen sehr klein sind. Sie sind unbedingt vorher sauber zu verzinnen, um ein Überfließen des Lots von einer zur anderen Bahn zu vermeiden. Achtet man nicht darauf, so sind Kurzschlüsse unvermeidlich. Deshalb eignen sich die Flachgehäuse für Selbstbauzwecke nur bedingt und

sind allenfalls solchen Amateuren zu empfehlen, die das Löten in allen Einzelheiten beherrschen. Abb. 14 zeigt die Verlötung von Flachgehäusen auf der Plattenseite.
Bei den bisherigen Darlegungen sind wir davon ausgegangen, daß eine vorbereitete Leiterplatte zur Verfügung steht. Nur in den wenigsten Fällen wird das der Fall sein. Wie kommt man nun zu brauchbaren Leiterplatten für IS? Naheliegend ist die Selbstherstellung einer gedruckten Schaltung, etwa nach den Anweisungen in dem „Bastelbuch der Mini-Elektronik" vom gleichen Verfasser im gleichen Verlag. Trotzdem raten wir davon ab, weil dieses Verfahren besonders für den Anfänger äußerst mühsam ist und mit Sicherheit wenigstens anfänglich Fehlergebnisse liefert. Deshalb sind andere Methoden vorzuziehen, von denen in den Abschnitten 4 und 6 noch näher die Rede sein wird.

2. Beim Entlöten muß man aufpassen!

Man braucht zwar nicht zu erschrecken, es ist aber Tatsache: Das Entlöten ist schwieriger als das Einlöten. Diese Behauptung wird jeder, der schon mal einen kurzbeinigen Transistor entlöten mußte, ohne weiteres verstehen. Ein Transistor hat drei Anschlüsse. Sind diese lang genug, so kann man jeden Anschluß von oben mit der Pinzette umfassen, von unten her das Lötzinn zum Schmelzen bringen und jeden Anschluß getrennt aus der Lötstelle herausziehen. Dieses Verfahren wird bereits problematisch, wenn der Transistor nur kurze Beine hat. Man läuft dann Gefahr, einen Anschluß mechanisch zu sehr zu belasten und damit den Transistor zu beschädigen. Das Verfahren versagt jedoch vollends bei integrierten Schaltungen. Zwar kann man bei den Rundfassungen versuchen, jede Lötstelle für sich zu entlöten und das zugehörige Bein während des Entlötvorganges mit der Pinzette herauszuziehen; dabei läuft man jedoch Gefahr, die äußerst empfindliche Schaltung zu zerstören. Ganz unmöglich ist dieses Vorgehen jedoch bei Steck- und Flachgehäusen, denn deren Anschlüsse sind so starr, daß man sie einzeln beim Entlöten überhaupt nicht aus der Lötstelle entfernen kann. Ein gleichzeitiges Erwärmen aller Lötstellen, das ein Abheben des integrierten Schaltkreises aus der Platte ermöglichen würde, scheidet aus, weil es

Lötgeräte dieser Art nicht gibt[1] und weil man dabei ohne Sorgfalt die Printplatte verbrennen würde. Man muß daher beim Entlöten zu Spezialmethoden greifen, die wir nachstehend kurz aufzählen wollen. Sie beruhen grundsätzlich darauf, das Lötzinn an den Lötstellen *nacheinander* so vollständig zu entfernen, daß zwischen Leiterbahn und Anschlußdraht keine mechanische Verbindung mehr besteht.

Das einfachste, aber auch fragwürdigste Verfahren besteht in der Anwendung einer kleinen harten Bürste, mit der man das durch den Lötkolben zum Schmelzen gebrachte Lot schnell und gründlich wegwischt. Hundertprozentig gelingt das meistens nie, so daß man den Vorgang wiederholen muß. Dadurch gefährdet man jedoch bereits die Printplatte. Außerdem besteht die Gefahr, daß das weggewischte Lötmaterial zwischen die sonstigen Leiterbahnen gerät und dort Kurzschlüsse verursacht. Die Bürstenmethode sollte man also nur anwenden, wenn gar keine anderen Hilfsmittel zur Verfügung stehen.

Als zweite Möglichkeit sei die Vakuum-Entlötmethode genannt, bei der das flüssige Lötzinn durch Unterdruck abgesaugt wird. Geräte dieser Art verwenden einen kleinen Zylinder mit angebrachtem Kolben, der genau umgekehrt wirkt wie eine Fahrrad-Luftpumpe. Das Ende des offenen Kolbens wird auf die Lötstelle gesetzt, der Kolben befindet sich ganz unten. Ist das Lötzinn flüssig, so läßt man den Kolben mit einer geeigneten Vorrichtung nach oben schnellen, und der entstehende Unterdruck saugt das Lötzinn in den Zylinder ein. Anschließend drückt man den Kolben nach unten, wobei das eingesaugte Lötzinn schnell entfernt wird. Noch einfacher ist die Anwendung einer sogenannten Ablötspitze, die aus einem durchbohrten Bolzen besteht, den man in jeden Lötkolben einsetzen kann. Beim Entlöten muß der Kolben nach unten gehalten werden, damit das geschmolzene Lötzinn durch die Schwerkraft in die Bohrung des Kolbens hineinfließen kann. Aus einer seitlichen Bohrung läuft das geschmolzene Lötzinn wieder heraus. Nachteilig ist die vorgeschriebene Kolbenstellung, die das Entlöten häufig sehr erschwert.

---

[1] Einen Vorschlag gibt es: Die Herstellung eines Kupferstückes, das gleichzeitig alle Kontaktstellen der IS erfaßt. Das Stück endet in einem in den Lötkolben zu steckenden Rundstab. Fließen gleichzeitig alle Kontaktstellen, kann die IS herausgezogen werden. Solch ein Gerät wird von einer Firma (Eldon-Industrie) geliefert.

Ein anderes, ebenfalls mit Unterdruck arbeitendes Gerät bedient sich eines Gummiballes, der vor dem Entlöten zusammengedrückt wird. Dann setzt man die erhitzte Spitze des Entlötgerätes auf die Lötstelle und läßt den Gummiball los. Der entstehende Unterdruck saugt das Lötzinn ab; damit es im Inneren des Röhrchens nicht erstarrt, muß man anschließend den Gummiball mehrmals drücken, wodurch sich das Lötzinn entfernen läßt. Auch das Arbeiten mit diesem Entlötgerät erfordert Übung; es ist nicht gerade ideal, aber doch durchaus brauchbar.

Ist man sich aus irgendeinem Grunde sicher, daß die betreffende IS defekt ist, so kann man sie auch mit der sogenannten Entlötpistole aus der Schaltung entfernen. Solch eine Pistole besteht aus einem elektrisch erhitzten Röhrchen, in dessen Innerem sich eine bewegliche Spitze befindet. Die Vorderseite des Röhrchens wird auf die Lötstelle gesetzt, bis das Lötmittel geschmolzen ist. Die Spitze im Inneren des Röhrchens ist zurückgezogen und durch eine Feder gespannt. Läßt man diese los, so schnellt die Spitze nach vorne und drückt den Anschluß aus der Bohrung der Leiterplatte heraus. Damit ist allerdings eine erhebliche mechanische Beanspruchung der IS verbunden, so daß sich das Verfahren, wie gesagt, nur dann empfiehlt, wenn die Schaltung mit Sicherheit defekt ist. Wenn man nacheinander jede Lötstelle auf die beschriebene Weise aus der Platte „herausschießt", hat man in kurzer Zeit das entlötete Einzelteil in der Hand.

Ganz neu auf dem Markt ist die sogenannte Spirig-Lötsauglitze, die aus einem Spezial-Kupfergewebe besteht. Sie wird mit dem heißen Lötkolben auf die zu entlötende Stelle gedrückt; das schmelzende Lötzinn wird durch Kapillarwirkung von der Litze aufgenommen, wodurch das zu entlötende Bauteil freigelegt wird. Nach Angaben des Herstellers führt die Litze die Überschußwärme des Lötkolbens ab und verhindert damit die zu starke thermische Beanspruchung der Kupferkaschierung von Leiterplatten und somit deren Ablösung vom Basismaterial. Diese Litze kommt in verschiedenen Breiten in den Handel und eignet sich gut für integrierte Schaltungen, bei denen die Anschlüsse oft dicht nebeneinander liegen.

3. Brauchen IS eine Zusatzkühlung?

Wir erwähnten bereits, daß die Mehrzahl der auf dem Markt befindlichen analogen integrierten Schaltungen nur geringe Leistungen abgeben können, so daß auch die auftretende Verlustwärme gering ist. In diesem Fall braucht man sich um Kühlprobleme nicht weiter zu kümmern. In letzter Zeit jedoch werden Systeme hergestellt, die Leistungen von mehreren Watt abgeben können. Befinden sie sich in Rundgehäusen, so muß man die von den Transistoren her bekannten Kühlsterne oder ähnliche Kühlvorrichtungen anwenden. Handelt es sich um Steck- oder Flachgehäuse, so muß die Oberfläche in einen guten Wärmekontakt mit einem Kühlblech gebracht werden, etwa so, wie das in Abb. 15 angedeutet ist. Die Hersteller dieser Systeme schreiben die Größe der erforderlichen Kühlflächen vor, teilweise werden auch passende Kühlvorrichtungen auf Wunsch mitgeliefert. Wichtig ist ein wirklich guter Wärmekontakt zwischen Oberfläche der IS und zwischen der Kühlfläche. Unter Umständen streicht man zwischen beide Flächen eine dünne Schicht Silikonfett, die die Wärmeableitung wesentlich zu verbessern vermag. Wie man in Abb. 15 sieht, ragen dann die IS-Anschlüsse nach oben frei heraus, so daß man an sie Einzeldrähte löten kann, wenn man es nicht vorzieht, die Schaltung normal, wie schon beschrieben, einzubauen und dann die Kühlfläche freitragend zu befestigen.

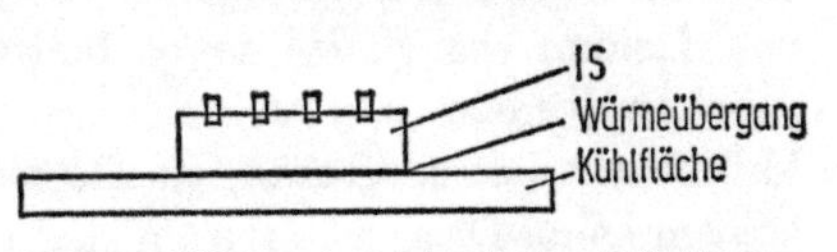

Abb. 15. Kühlung bei integrierten Schaltungen

Aller Voraussicht nach ergeben sich bei der Kühlung von IS noch weitere Gesichtspunkte, die mit zunehmender Leistungsabgabe immer wichtiger werden. Man sollte daher die einschlägigen Veröffentlichungen und Neuerscheinungen der Hersteller sorgsam verfolgen.

4. IS – verschraubt oder gesteckt?

Löten und Entlöten machen etwas Kopfzerbrechen, und man fragt sich in der Selbstbaupraxis, ob es nicht auch anders geht. In der Tat bieten sich zwei Lösungen an, das Verschrauben und das Stecken.

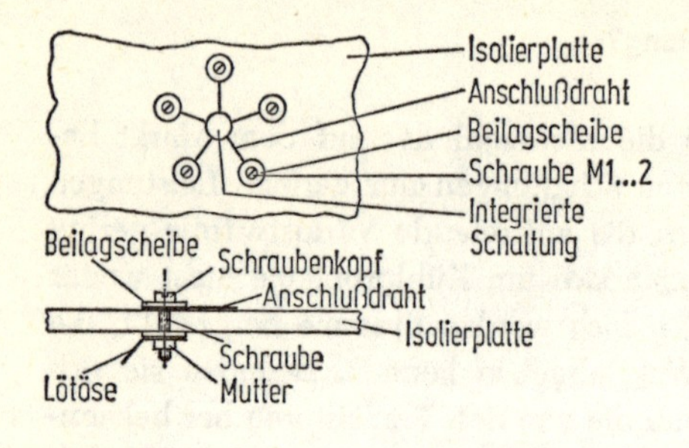

Abb. 16. Verschraubung der Anschlüsse integrierter Schaltungen

Die Verschraubungstechnik kann man praktisch nur bei den Rundgehäusen verwenden, weil bei diesen genügend lange und genügend biegsame Anschlußdrähte vorgesehen sind. Man spreizt sie nach Abb. 16 so auseinander, daß ihre Enden möglichst große Abstände haben, und klemmt die Enden unter Beilagscheiben, die von Schrauben gehalten werden. Auf der Rückseite wird auf die Schraube eine Mutter mit Lötöse gesetzt, an die man weitere Verbindungsdrähte anlöten kann. Diese Lötarbeiten sind natürlich einfach und unproblematisch, und die Verschraubung hat den Vorteil, daß man beim Auswechseln der IS „kalt“ arbeiten kann, daß also eine thermische Beschädigung des Systems ausgeschlossen ist. Auch wird die Printplatte dabei geschont. Das Verschrauben kommt natürlich nur in Ausnahmefällen und nur dann in Betracht, wenn ohnehin ein öfteres Auswechseln beabsichtigt ist. Man achte darauf, daß die Beilagscheiben keine scharfen Kanten haben, um eine Beschädigung der Anschlußdrähte zu vermeiden. Selbstverständlich kann man die an die Lötösen angelöteten Verbindungsdrähte ihrerseits wieder mit Leiterbahnen von Printplatten verbinden, falls solche verwendet werden.

Zur Not lassen sich auch die Anschlüsse von Flachgehäusen verschrauben, wenn es gelingt, die Drähte möglichst weit auseinanderzubiegen. Bei Steckgehäusen dagegen scheidet diese Lösung, wie schon erwähnt, praktisch aus, weil man nur den untersten Teil der Anschlüsse biegen kann. Diesen jedoch unterzuklemmen macht fast unüberwindliche Schwierigkeiten.

Elegant und praktisch, leider jedoch recht teuer sind Fassungen für integrierte Schaltungen. Die Zubehörindustrie bietet solche für die wichtigsten Typen an, zu Preisen allerdings, die einiges Kopfschütteln verursachen. In Betracht kommen zwei Haupttypen, der eine für Steckgehäuse, der andere für Rundgehäuse. Es genügt, wenn man sich für jeden Typ zwei gleichartige Fassungen beschafft, und zwar solche mit der größten Kontaktzahl. Integrierte Systeme mit weniger Kontakten bringt man jederzeit unter, nur muß man dann bei der Numerierung umdenken, da die Anschlüsse auf der Fassung nicht mehr mit denen des integrierten Schaltkreises übereinstimmen. Das jedoch macht insbesondere bei Versuchsarbeiten kaum Schwierigkeiten. Fassungen für Steckgehäuse sind so gebaut, daß sie sich leicht auf der Printplatte befestigen lassen. Die Befestigung von Fassungen für Rundgehäuse ist etwas schwieriger, da die Halterung Probleme aufgibt. Indessen kann man diese Fassungen nach dem Einsetzen in eine passende Bohrung derart befestigen, daß man die Anschlußbahnen unten umbiegt. Dadurch ergibt sich bereits ein fester Sitz der Fassung, und wenn man die Fassungsanschlüsse schließlich verlötet, so genügt diese Halterungsart vollauf.

Natürlich lassen sich integrierte Schaltkreise in Rundgehäusen nicht so einfach in eine Fassung stecken wie Röhren. Man muß schon genau überlegen, welche Beinchen in welche Kontakte gehören, und darf beim Einsetzen keinen zu großen Druck anwenden. Andernfalls läuft man entweder Gefahr, daß sich der eine oder der andere der Anschlußdrähte verbiegt oder daß durch unzulässig großen Druck eine Beschädigung im Gehäuseinneren auftritt. Zwischen den Anschlußdrähten im Inneren des Gehäuses und der eigentlichen integrierten Schaltung, dem „Chip“, bestehen nur hauchdünne Verbindungen, die gegenüber mechanischen Beanspruchungen sehr empfindlich sind. Auch muß man beim Einsetzen in die Fassung mit Gefühl arbeiten, damit wirklich jedes Beinchen einwandfrei im zugehörigen Fassungskontakt sitzt.

Den hohen Preis der Fassungen kann man bei Selbstbaugeräten, die gewöhnlich nur in einem Exemplar hergestellt werden, in Kauf nehmen. Die Industrie sieht solche Fassungen nicht gern, teils aus Kostengründen, teils deshalb, weil neue Kontaktstellen (zwischen den Anschlußdrähten und den Halterungskontakten) entstehen, die natürlich die Gesamtsicherheit des Gerätes zusätzlich beeinträchtigen. Die sich berührenden Kontaktflächen sind sehr klein, so daß erhebliche Federdrücke nötig sind, um wirklich einwandfreie Kontakte zu erhalten. Trotzdem kann es vorkommen, daß sich zwischen Anschlußdraht und Fassungskontakt im Lauf der Zeit eine Oxydschicht oder eine sonstige Schmutzschicht schiebt, die zu Versagern führt. Schon um dieses Risiko auszuschalten, bevorzugt die Industrie das Verlöten, das für sie nicht nur unproblematisch, sondern auch sehr rentabel ist, weil die Firmen über automatische Lötvorrichtungen in gut brauchbarer Form verfügen.

5. Versuchsschaltungen – schnell aufgebaut

Wie schon zu Beginn dieses Kapitels gesagt, empfiehlt der Autor seinen Lesern aus verschiedenen Gründen, die interessanten, mit IS möglichen Schaltungen in einem Versuchsaufbau zu erproben, um sie ohne großen mechanischen Aufwand in ihrer Wirkungsweise kennenzulernen. Das ist viel preiswerter und praktischer als der Bau eines jeweils kompletten Gerätes, das später vielleicht überhaupt nicht gefällt. Es kann auch sein, daß man sich nach Fertigstellung ein anderes Gerät wünscht, die Kosten für die erforderlichen Teile jedoch scheut. Dann muß man das alte Gerät demontieren, was erstens Arbeit macht und zweitens gewöhnlich zur Beschädigung mehrerer Einzelteile führt. Alle diese Schwierigkeiten umgeht man bei Verwendung eines Versuchsgerätes, das den schnellen Aufbau einer Schaltung mit IS jederzeit erlaubt.
Für solche Versuchsaufbauten gibt es die verschiedensten Möglichkeiten. Im Interesse seiner Leser hat der Verfasser die wichtigsten davon gründlich unter die Lupe genommen und ist zu der Überzeugung gelangt, daß die käuflich zu habenden Anordnungen erstens zu teuer und zweitens nicht unbedingt zweckmäßig sind. Er hat sich dann überlegt, welche aktiven und passiven Bauelemente mit Sicherheit immer wieder vorkommen. Daraus ergab sich eine Auswahl, und diese wiederum führte zum Aufbau eines Versuchsgerätes, das wir nachstehend noch ausführlich beschreiben werden. Vorher jedoch noch einige Hinweise auf sonstige Möglichkeiten.
Grundsätzlich sollte man bei allen Versuchsanordnungen Fassungen für IS vorsehen. Nur dann kann man sie leicht und ohne Schaden auswechseln. Wie aber soll man diese Fassungen in den Versuchsaufbau einfügen? Will man ganz primitiv vorgehen, so kann man, wie vom Verfasser in anderen Büchern schon öfter vorgeschlagen, jedem aktiven oder passiven Bauelement ein kleines, mit Füßchen

versehenes Brett zuordnen, auf dem der Bauteil montiert wird. Gleichzeitig befestigt man auf dem Brettchen Anschlußmöglichkeiten, etwa in Form von Steckbuchsen, Klemmen usw. Diese Anschlüsse werden mit der Fassung bzw. dem betreffenden Bauteil verbunden. Auf diese Weise kommt man zu einer Sammlung kleiner, in sich abgeschlossener und leicht untereinander verbindbarer Bauteile, die man frei auf dem Tisch anordnen kann. Solch ein Verfahren bewährt sich durchaus und hat den Vorteil, daß es sich jederzeit zweckentsprechend ergänzen läßt, je nachdem, wo der Schwerpunkt der untersuchten Schaltungen liegt.
Auch die Fassungen für integrierte Schaltungen lassen sich in dieser Form montieren. Ein ungefähres Aufbaubeispiel zeigt Abb. 17. Man verwendet ein kleines Brettchen und montiert darauf die Fassung, im vorliegenden Fall eine solche für Steckgehäuse. Selbstverständlich sind auch Brettchen für Rundgehäuse und Flachgehäuse denkbar. Die Art der Anschlüsse hängt davon ab, für welches System man sich entscheidet. Buchsen mit 4-mm-Bohrungen für Bananenstecker sind zwar billig und robust; sie geben auch sicheren Kontakt. Allerdings führen sie zu einer recht umfangreichen Verdrahtung, was nicht immer erwünscht ist. Es gibt jedoch heute auch Miniaturbuchsen und Miniaturstecker, die für solche Zwecke besser geeignet sind. Man kann auch mit Schraubanschlüssen arbeiten.
Ein System, das sich in der Praxis ausgezeichnet bewährt hat, geht auf die Entwicklung der Lehrmittelabteilung des Franckh-Verlags zurück. Es handelt sich um das Schaltpult zu dem „Elektronik-Labor X", das im wesentlichen aus einer horizontalen, mit Rillen versehenen Kunststoffplatte besteht. Dazu werden Einzelteile geliefert, die auf kleinen Kunststoffbrettchen sitzen, deren Unterseite Zapfen hat. Diese Zapfen passen genau in die Rillen, die Teile können

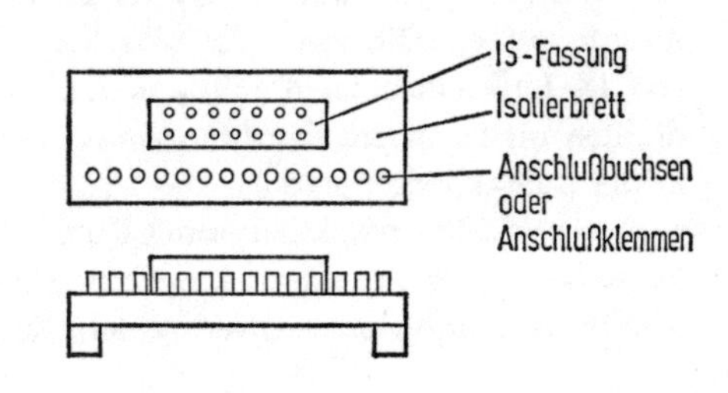

Abb. 17. Haltebrettchen für integrierte Schaltungen

also leicht an beliebige Stellen des Grundbrettes gesteckt werden. Jedes Brettchen trägt Spezialklemmen, unter die mit Leichtigkeit Verbindungsdrähte geklemmt werden können. Auf diese Weise kommt man zu einem außerordentlich flexiblen System, das nicht nur den laufenden Anforderungen gerecht wird, sondern auch sehr zukunftssicher ist. So bedeutet es z. B. kein Problem, die Bauteile durch solche mit IS-Fassungen zu ergänzen, was demnächst auch geschehen wird. Wer sich näher für dieses System interessiert, kann von der Lehrmittelabteilung des Verlags einen ausführlichen Prospekt anfordern. Die Abbildungen 2 Tafel 1 und 3, 4 Tafel 2 zeigen Versuchsausführungen von IS-Steckbrettern nach diesem System.

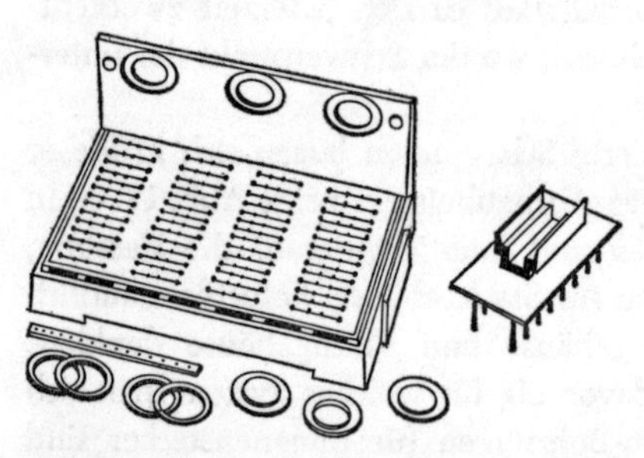

Abb. 18. Industrielles Versuchsgerät mit IS-Adapter

Eine weitere Möglichkeit bieten die industriell gelieferten Experimentierbretter, die es in verschiedener Ausführung gibt. Neuartig ist z. B. ein „Nadelkissen" für Elektroniker, das auch unter der Bezeichnung „Experimentierbrett PUT IN" vertrieben wird. Es ist für den lötfreien Aufbau elektronischer Versuchsschaltungen bestimmt und eignet sich laut Angabe des Herstellers für Laboratorien, Institute, für Forschung und Entwicklung. Es ist auch für den Selbstbaupraktiker durchaus brauchbar. Lötarbeiten sind nicht erforderlich; die Einzelteile werden einfach in entsprechende Kontakte gesteckt und untereinander in geeigneter Form verbunden. Die Kontakte sollen sicher sein, und die Bauelemente lassen sich schnell auswechseln.

Ein weiteres System heißt „PUT IN T". Diese in Abb. 18 dargestellte Anordnung enthält zwei Kontaktfelder. Jedes Kontaktfeld besteht aus 13 Lochreihen zu 8 Löchern. Die Bauelemente mit Anschlußdrähten bis zu einem Durchmesser von etwas über 1 mm lassen sich in die Kontaktlöcher stecken. Die Grundplatte enthält 38 Kreuzungspunkte und 208 Kontaktlöcher mit 5 mm Abstand zwischen zwei Kontaktreihen. Auch mit dieser Einrichtung lassen sich schnell Versuchsschaltungen aufbauen und verdrahten. Zu diesem Gerät gibt es jetzt

Abb. 1. Verschiedene IS mit Fassungen (Rund- und Steckgehäuse)

Tafel 1

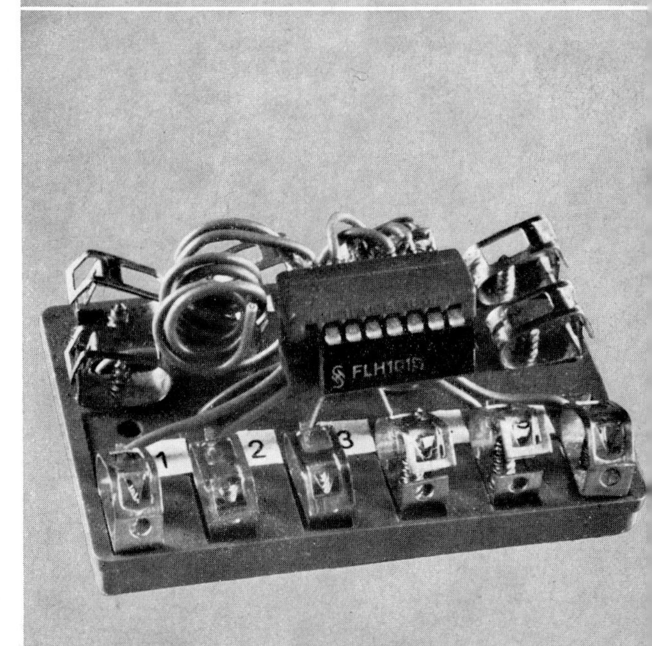

Abb. 2. Versuchs-Steckbrett für IS mit Fassung für Steckgehäuse

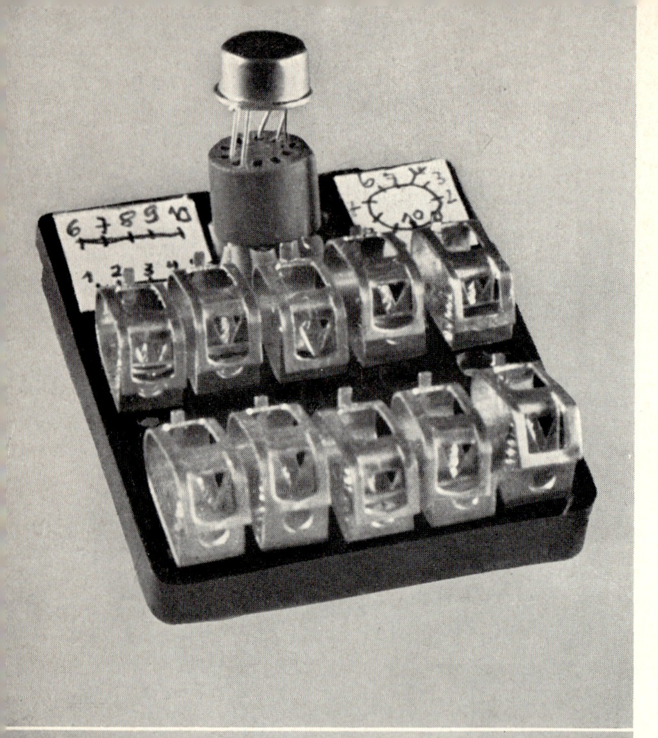

Abb. 3. Versuchs-Steckbrett für IS mit Fassung (Rundgehäuse)

Tafel 2

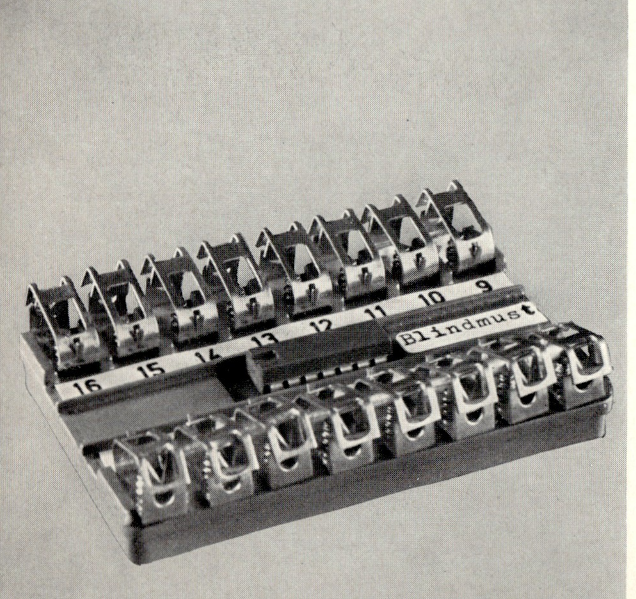

Abb. 4. Steckbrett mit eingelötetem IS (Steckgehäuse)

übrigens einen IS-Adapter für Steckgehäuse, der auf der Oberseite die Fassung und auf der Unterseite Stifte enthält, die in die Löcher des Gerätes passen.
Die beschriebenen Geräte erfüllen sicherlich ihren Zweck und sind in vielerlei Hinsicht nützlich. Allerdings lassen sich größere Teile, beispielsweise Meßinstrumente, größere Transformatoren, Potentiometer usw., nicht ohne weiteres befestigen, so daß man letzten Endes doch zu einem Gemischtaufbau kommt, wenn man komplette Schaltungen herstellen will. Diese Tatsache war mit ein Grund zum Entwurf eines Spezial-Versuchsgerätes, das in sich eine kompakte Einheit darstellt, und bei dem man ohne Zusatzteile, die extra montiert werden müßten, auskommt. Dieses Gerät soll nun ausführlich besprochen werden.
Eine der wichtigsten Fragen bei Geräten dieser Art ist stets die Anschlußmöglichkeit der Einzelteile. Sie vermittelt die Verbindungen zwischen den verschiedenen Schaltorganen und soll einerseits absolut kontaktsicher, andererseits jedoch möglichst schnell von Hand zu betätigen sein. Grundsätzlich in Betracht kommen Steckbuchsen mit Bananenstecker oder Miniaturstecker mit entsprechenden Miniaturbuchsen. Sie vermitteln einen sicheren Kontakt und sind leicht zu lösen. Nachteilig ist jedoch, daß Mehrfach-Verbindungen nicht oder nur sehr schwer durchführbar sind. Außerdem müßte man jeder Buchse ein bestimmtes Einzelteil zuordnen, wodurch die Freizügigkeit beim Experimentieren sehr beschränkt ist. Wünschenswert ist stets eine Anordnung, die das freie Austauschen kleiner Einzelteile, insbesondere der integrierten Schaltungen, Transistoren, Dioden, Widerstände, Kondensatoren usw. ermöglicht. Hält man Ausschau nach Anschlußmöglichkeiten, die einerseits die Forderung nach kontaktsicheren und schnellen Verbindungen (auch Mehrfachverbindungen) sicherstellen und die andererseits das Einsetzen beliebiger kleiner Schaltorgane erlauben, so schrumpft die Auswahl schnell zusammen. Es bleiben eigentlich nur Klemmleisten übrig, wie sie z. B. aus der Starkstromtechnik, aber auch — in Miniaturform — aus der Druckplattentechnik bekannt sind. Diese Klemmleisten haben wir für unseren Aufbau gewählt. Zum Herstellen und Lösen von Verbindungen braucht man allerdings jeweils einen Schraubenzieher, was jedoch kaum als Nachteil empfunden wird, denn die Klemmschrau-

ben sind schnell geöffnet und wieder angezogen. Will man diese kleine Schwierigkeit umgehen, so sei erwähnt, daß es auch eine Sonderform von Klemmleisten gibt, die unter der Bezeichnung „Suprafix-elastik“ in den Handel kommt. Die Klemmschrauben sind hier durch von Hand zu betätigende Druckstifte ersetzt. Drückt man solch eine Taste herunter, so wird seitlich eine Öffnung zum Einführen von Drähten freigegeben. Läßt man die Taste los, so werden die Drähte zwischen zwei Backen ziemlich fest eingeklemmt. Der Verfasser hat diese Form von Klemmleisten erprobt, jedoch feststellen müssen, daß beim Einführen mehrerer Drähte noch dazu verschiedener Stärke kein sicherer Kontakt gewährleistet ist. Es wird immer nur ein Teil der Drähte geklemmt, der andere Teil fällt heraus, da er von den Backen nicht mehr erfaßt wird. So bestechend also diese Suprafix-Klemmleisten sind, so wenig kommen sie für den ins Auge gefaßten Zweck in Betracht. Wir haben daher von normalen Klemmleisten (leichte Ausführung) Gebrauch gemacht, die als zwölfteilige Riegel auf den Markt kommen und jeweils zwei Klemmschrauben besitzen. Die eine Schraube dient zum Befestigen des betreffenden Einzelteils, die andere Schraube ist für die Verbindungsdrähte.

Wir besprechen nun anhand von Abb. 19 den Aufbau unseres Versuchsgerätes (siehe auch Abb. 5 und 6 Tafel 3 sowie Abb. 7 und 8 Tafel 4). Als Montageplatte dient eine Pertinaxplatte (Größe: 300 × 300 × 2 mm), auf der sämtliche Einzelteile an der Vorderseite montiert sind. Die verschiedenen Teile sind in Abb. 19 numeriert und haben folgende Bedeutung:

1 = Mikroamperemeter 50 µA
2 = Milliamperemeter 10 mA
3 = Milliamperemeter 0 – 100 mA
4 = Zweifach-Klemmleiste für die Anschlüsse von 1
5 = Zweifach-Klemmleiste für die Anschlüsse von 2
6 = Zweifach-Anschlußleiste für 3
7 = Fassung für Lämpchen 3,5 V/0,07 A
8 = wie 7
9 = Spezialtransformator (Bezugsquelle ist unten angegeben)
10 = Dreifach-Klemmleiste für Anschlüsse der Betriebsstromquelle
11 = Vierfach-Klemmleiste für Anschlüsse von 7 und 8

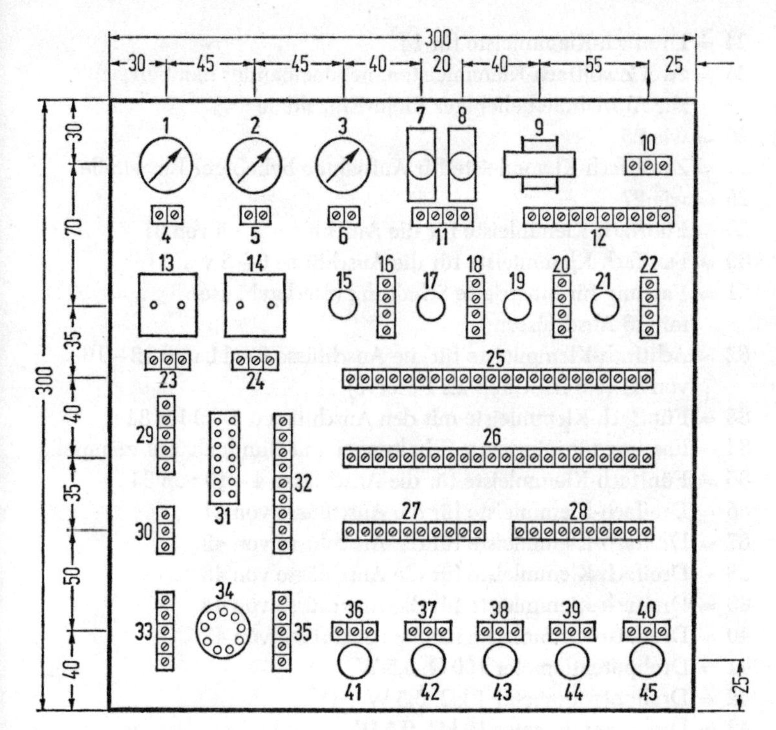

Abb. 19. Aufbauplan für die Platte des Versuchsgerätes

12 = Neunfach-Klemmleiste für Anschlüsse von 9
13 = Fassung für Leistungstransistoren mit Kühlkörper
14 = wie 13
15 = Vierfach-Steckfassung für Kleintransistor
16 = Vierfach-Klemmleiste für 15
17 = wie 15
18 = wie 16
19 = wie 17
20 = wie 18
21 = wie 19
22 = wie 20
23 = Dreifach-Klemmleiste für 13

24 = Dreifach-Klemmleiste für 14
25 = zwei Zwölffach-Klemmleisten, nebeneinander montiert, zur Aufnahme beliebiger Klein-Einzelteile
26 = wie 25
27 = Zwölffach-Klemmleiste für Aufnahme beliebiger Einzelteile
28 = wie 27
29 = Fünffach-Klemmleiste für die Anschlüsse 1 – 5 von 31
30 = Dreifach-Klemmleiste für die Anschlüsse 6 – 8 von 31
31 = Fassung für integrierte Schaltung (Steckgehäuse) mit 16 Anschlüssen
32 = Achtfach-Klemmleiste für die Anschlüsse 9 – 11 und 12 – 16 von 31 (ein Anschluß als Reserve)
33 = Fünffach-Klemmleiste mit den Anschlüssen 5 – 9 für 34
34 = Fassung für integrierte Schaltungen mit Rundgehäuse, zehnpolig
35 = Fünffach-Klemmleiste für die Anschlüsse 4 – 10 von 34
36 = Dreifach-Klemmleiste für die Anschlüsse von 41
37 = Dreifach-Klemmleiste für die Anschlüsse von 42
38 = Dreifach-Klemmleiste für die Anschlüsse von 43
39 = Dreifach-Klemmleiste für die Anschlüsse von 44
40 = Dreifach-Klemmleiste für die Anschlüsse von 45
41 = Drehpotentiometer 100 Ω, 0,5 W
42 = Drehpotentiometer 1 kΩ, 0,5 W
43 = Drehpotentiometer 10 kΩ, 0,5 W
44 = Drehpotentiometer 500 kΩ, 0,5 W
45 = Drehpotentiometer 2,5 MΩ, 0,5 W

Die vorstehend aufgeführten Teile wurden vom Verfasser ausnahmslos von der Firma Radio-Rim, 8 München 15, Bayerstraße 25, bezogen. Sie sind in dem Katalog 1971 dieser Firma aufgeführt. Selbstverständlich können die Teile ebensogut von anderen beliebigen Versandgeschäften bezogen werden. Die Wahl der genannten Firma durch den Verfasser beruht nur auf der Tatsache, daß er in der Nähe von München wohnt. Zu der Liste noch folgende Hinweise:

Bei den Meßinstrumenten 1, 2 und 3 handelt es sich um den Typ „Wisometer 38", Gehäusedurchmesser 38 mm, Flansch 44×44 mm. Der Innenwiderstand von 1 beträgt 1 kΩ, von 2 4 Ω und von 3 2 Ω. Der Spezialtransformator 9 kann von der Firma Modellbau Weßling, 8031 Weßling, Bognerweg 23, bezogen werden. Er besitzt 9 Anschlüsse mit den Farben Grau, Schwarz, Grün, Weiß, Gelb, Blau, Rot, Violett, Braun, die jeweils zu verschiedenen Wicklungen gehören. In den Schaltbildern sind die Farben angegeben. Bei den Fassungen 13 und 14 handelt es sich um solche für Leistungstransistoren, auf denen sogenannte Fingerkühlkörper (Typ K 42 bzw. K 57) angeordnet sind. Diese Kühlkörper kommen ohne Bohrungen für die Transistoranschlüsse in den Handel; sie werden so gebohrt, daß man die Befestigungsschrauben durchführen kann, die in die Fassung passen, und daß ferner Löcher für die Basis- und Emitteranschlüsse vorhanden sind. Man sollte genau arbeiten, damit keine Kurzschlüsse auftreten können. Als Bohrschablone kann man eine Glimmerscheibe für Leistungstransistoren verwenden, wie sie mitunter zur Isolierung des Transistorgehäuses zur Anwendung kommen. Die erwähnten Fingerkühlkörper eignen sich für die Gehäuse TO-3, 9, 36 und 66. Sie können auch ineinandergeschachtelt werden und haben dann eine besonders gute Kühlwirkung.

Die Fassungen 15, 17, 19 und 21 eignen sich nicht nur für Transistoren mit 3 oder 4 Anschlüssen, sondern auch für integrierte Schaltungen bis zu 4 Anschlüssen, wie sie mitunter im Handel sind. Die Verwendungsmöglichkeiten sind also groß. In die Fassungen für integrierte Schaltungen (31 und 34) passen die meisten der marktgängigen Typen hinein; beispielsweise kann die Fassung 31 sowohl für Steckgehäuse mit 14 als auch für solche mit 16 verwendet werden. Die Fassung 34 läßt sich, wie schon eingangs erwähnt, vielseitig einsetzen.

Nun zur Montage der Teile. Hat man sich die Platte beschafft (sie steht bei der erwähnten Lieferfirma bereits in zugeschnittener Form zur Verfügung), so beginnt man das Aufzeichnen nach den in Abb. 19 enthaltenen Maßen. Voraussetzung ist, daß man sich vorher die Teile beschafft hat, damit man die richtigen, in Abb. 19 nicht angegebenen Durchmesser und Ausschnitte bohren kann. Die Meßinstrumente 1, 2 und 3 werden durch Halteschrauben befestigt, die den Instrumenten beigegeben sind. Die Fassungen 7 und 8 werden mit je 2 Schrauben M 3 mit Muttern auf dem Grundbrett befestigt. Dasselbe gilt für den Transformator 9. Die kleinen Klemmleisten (z. B. 10, 4, 5, 6 usw.) schneidet man von den Zwölffach-Riegeln ab, was mit Hilfe eines scharfen Taschenmessers keine Schwierigkeiten bereitet. Sie

werden mit 3-mm-Schrauben und Muttern befestigt. Für die längeren Klemmleisten, insbesondere 25, 26, braucht man entsprechend mehr Schrauben, damit ein guter Sitz gewährleistet ist. Für die Klemmleisten benötigt man übrigens Schrauben mit 2 mm Durchmesser. Die Fassungen 15, 17, 19 und 21 werden nicht in die Platte montiert; der Lochdurchmesser wird etwas kleiner als der Außendurchmesser der Fassung gewählt, so daß die unteren Lötfahnen gerade noch durch das Loch rutschen. An der Unterseite werden sie abgebogen und dann mit den Anschlußdrähten verlötet. Auf diese Weise ergibt sich ein genügend fester Sitz auf der Platte. Dasselbe gilt übrigens auch für die Fassung 34. Die Fassung 31 kann mit zwei 2-mm-Schrauben befestigt werden, die in entsprechendem Abstand zu bohren sind. Für die nach unten gehenden 16 Lötanschlüsse bohrt man entweder 16 Löcher (was sehr genau stimmen muß) oder aber man schneidet kleine Rechtecke aus der Platte, so daß die beiden Lötösenreihen ohne weiteres durch die Platte hindurchragen.
Die Potentiometer 41, 42, 43, 44 und 45 werden in bekannter Einlochmontage befestigt (Bohrung 10 mm), anschließend werden die Drehknöpfe aufgesetzt. Zweckmäßig sind bei den Anschlußleisten für die verschiedenen Fassungen Klebeschilder, die entsprechend beschriftet werden. Man weiß dann, welche Klemme zu welchem Fassungsanschluß gehört. Im übrigen werden sämtliche Lötfahnen der Einzelteile auf der Rückseite der Platte mit angelöteten Verbindungsdrähten versehen, die durch entsprechende Bohrungen zur Plattenoberseite geführt werden. Dort werden sie jeweils in die eine Klemmschraube der Klemmleiste eingeführt und festgeklemmt. Diese Klemme kann übrigens auch zusätzlich noch weitere Drähte für andere Einzelteile oder sonstige Verbindungsleitungen aufnehmen. Im allgemeinen benützt man natürlich die zweite Klemme.
Die Fassungen für die Leistungstransistoren 13 und 14 kann man unmittelbar in die Grundplatte einlassen, wenn man entsprechende Bohrungen vorsieht. Es ist jedoch auch möglich, mit Hilfe von Abstandsbolzen und entsprechend langen Schrauben die Fassung oberhalb der Platte zu montieren. Die Verbindungsdrähte können dann unmittelbar zu den Klemmleisten 23 und 24 geführt werden. Man spart sich dadurch größere Bohrungen, die manchem Schwierigkeiten machen.

Das Bohren der Platte selbst sollte erst dann erfolgen, wenn man die Lage der Bohrungen sauber auf die Platte aufgezeichnet oder aufgerissen hat. Dabei muß man sich keineswegs unbedingt an die Maße der Abb. 19 halten, die ohnehin nur Ungefährangaben darstellen. Nach Belieben ist auch eine andere Montage möglich. Zum Bohren spannt man die Platte am besten mit einer oder zwei Schraubzwingen auf einer Holzunterlage ein und verwendet zum Bohren entweder eine Handbohrmaschine oder ein Elektrogerät. Die Bohrer müssen sauber geschliffen sein, damit sich saubere Bohrränder ergeben. Anschließend werden die Bohrungen entgratet, wofür man entsprechend größere Spiralbohrer, aber auch spezielle Krausköpfe verwenden kann. Sind alle Bohrungen fertiggestellt, so säubert man Vorder- und Rückseite der Platte mit einem geeigneten Mittel, beispielsweise Benzol oder Trichloraethylen. Erst wenn man damit fertig ist und wenn der ganze Arbeitstisch von Bohrspänen gesäubert ist, sollte man mit der Montage beginnen. Dabei werden die kleinen und leichten Einzelteile zuerst mit Hilfe von Schrauben montiert. Erst dann befestigt man die größeren Teile und ganz zuletzt die Meßinstrumente, damit diese beim Arbeiten an den anderen Teilen nicht durch Zufall defekt werden. Wenn alles montiert ist, kann man die Verbindungsdrähte, wie beschrieben, einlöten und einklemmen.
Sind alle Arbeiten beendet, so kann man, wenn man will, die Grundplatte in ein passendes, flaches Gehäuse einbauen. Wem die Herstellung dieses Gehäuses zuviel Arbeit macht, der kann auch an der Unterseite Winkel vorsehen, die an der Platte befestigt werden. Es empfehlen sich nicht nur an den vier Ecken, sondern auch jeweils in der Mitte davon sowie im Zentrum der Platte entsprechend starke Winkel, damit man beim Arbeiten (beispielsweise beim Anziehen von Schrauben, Einsetzen von Teilen usw.) die relativ dünne Platte nicht durchbiegt. Wie man diese Frage löst, ist weitgehend Geschmackssache.
Bei den Verbindungen zwischen den Fassungen für die integrierten Schaltungen und den Klemmleisten treten gerne Irrtümer auf. Hat man die Verdrahtung fertiggestellt, so prüft man mit Hilfe eines Prüflämpchens oder eines Ohmmeters genau nach, ob der betreffende Fassungskontakt wirklich mit derjenigen Klemme verbunden ist, die die korrespondierende Nummer trägt. Der eine Pol des Ohmmeters

wird mit der Klemme verbunden, den anderen Pol verbindet man mit einem dünnen Draht, der die Kontaktfassungen erreicht. Auf diese Weise läßt sich leicht die richtige Zuordnung feststellen.
Sind wir mit den mechanischen Arbeiten fertig, so haben wir ein sehr brauchbares und vielseitiges Versuchsgerät, das sich natürlich auch für Transistorschaltungen aller Art, also nicht nur für das Arbeiten mit integrierten Systemen, eignet. Erwähnt sei noch, daß man die Meßbereiche der drei Instrumente 1, 2 und 3, falls gewünscht, nach Belieben ändern kann. Das Instrument 1 eignet sich z. B. auch als Voltmeter, wenn man ihm einen Widerstand von rund 100 kΩ vorschaltet. Der Meßbereich beträgt dann 1 V bei etwa 100 kΩ Innenwiderstand. Wenn man will, kann man durch entsprechende Parallelwiderstände die Meßbereiche der Instrumente 2 und 3 vergrößern. Unbedingt nötig ist das jedoch nicht; wie schon weiter oben erwähnt, wurden die verschiedenen Einzelteile so ausgewählt, daß sie für fast alle zu untersuchenden Schaltungen mit integrierten Bauteilen ausreichen. Sind einmal Potentiometer mit anderen Werten erforderlich, so lassen sich die eingebauten Potentiometer sehr leicht auswechseln; man braucht nicht einmal unbedingt die Drähte auszulöten, sondern kann die Unterbrechung durch Ausklemmen der Zuführungen vornehmen. Dann lötet man an die Ersatzpotentiometer neue Drähte an und setzt diese entsprechend ein. Sind in den Schaltbildern Potentiometer mit anderen Werten angegeben, so wählt man den nächstliegenden Zahlenwert im Versuchsaufbau, was meistens möglich ist.
Insgesamt 72 freie Klemmen (25, 26, 27, 28) stehen nun zum Einsetzen von Kleinstbauteilen verschiedener Art zur Verfügung. Hier kommen in erster Linie Feldkondensatoren (Rolltypen und Elektrolyttypen), Festwiderstände und Dioden in Betracht. Selbst Spulen lassen sich hier einklemmen, wenn man die Spule entsprechend herrichtet. Im allgemeinen genügt es, für genügend starre Verbindungsdrähte zu sorgen. An diesen kann dann die Spule freitragend in passende Klemmen untergebracht werden. Es ist keineswegs nötig, die Einzelteile in Reihe der Klemmen anzuordnen. Man kann auch Klemmen überspringen, kann mit einem Einzelteil von einer Klemmenreihe zur anderen Klemmenreihe übergehen usw. Die Kontaktgabe ist sehr sicher, man sollte aber die Schrauben nicht zu stark anziehen.

Es besteht sonst die Gefahr, daß bei öfterem Auswechseln und wieder Neueinklemmen von Schaltdrähten die Druckstelle brüchig wird und abbricht. Zwar ist das bei häufigem Gebrauch ein und desselben Verbindungsdrahtes auf die Dauer unvermeidlich, die Lebensdauer kann aber sehr erhöht werden, wenn man die Schrauben nicht fester als im Interesse eines guten Kontaktes unbedingt erforderlich anzieht. Als Verbindungsdraht verwendet man zweckmäßigerweise isolierten Kupferdraht zwischen 0,5 und 0,8 mm Stärke. Solch ein Draht läßt sich noch leicht biegen, ist aber ausreichend starr, um eine einigermaßen saubere Verdrahtung zu gewährleisten.
Die vorstehende Beschreibung, die absichtlich sehr gründlich gehalten wurde, dürfte auch dem Ungeübten den Nachbau unseres Versuchsgerätes keine Schwierigkeiten mehr bereiten. Man sollte sauber arbeiten, damit nicht hinterher Fehler auftreten, die das zügige Untersuchen von Schaltungen beeinträchtigen könnten. Die Versorgungsstromquelle für das Versuchsgerät wurde absichtlich nicht mit eingebaut, um die Anlage nicht unhandlich zu machen. Zudem gibt es zur Stromversorgung verschiedenes zu sagen, was in Abschnitt 7 dieses Kapitels geschehen soll.

6. Winke für den Gerätebau

Wie schon öfters erwähnt — viele Leser werden den Wunsch haben, die eine oder andere Schaltung, die im „fliegenden Aufbau“ untersucht wurde, als fertiges Gerät zu besitzen. Dann erhebt sich vor allem die Frage: nach welchem Aufbauverfahren soll man vorgehen?
Der altertümliche Chassisaufbau scheidet heute völlig aus; in Betracht kommt nur die Miniaturbauweise. Diese wurde recht ausführlich im „Bastelbuch der Mini-Elektronik“ vom gleichen Verfasser im gleichen Verlag beschrieben, das vielleicht viele unserer Leser schon besitzen werden, da es in großen Stückzahlen verkauft wurde. Wir können uns daher bei der Besprechung dieser Fragen recht kurz fassen und auf das erwähnte Buch verweisen.
Bei industriellen Geräten führt heute die Druckschaltungstechnik, für die es auch für Selbstbauzwecke zahlreiche Hilfsmittel im Handel gibt. Wir raten von dieser Technik ab, da sie ungemein mühsam ist, viel Erfahrung voraussetzt und nicht immer zu den erwünschten Er-

folgen führt. Man braucht zur Herstellung von gedruckten Schaltungen als Ausgangsmaterial kupferplattiertes Super-Pertinax, das in verschiedenen Stärken und Abmessungen im Handel ist. Zur Herstellung der gedruckten Schaltung selbst gibt es Chemikalien-Sätze, die aus Ätzmittel, Abdecklack, Lösungsmittel, Schutzlack usw. bestehen. Auch das Photo-Positiv-Verfahren (z. B. nach dem System Schubalux) kann für die Herstellung gedruckter Schaltungen eingesetzt werden. Die Basisplatten werden dabei zunächst mit einer Kopiervorlage, die man selber anfertigt, belichtet, in einer Kunststoffschale entwickelt und anschließend im Ätzbad behandelt. Hierfür gibt es entsprechend beschichtete kupferkaschierte Pertinaxplatten. Wie gesagt — man sollte sich der gedruckten Schaltungstechnik nur dann bedienen, wenn man darin schon Erfahrung hat und wenn man genau weiß, daß eine Schaltung hinsichtlich Verkopplung, Anordnung der Einzelteile usw. absolut narrensicher ist. Arbeitet man allerdings nach einem Bausatz, dem die vorbereitete Platte bereits beigegeben ist, so bestehen keine Bedenken. Die Leiterbahnen sind dort schon in der richtigen Weise vorhanden, so daß man nur einwandfrei löten muß. Ein willkürliches Verteilen der Einzelteile auf der Platte führt bei empfindlichen Schaltungen häufig zu Mißerfolgen.
Wesentlich einfacher geht es, wenn man vorbereitete Experimentierplatten verwendet. Hier gibt es z. B. die KACO-Experimentierplatten für den Aufbau von Versuchsschaltungen mit Steckanschlüssen. Diese Platten bestehen aus Hartpapier mit einer dünnen Kupferauflage, und sie enthalten Bohrungen im Rastermaß. Die Kupferleiterseite ist mit lötfähigem Schutzlack überstrichen. Auf der Rückseite befinden sich das weiß aufgedruckte Leiterschema und die Nummern der Anschlüsse. Mit Hilfe von Steckverbindern und den zugehörigen Fassungen kommt man so auch zu ziemlich umfangreichen Schaltungen, wobei man sich allerdings zum Einbau der integrierten Systeme Sonderlösungen ausdenken muß. (Ein Beispiel zeigt Abb. 9, Tafel 5.)
Weit verbreitet ist das sogenannte Veroboard-Verdrahtungssystem, das in dem „Bastelbuch der Mini-Elektronik“ ausführlich beschrieben wurde. Man geht dabei von einem Grundelement mit parallelen Kupferstreifen und einem gleichmäßigen Lochraster aus. Die zu verwendenden Bauteile steckt man auf der unkaschierten Plattenseite in die Löcher ein und verlötet sie auf der Gegenseite mit den bereits

mit Flußmittel versehenen Leiterbahnen. Es gibt ein- und zweiseitig kupferkaschierte Platten, Steckplatten mit vergoldeten Leiterbahnenden für Kontaktleistenanschlüsse usw. Dabei kann die Übertragung der Schaltung direkt auf einer Platte durchgeführt werden. Im Gegensatz zur normalen gedruckten Schaltung liegt die Leiterführung bereits fest: parallele Bahnen. Quer zu den Leiterbahnen werden die Bauteile angeordnet. Dabei kann die Lage der Bauteile weitgehend dem Schaltbild entnommen werden. Gleichzeitig lassen sich durchlaufende Speisespannungen und Erdpotentiale auf bestimmte Bahnen festlegen. Notwendige Leiterbahn-Unterbrechungen werden auf der Veroboard-Platte mit einem Fräser hergestellt. Die Verlötungen sollen mit einem 16-W-Lötkolben erfolgen.

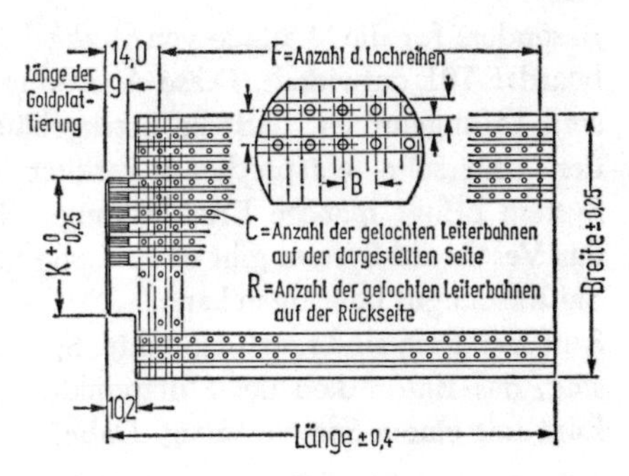

Abb. 20. Europakarte E400 für IS mit Rundgehäuse

So vielseitig sich dieses System verwenden läßt — es ist keineswegs der Weisheit letzter Schluß. Man kann zwar vielseitig Schaltungen aufbauen, muß jedoch mitunter Drahtbrücken und ähnliche Hilfsmittel anwenden, um zu bestimmten Schaltungen zu gelangen. Trotzdem kann das Veroboard-System unbedingt empfohlen werden, zumal es die Selbstherstellung von Leiterbahnen überflüssig macht. Es gibt verschiedene Typen, beispielsweise die Europakarte E 200 mit einseitigen Kontakten und ähnliche Ausführungen. Für uns besonders interessant ist die Europakarte E 400 (siehe Abb. 20), die ebenfalls im Rastermaß gebohrt ist. Diese doppelseitige Platte in Form eines „Kreuzschienenverteilers“ eignet sich für die Verdrahtung von IS im TO-5-Gehäuse. Dabei werden die Leiterbahnen an der Stelle, an der die IS eingesetzt wird, mit dem Leitungsbahnunterbrecher aufgetrennt. Die IS-Anschlüsse werden mit den Leiterbahnen der Gegenseite verlötet und der Leitungsverlauf beliebig in Zickzack über die Platte geführt, indem Lötstifte dort eingesteckt werden, wo die Leitungsrichtung von der X- in die Y-Achse umgeleitet werden soll. Die Lötstifte sind beidseitig mit den Bahnen zu verlöten. Leiterbahnstücke, auf denen keine Spannung gewünscht wird, sind wiederum mit dem Leiterbahnunterbrecher, der vom Hersteller zusätzlich geliefert wird, zu trennen. Ebenso erfolgt die Verdrahtung auf den doppelseitigen Platten, aus denen in bestimmten Abständen auf einer Seite Bahnen entfernt wurden, um dort IS mit Steckgehäuse einzusetzen.

Besonders für die Montage von Steckgehäusen wurde die Vero-D.I.P.-board E 701 entwickelt. Diese Anordnung zeigt Abb. 21. Die Löcher sind so angeordnet, daß die Steckgehäuse leicht eingesetzt und an der Unterseite entsprechend verlötet werden können. Solch ein System bringt manche Erleichterungen im praktischen Aufbau. Für das Veroboard-System gibt es spezielle Steckerleisten, mit denen man die Karten gut befestigen kann.

Sehr praktisch sind Lötstützpunkte. Sie bestehen aus verzinntem Messing, das Eindrücken der Stützpunkte in die Verdrahtungsplatte erfolgt mit einem Setzwerkzeug. Dabei wird der Lötstützpunkt in das

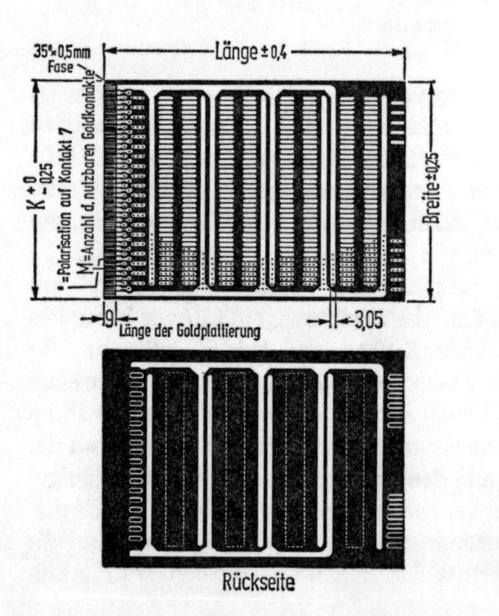

◀ Abb. 21. Vero-D. I. P.-board E701 für Dual in line

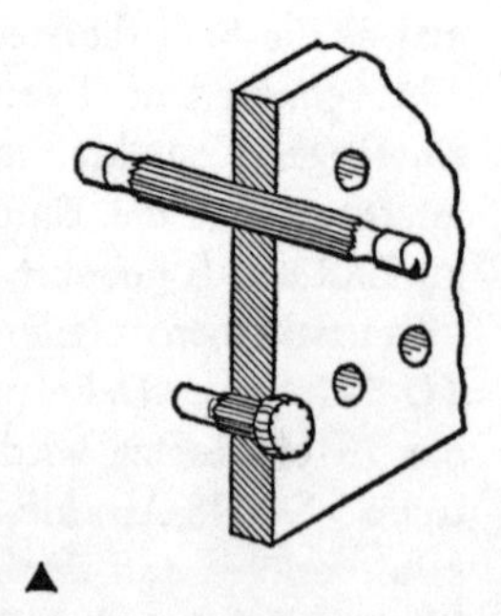

▲ Abb. 22. Lötstützpunkte

Setzwerkzeug eingeschoben, dort gehalten und bis zum Anschlag in das Loch der Verdrahtungsplatte gesetzt. Das Werkzeug wird abgezogen und beläßt den Lötstützpunkt fest und in gleichmäßiger Einstecktiefe in der Platte. Abb. 22 zeigt dieses Verfahren. Lötstützpunkte sind sehr praktisch, weil sie saubere und problemlose Lötungen an allen möglichen Stellen der Platten erlauben.
Im übrigen gelten für die Herstellung von Geräten, die IS enthalten, die allgemeinen Regeln der Miniaturtechnik. Man muß vorsichtig arbeiten und beim Löten vor allem darauf achten, daß man die Platten nicht verbrennt. In diesem Zusammenhang möchten wir nochmals auf die Abschnitte 1 und 2 dieses Kapitels verweisen, die in großer Ausführlichkeit wichtige Löthinweise enthalten. Selbstverständlich können nicht nur IS, sondern auch alle anderen Einzelteile nach den beschriebenen Verfahren verlötet bzw. entlötet werden.
Ist das Gerät montiert, so kann man es — je nach Bedarf — in ein kleines Gehäuse einbauen oder auch als Bestandteil einer anderen Schaltung in ein größeres Gehäuse einfügen.

7. Wie steht es mit der Stromversorgung?

Es gibt viele integrierte Analogschaltungen, die hinsichtlich Stromversorgung etwas anspruchsvoller sind als normale Transistorschaltungen. Zur Speisung eines Transistorgerätes benötigt man gewöhnlich eine Stromquelle, die nur über einen Plus- und einen Minusanschluß verfügt. Dabei liegt dann Minus oder Plus an Masse. Bei manchen integrierten Schaltungen kommt man ebenfalls mit solch einer Stromquelle aus. Indessen gibt es zahlreiche Analogschaltungen, die einen sogenannten Differenzeingang haben. Wir brauchen uns darüber den Kopf gar nicht zu zerbrechen, sondern wollen uns nur merken, daß dann am Eingang zwei Anschlüsse zur Verfügung stehen, zu denen ein Nullpunkt gehört, der nicht dem Minuspol oder dem Pluspol der Stromquelle zugeordnet ist, sondern ihrer „elektrischen Mitte“.
Was hat es mit der elektrischen Mitte auf sich? Denken wir uns den schwarzen Kasten einer Autobatterie, so kommen wir der Sache auch nicht viel näher, denn wir können sie nicht anbohren, um in ihre Mitte zu gelangen. Dabei würde nur die Säure ausfließen. Wir kön-

nen uns die künstliche Mitte aber leicht schaffen, wenn wir zwei solche Autobatterien nehmen und dabei den Pluspol der einen mit dem Minuspol der anderen Batterie verbinden. Jetzt bekommen wir zwischen dem Minuspol der einen und dem Pluspol der anderen Batterie die doppelte Spannung einer einzigen, und wenn wir nun die beiden Batterien als Ganzes betrachten, so erhalten wir eine Stromquelle mit den Anschlüssen Plus und Minus und herausgeführter „elektrischer Mitte" oder Null (0). Diese entspricht dem Verbindungspunkt zwischen den beiden Batterien. Nehmen wir ein Voltmeter und legen dessen Pluspol an diese elektrische Mitte, so wird es richtig ausschlagen, wenn wir den anderen Pol an den Minuspol der Gesamtbatterie legen. Gehen wir damit jedoch an den Pluspol, so schlägt es verkehrt aus. Von der elektrischen Mitte aus gesehen ist also der eine Anschluß negativ, der andere Anschluß dagegen positiv. In den IS-Schaltbildern, wie sie in Fachzeitschriften veröffentlicht werden, erkennt man die Notwendigkeit einer Stromquelle mit elektrischer Mitte daran, daß die Spannungsangabe nicht einfach „+x V" oder „−x V", sondern „±x V" lautet. Wenn wir das lesen, so wissen wir, daß wir eine Stromquelle mit elektrischer Mitte brauchen.

In Abb. 23 sehen wir das zugehörige Schaltschema. Dort ist eine beliebige integrierte Schaltung als Dreieck angedeutet, wobei an den Anschluß a die Spannung von +10 V und an b −10 V angeschlossen werden. Die elektrische Mitte, die hier durch die Verbindung zweier Netzgeräte zustande kommt, wird meistens durch das Massesymbol gekennzeichnet. Wir sehen oben in Abb. 23 zwei Netzgeräte, von denen der Minuspol des linken mit dem Pluspol des rechten verbunden ist. Diese Verbindung entspricht der Masse, also dem Null-

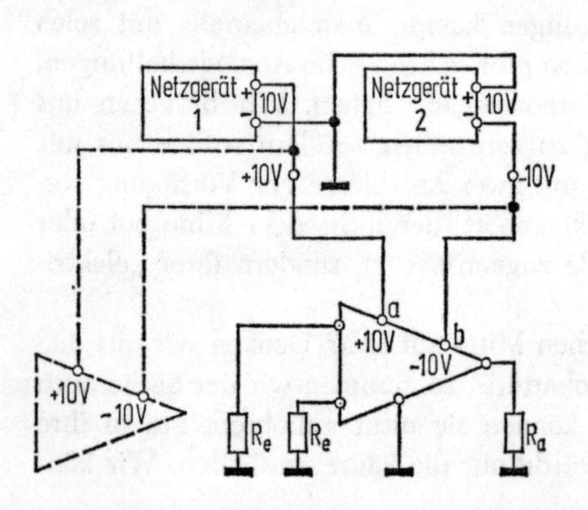

Abb. 23. Die symmetrische Speisung von integrierten Schaltungen

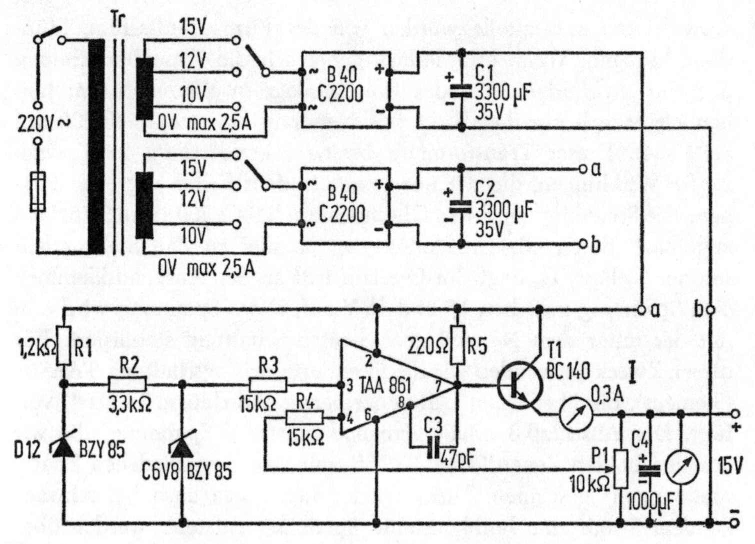

Abb. 24. Schaltung des Doppel-Netzgerätes für Versuchszwecke

punkt des Gerätes, und auf diesen Punkt werden die Spannungen am Eingang bezogen. Man kann auch die Spannung am Ausgang darauf beziehen, kann also z. B. den Außenwiderstand R_a einseitig mit Masse verbinden, was auch für den Eingangswiderstand R_e gilt. Das ist das ganze Geheimnis der „symmetrischen" Stromversorgung, die man bei manchen IS unbedingt anwenden muß, wenn die Schaltung arbeiten soll.

Die Selbstherstellung solch einer Stromquelle, aus dem Netz betrieben, stößt auf keinerlei Schwierigkeiten. Wir bringen in Abb. 24 ein vom Verfasser erprobtes Schaltungsbeispiel, das ausgezeichnete Ergebnisse liefert und dem man ohne weiteres Ströme bis zu 0,2 A bei einer Ausgangsspannung von 15 V entnehmen kann. Für die meisten Schaltungen reicht das aus. Besonders wichtig ist, daß dieses Netzgerät eine extrem wirksame Stabilisierschaltung enthält. Besprechen wir kurz die Gesamtschaltung:

Der eigentliche Netzteil ist sehr einfach und besteht aus zwei gleichwertigen Teilen mit einem gemeinsamen Netztransformator Tr (die verwendeten Spezialteile wurden von der Firma Radio-Rim, München, bezogen. Wenn erforderlich, geben wir die Typenbezeichnung und die zugehörige Seite des Rim-Katalogs in Klammern an; hier handelt es sich um den Elektronik-Netztransformator 18-45-230 auf Seite 304). Dieser Transformator besitzt sekundärseitig zwei angezapfte Wicklungen, die wir über einen Stufenschalter abgreifen können. Die Spannung wird den Gleichrichtern B40C2200 (Rim Seite 298) zugeführt, deren Gleichrichterausgang parallel zu den Siebkondensatoren C_1 bzw. C_2 liegt. Im Leerlauf tritt an den Ausgangsklemmen eine Spannung zwischen 16 und 18 V auf. Diese Spannung wird nun mit der unter dem Netzteil gezeichneten Schaltung stabilisiert. Für diesen Zweck verwenden wir die integrierte Analogschaltung TAA861 (Siemens), die über einen Differenzeingang (Anschlüsse 3 und 4) verfügt. Der Anschluß 3 erhält eine hochkonstante Spannung, die wir aus den beiden Zenerdioden BZY85 (mit zwei verschiedenen Zenerspannungen) gewinnen. Diese Dioden, an denen auch bei schwankendem Strom eine hochkonstante Spannung entsteht, werden über R_1 und R_2 gespeist. Über R_3 gelangt diese „Vergleichsspannung" an den Anschluß 3. Wie schon der Name sagt, wird diese Spannung mit einer anderen „verglichen", die wir vom Potentiometer P1 über den Widerstand R4 abgreifen können. An dieser Stelle liegt bereits die stabilisierte Ausgangsspannung. Wenn sie nämlich nur eine Kleinigkeit schwankt, so überträgt sich diese Schwankung sofort auf den Eingang 4, und es ist nun eine Eigenschaft des Verstärkers, daß er, im richtigen Arbeitspunkt betrieben, sich selbst so einstellt, daß die Spannung zwischen 3 und 4 völlig verschwindet. Sobald sich eine Spannung (schon in der Größenordnung von Mikrovolt!) einstellen möchte, ändert der Verstärker seinen Ausgangsstrom, wodurch auch der Spannungsabfall am Ausgangswiderstand R5 schwankt. Diese Schwankung überträgt sich auf die Basis des Verstärkertransistors T1, und dessen Strom stellt sich so ein, daß die Spannung an P1 immer auf dem Wert gehalten wird, der der Spannung an der letzten Zenerdiode entspricht.

Das ist — in groben Zügen — das dieser Stabilisierungsschaltung zugrunde liegende Regelprinzip, das uns am Ausgang eine hochkonstante Spannung von 15 V liefert, wenn der Schleifer von P1 ganz unten steht. Je höher wir ihn schieben, um so kleiner wird die Span-

Abb. 5. Ansicht des unverdrahteten IS-Versuchsgerätes, oben

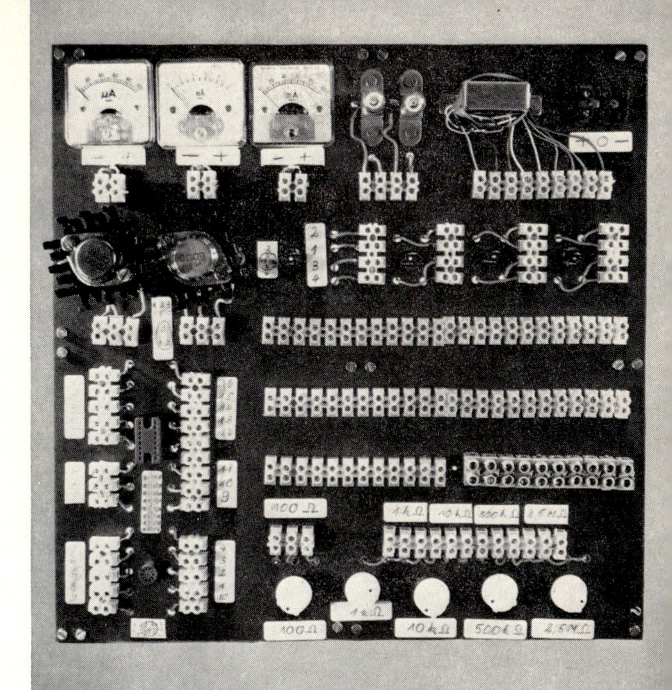

Tafel 3

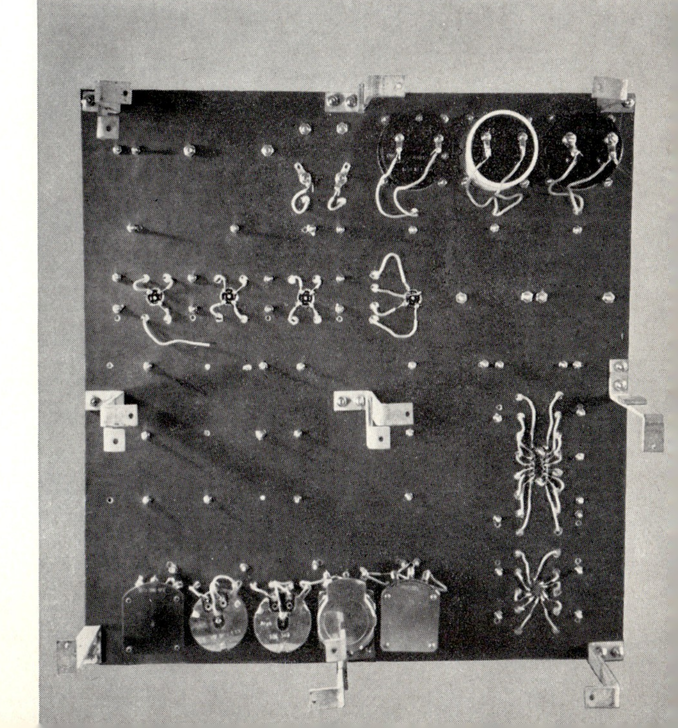

Abb. 6. Ansicht des unverdrahteten Versuchsgerätes, unten

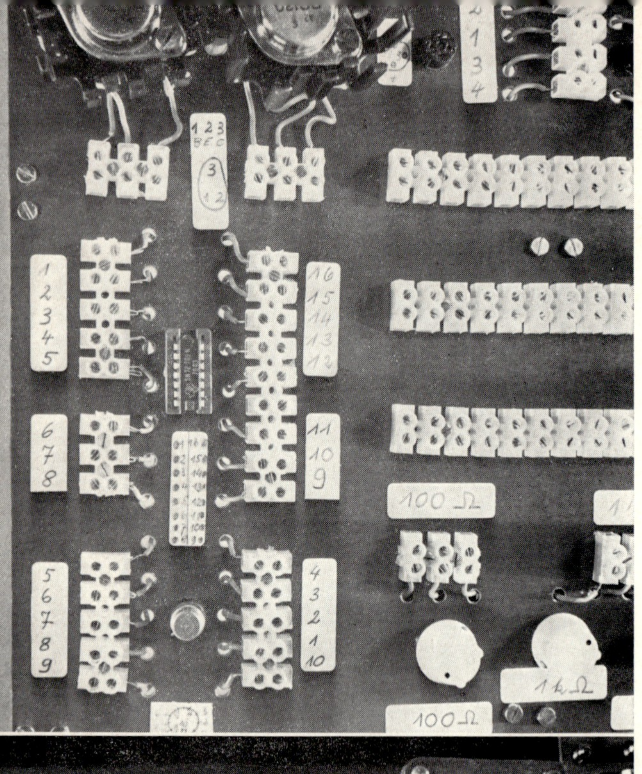

Abb. 7. Großaufnahme der beiden IS-Fassungen nach Abb. 5

Tafel 4

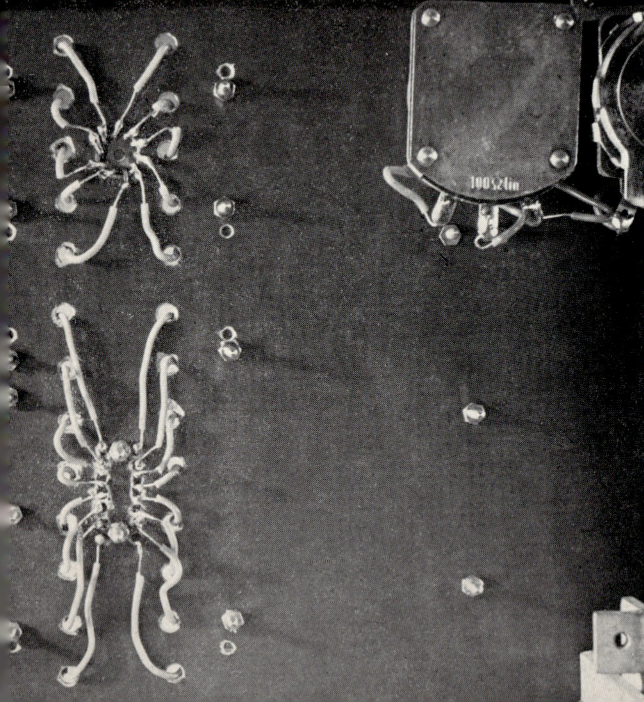

Abb. 8. Großaufnahme der Fassungsverdrahtung nach Abb. 7 von unten

nung. Man kann einmal einen verblüffenden Versuch machen und zwischen den Schleifer von P1 und den Minusanschluß ein Voltmeter legen. Wie immer wir den Schleifer auch drehen — stets wird er einen konstanten Wert anzeigen, der der Spannung an der zweiten Zenerdiode entspricht. Gelten vielleicht die Gesetze des Spannungsteilers nicht mehr? Sie gelten durchaus, denn die Gesamtspannung am Spannungsteiler ändert sich je nach Stellung des Schleifers, nur der Spannungsabfall zwischen Schleifer und dem unteren Anschluß bleibt konstant. Zerbrechen wir uns aber nicht weiter den Kopf über diese Schaltung, weil das nur unser Gehirn belastet.
Abschließend noch der Hinweis, daß der Kondensator C4 am Ausgang noch zusätzlich die Spannung beruhigt. Wer sich für die elektrischen Daten des Ausgangs näher interessiert, dem sei gesagt, daß der Ausgangswiderstand den unwahrscheinlich kleinen Wert von nur 5 mΩ hat und daß der sogenannte Siebfaktor, wie vom Verfasser gemessen wurde, den winzigen Wert von 0,00026 aufweist. Genauer geht es kaum noch.
An die Klemmen a und b des zweiten Netzteiles (oben in Abb. 24) wird nun eine ganz genau gleichartige Stabilisierschaltung angeschlossen, die wir hier aus Raumgründen fortgelassen haben. Wir bekommen dann die beiden in Abb. 23 angedeuteten Netzgeräte und brauchen nur den Plusausgang des einen mit dem Minusausgang des anderen zu verbinden. Schon haben wir eine Stromquelle mit herausgeführter Mitte, mit „Mittelanzapfung" (0), mit der wir jede nur denkbare integrierte Schaltung betreiben können. Selbstverständlich eignet sich dieses schöne Gerät auch zum hochstabilen Betrieb von Transistorgeräten aller Art. Wir bauen es zweckmäßigerweise in ein Gehäuse ein.
Nach dem gleichen Prinzip bringen wir in Abb. 25 eine noch leistungsfähigere Schaltung eines solchen Doppel-Netzgerätes, das ebenfalls vom Verfasser erprobt und entworfen wurde. Es kommt der Schaltkreis SN72 709 N zur Anwendung (Steckgehäuse). Wie in Abb. 24 steuert auch hier der Ausgang der IS einen Transistor T1 in Collectorschaltung, dem noch ein zweiter Emitterfolger T2 nachgeschaltet ist. Dadurch erhöht sich die Stromabgabe bis auf 2,5 bis 3 A, wobei eine Ausgangsspannung von etwa 12 V noch stabilisiert wird. Bei kleineren Stromentnahmen steigt die stabilisierte Spannung

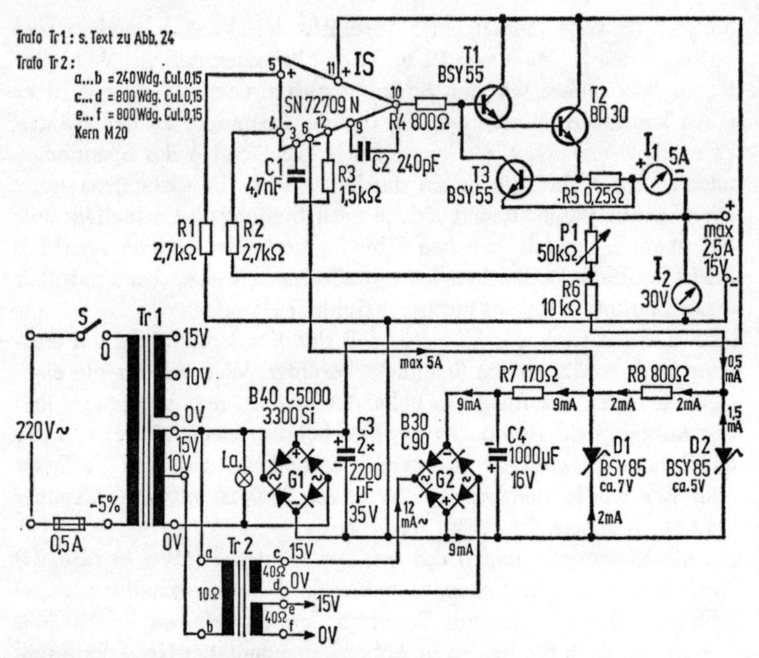

Abb. 25. Stärkere Endstufe für das Versuchsgerät nach Abb. 24

(wegen des dann kleineren Spannungsrückgangs hinter dem Gleichrichter) bis auf etwa 20 V. Während sich die Ausgangsspannung mit P1 in Abb. 24 nicht ganz auf Null herunterregeln läßt, ist das bei Abb. 25 der Fall, weil der Minusanschluß der IS auf eine gegenüber dem Minusausgang des Netzgerätes negative Spannung gelegt wird. Diese gewinnen wir aus einem separaten Gleichrichter (Netztransformator Tr2, Gleichrichter G2, Siebkondensator C4, Zenerdioden D1 und D2 mit den Vorwiderständen R7 und R8). An D1 wird die negative Spannung für den integrierten Schaltkreis abgegriffen, an D2 die (jetzt doppelt stabilisierte) Referenzspannung für den Regelkreis. Diese Spannung gelangt über R6 und R2 zum invertierenden Eingang und wird über P1 mit der Ausgangsspannung verglichen. Dabei stellt sich der IS-Verstärker, wie schon beschrieben, stets so ein, daß

zwischen den beiden Eingängen keine Spannung liegt. Da der nichtinvertierende Eingang (Anschluß 5) über den Schutzwiderstand R1 am Minuspol liegt, kann man durch Einstellen von P1 tatsächlich die Ausgangsspannung Null einstellen und bis zum Höchstwert heraufregeln.
Die Gesamtschaltung enthält noch als weitere Besonderheit die elektronische Sicherung mit dem Transistor T3 (siehe auch Seite 180). Sobald der Spannungsabfall an R5, verursacht durch den Belastungsstrom, etwa 0,7 V überschreitet, wird die Collector-Emitterstrecke von T3 leitend, und der Ausgangsstrom der IS fließt nur noch zu einem (konstanten) Teil in die Basis von T1. Der Rest wird über T3 zum Plusanschluß der Ausgangsspannung abgeleitet. Der Ausgangsstrom kann dann nicht über einen bestimmten Strom-Höchstwert steigen, sondern er bleibt bei fallender Ausgangsspannung konstant. Auch ein Kurzschluß des Ausgangs richtet keinen Schaden an. Die Ausgangsspannung geht dann bei konstantem Strom auf Null, wobei natürlich nunmehr T2 sehr stark, aber nicht zu stark, belastet wird, denn er hat jetzt die volle Ausgangsspannung des Gleichrichters aufzunehmen. Die Schaltung hat — abgesehen von der höheren Ausgangsleistung — dieselben günstigen elektrischen Daten wie die von Abb. 24. Ein Doppel-Netzgerät entsteht bei Verwendung der freien Anschlüsse der Netztransformatoren und Verdoppelung sämtlicher sonstiger Schaltorgane. Die Leistungstransistoren müssen auf Kühlflächen von mindestens jeweils 150 cm² montiert werden.

Drittes Kapitel: Wir durchleuchten das Innere Integrierter Schaltungen

Keine Angst — hier folgt nicht etwa eine gelehrte Abhandlung über das Innenleben integrierter Schaltungen. Wenn wir wollen, können wir das ganze 3. Kapitel auch überschlagen; trotzdem werden wir die Schaltungen der folgenden Kapitel zum Arbeiten bringen, denn wir brauchen sie nur Leitung für Leitung nachzubauen. Wer aber sein Gehirn nicht schonen möchte — die Ansichten sind verschieden —, kann die folgenden Ausführungen ein wenig durcharbeiten.
Haben wir eine IS in der Hand, so sehen wir außer den Beinchen und dem verschieden geformten Gehäuse überhaupt nichts. Fachleute sprechen gern vom schwarzen Kasten oder noch feiner von „black box". Eigentlich braucht man auch gar nicht zu wissen, was in dem Gehäuse verborgen ist; man muß nur zur Kenntnis nehmen, was sich in elektrischer Hinsicht am Ausgang tut, wenn man den Eingang elektrisch kitzelt. Letzten Endes sind die in diesem Buch beschriebenen integrierten Schaltungen nur einfache Verstärker, und ein solcher ist ein Ding, aus dem hinten mehr herauskommt als man vorne hineinsteckt. Mehr braucht man eigentlich zunächst — bei bescheidenen geistigen Ansprüchen — gar nicht zu wissen. Es gibt aber Leute, die neugierig sind und gerne wissen möchten, wie es im Inneren solch eines Verstärkers zugeht. Deshalb bringen wir nachstehend zunächst einige Schaltungsbeispiele von IS, und zwar solche, die sich auf Ausführungen beziehen, die vorzugsweise in den Schaltungen des 5. und 6. Kapitels verwendet werden. Nicht alle dort vorkommenden Schaltungen können wir besprechen; das ist auch nicht nötig, denn wir wollen nur einen ungefähren Überblick über das Innere gewinnen. Abschließend befassen wir uns dann noch mit einer einfachen Prüfmethode für integrierte Schaltkreise.

Zunächst sehen wir in Abb. 26 das Innere der integrierten Analogschaltung µA 709 der Firma SGS. Diese Anordnung hat einen Differenzeingang, den wir schon kurz erwähnten. Der Anschluß 2 heißt invertierender, der Anschluß 3 nicht invertierender Eingang. Diese komischen Fremdworte sollen folgendes besagen: Legen wir an den Eingang 3 eine in positiver Richtung ansteigende Spannung an, so steigt sie am Ausgang (Anschluß 6) ebenfalls in positiver Richtung an. Machen wir dasselbe bei Eingang 2, so ruft eine positiv ansteigende Spannung eine in negativer Richtung ansteigende Spannung am Ausgang hervor. Dieser Eingang 2 dreht also gewissermaßen die Spannungsrichtung um, was mit dem Fremdwort angedeutet ist. Beide Eingänge können gleichzeitig, aber auch getrennt benützt werden. Dazu gehören die Transistoren T1 und T2, die als Emitterwiderstand

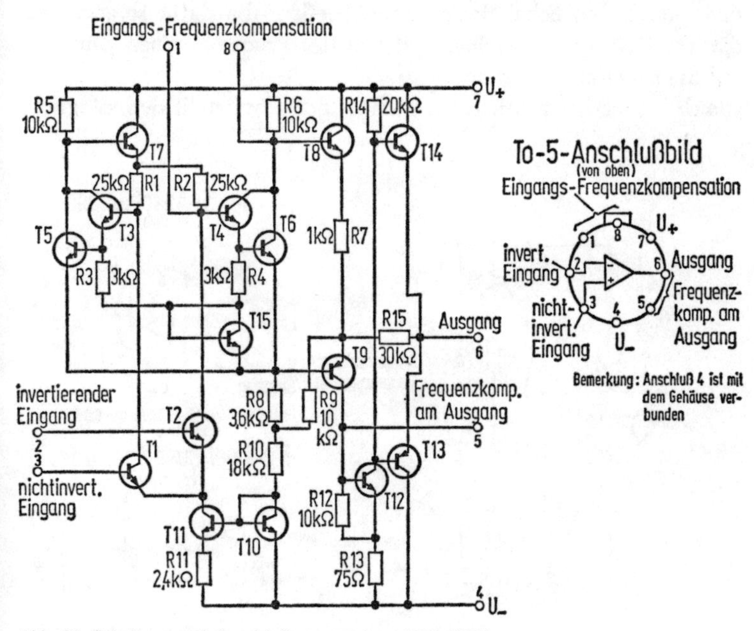

Abb. 26. Schaltung und Anschlußschema des µA709 (SGS)

einen weiteren Transistor T11 enthalten. Dadurch wird dieser sogenannte Differenzverstärker besonders wirkungsvoll. Das in ihm verstärkte elektrische Signal durchläuft nun eine Unzahl von Widerständen und Transistoren, die nicht nur verstärken, sondern auch den Zweck haben, die elektrischen Eigenschaften der ganzen Schaltung zu verbessern. Das bezieht sich z. B. auf das Temperaturverhalten, auf die Stabilität der Ausgangsspannung usw. usw. Schließlich gelangt das Signal über die verschiedenen Transistoren zum Ausgang mit dem Anschluß 6. Ein Beispiel für die Größenordnung der erzielbaren Verstärkung: Legen wir am Eingang eine Spannung von 1/45 000 Volt an, so liefert der Ausgang eine Spannung von 1 V, d. h., der Verstärker verstärkt fünfundvierzigtausendfach. Das alles leistet so ein kleines Gehäuse. Zum Betrieb braucht die Schaltung eine Spannung von ±10 V, die unser Netzgerät, Abb. 24, leicht abgibt. Die in Abb. 26 enthaltenen Hinweise, z. B. auf Frequenzkompensation, brauchen uns nicht zu kümmern. An diese Anschlüsse kann man von außen Schaltelemente anschließen, die dafür sorgen, daß die Verstärkung in Abhängigkeit von der Frequenz einen ganz bestimmten Verlauf bekommt.

Gleich zur nächsten Schaltung nach Abb. 27. Sie stellt den integrier-

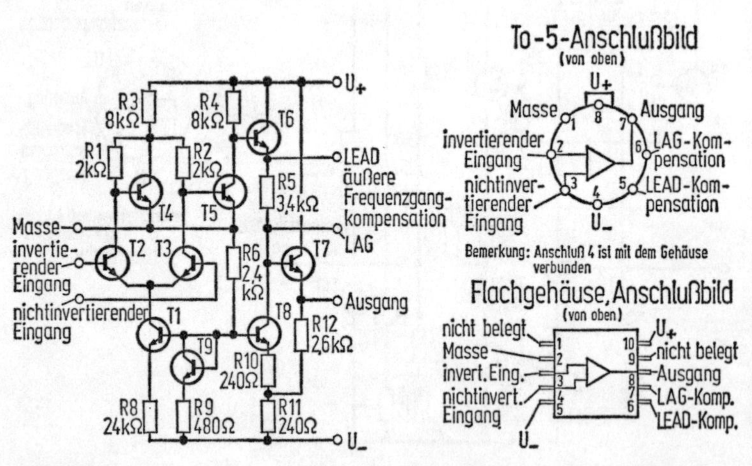

Abb. 27. Schaltung und Anschlußschema des μA702A (SGS)

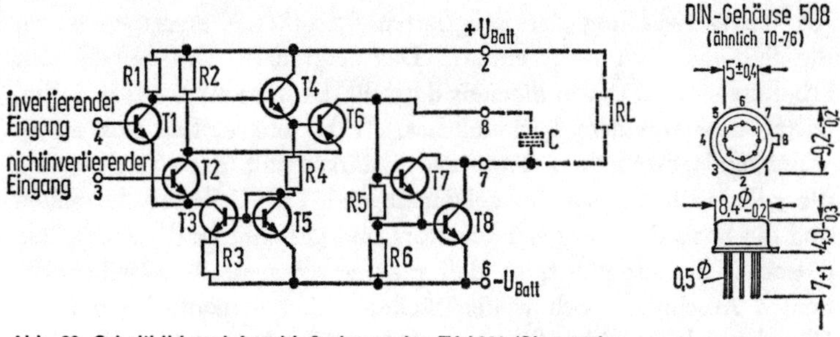

Abb. 28. Schaltbild und Anschlußschema des TAA861 (Siemens)

ten Schaltkreis μA702A, ebenfalls von SGS, dar, der offensichtlich viel einfacher aufgebaut ist als die Schaltung nach Abb. 26. Auch dieses System verfügt über einen Differenzeingang (invertierend und nicht invertierend). Der Differenzverstärker wird von T2 und T3 gebildet, wobei T1 als gemeinsamer Emitterwiderstand wirkt. Diesem Verstärker ist ein weiterer Differenzverstärker mit T4 und T5 nachgeschaltet, was in elektrischer Hinsicht besonders vorteilhaft ist. Nun folgen weitere Transistorstufen, die besondere Aufgaben haben, und schließlich entsteht am Emitter von T7 die Ausgangsspannung, wobei sich eine Gesamtverstärkung von 3600 ergibt. Auch hier sind wieder verschiedene Anschlüsse zur Frequenzgangbeeinflussung herausgeführt, deren Bedeutung wir nicht zu verstehen brauchen.

Als drittes Beispiel betrachten wir jetzt Abb. 28, die das Innere des Siemens-Schaltkreises TAA861 zeigt. Dieses System kennen wir bereits von unserem Netzgerät. Es verfügt ebenfalls über einen Differenzeingang (invertierend und nicht invertierend), wobei T1 und T2 den eigentlichen Differenzverstärker mit dem aus einem Transistor bestehenden Emitterwiderstand darstellen. Dieser Transistor wird übrigens über T5 in bestimmter Weise von T4 gesteuert. Die Ausgangsspannung des Differenzverstärkers gelangt zu T4 und T6, wird dort verstärkt und gelangt schließlich zu T7, dessen Ausgangsstrom nochmals von T8 verstärkt wird. Dieser Transistor liefert dann die Ausgangsleistung in dem Außenwiderstand R_L, der außen angeschaltet werden muß. Wir werden diesem integrierten Schaltkreis in diesem Buch noch öfters begegnen, da er sehr vielseitig anwendbar ist.

Als die Entwicklung der integrierten Schaltkreise einsetzte, waren die Systeme noch recht einfach. Das zeigt z. B. Abb. 29, die den Schaltkreis TAA151 von Siemens darstellt. Dieser Schaltkreis ist billig, leistet aber trotzdem Erstaunliches. Er besteht einfach aus einem widerstandsgekoppelten Transistorverstärker mit drei Transistoren, die galvanisch miteinander gekoppelt sind. Der Collector des ersten und die Basis des zweiten Transistors sind getrennt an die Anschlüsse 8 und 2 herausgeführt, so daß man gegebenenfalls zwischen die beiden Anschlüsse noch weitere äußere Schaltelemente legen kann. Hier handelt es sich nicht um einen Differenzverstärker, sondern um einen einfachen Eintakt-Eingang mit dem Anschluß 10; der Ausgang gehört zu Anschluß 5, dort kann man einen eigenen Außenwiderstand anschließen, wenn man es nicht vorzieht, die Anschlüsse 5 und 6 miteinander zu verbinden. Dann wirkt ein Widerstand von 320 Ω als Außenwiderstand, der bereits im Schaltkreis enthalten ist, und die Schaltung wird besonders einfach.
Äußerlich recht unübersichtlich sieht die Schaltung nach Abb. 30 aus. Es handelt sich um den RCA-Schaltkreis CA3052, der aus sage und schreibe vier kompletten, voneinander unabhängigen Verstärkersystemen besteht. Es genügt also, wenn wir eines davon besprechen, denn die anderen drei sind ebenso aufgebaut. Der erste Verstärker arbeitet mit den Transistoren T1, 2, 3, 9, 10, 7, der zweite (darunter) mit den Transistoren T19, 20, 21, 13, 14, 17, und bei den beiden anderen Verstärkern in der rechten Schaltungshälfte ist es entsprechend. Besprechen wir nur die eine Schaltung links oben. Bei 8 und 7 liegt der Eingang, wir haben einen Differenzeingang vor uns, zu dem der Differenzverstärker T2, 3 gehört. Vor dem Eingang von T2 liegt noch der Transistor T1, der den Eingangsstrom zusätzlich verstärkt. Das Ausgangssignal wird in T9 und T10 sowie T7 weiterverstärkt und erscheint schließlich am Anschluß 6, am Ausgang. Sämtliche Stufen sind — das ist übrigens charakteristisch für fast alle integrierten Schaltungen — galvanisch gekoppelt. Damit es dann auch mit den verschiedenen Gleichspannungspotentialen stimmt, sind zusätzlich häufig Transistoren, Dioden usw. vorgesehen, die für die richtige Spannungsverteilung sorgen. Auch Widerstände findet man für diesen Zweck. Der in Abb. 30 gezeigte Typ wurde von RCA speziell für Stereoverstärker, magnetische Tonabnehmer und Ton-

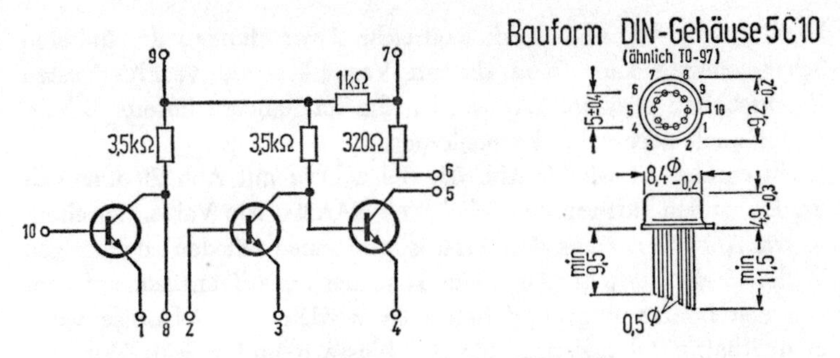

Abb. 29. Schaltbild und Anschlußschema des TAA151 (Siemens)

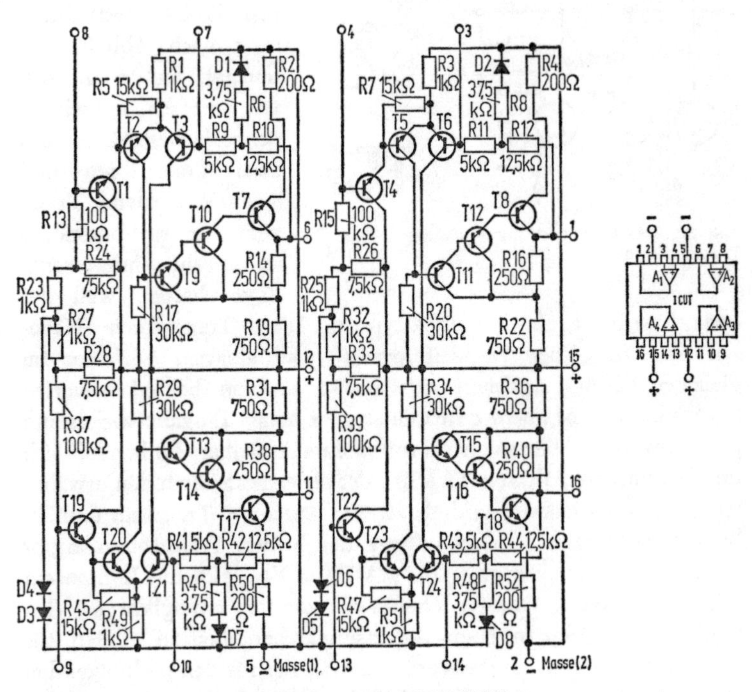

Abb. 30. Schaltbild und Anschlußschema des CA3052 (RCA)

köpfe geschaffen, und durch sinnreiche Anwendungen der äußeren Schaltelemente kann man diesem Verstärker die verschiedensten Eigenschaften erteilen. Wir werden ihn im Rahmen unserer Schaltbildbeispiele noch näher kennenlernen.

Recht einfach ist wieder Abb. 31, die nahezu mit Abb. 29 identisch ist. Es handelt sich um den Schaltkreis TAA293 von Valvo, der ebenso wie Abb. 29 nur aus drei Transistorsystemen mit den zugehörigen Widerständen besteht. Auch hier kann der erste Transistor getrennt von den beiden folgenden betrieben werden, beispielsweise wenn man Schaltmittel zwischen die Anschlüsse 8 und 2 legt. Wir verweisen auf die Angaben zu Abb. 29. Auch dieser Verstärker kommt in unseren Schaltbildern vor.

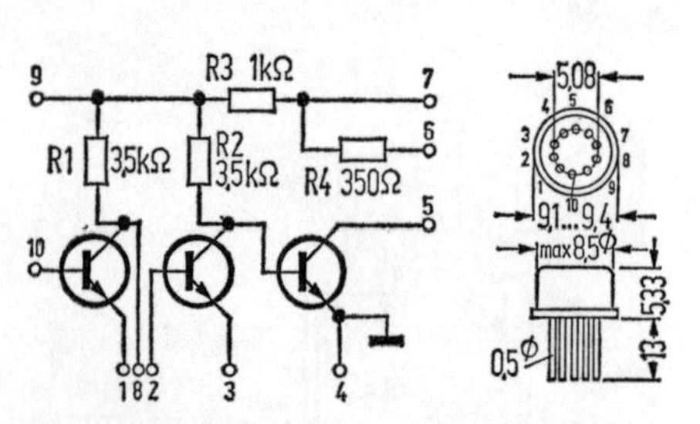

Abb. 31. Schaltbild und Anschlußschema des TAA293 (Valvo)

Klein, aber oho — so kann man sagen, wenn man die integrierte Schaltung nach Abb. 32 betrachtet. Sie ist an sich sehr einfach aufgebaut, denn sie besteht nur aus zwei Transistoren und einem Widerstand. Trotzdem hat sie besondere und sehr interessante Eigenschaften, weil der erste Transistor ein Feldeffekttyp ist. Diese Transistoren (Näheres siehe in „Neue Halbleiterpraxis“ vom gleichen Verfasser im gleichen Verlag) zeichnen sich neben anderen bemerkenswerten Eigenschaften vor allem durch einen sehr hohen Eingangswiderstand aus, teilweise größer sogar als mit Röhren erzielbar. Es handelt sich um den Valvo-Schaltkreis TAA320, der als erstes System den erwähnten Feldeffekttransistor und als zweites einen npn-Transistor enthält. Durch die Hintereinanderschaltung der beiden Transistoren ergibt sich eine Steilheit von etwa 100 mA/V, im Vergleich mit Röhren ein sehr hoher Wert. Der eingebaute Widerstand ermöglicht es, den Feldeffekttransistor in einem Arbeitspunkt betreiben zu können, für den der erforderliche Ruhestrom höher als der für den nachfolgenden Transistor zulässige Basisstrom ist. Der Verstärker hat den unwahr-

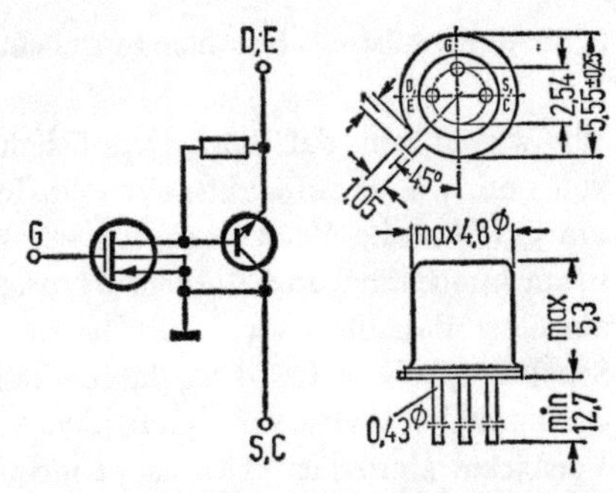

Abb. 32. Schaltbild und Anschlußschema des TAA320 (Valvo)

scheinlich großen Eingangswiderstand von $10^{14}\,\Omega$ (das ist eine 1 mit 14 Nullen dahinter, wer spricht das aus?), und man kann diesen Wert fast überhaupt nicht richtig ausnutzen. Immerhin gibt es in der Elektronik, aber auch in der Meßtechnik Spezialschaltungen, wo solch ein hoher Widerstand willkommen ist. Man denke z. B. an Zeitgeberschaltungen, in denen ein Kondensator über einen sehr hohen Widerstand aufgeladen werden muß. Dann darf man den Kondensator nicht zusätzlich mit einem ohmschen Widerstand — beispielsweise für Meßzwecke — belasten, und in solchen Fällen ist der TAA320 gerade recht. Selbstverständlich eignet sich solch eine Schaltung auch hervorragend zum Anschluß eines Kristall-Tonabnehmers, der ebenfalls nur geringe Belastungen verträgt. Der Ausgangsstrom ist beträchtlich, so daß man mit diesem Schaltkreis ohne weiteres eine Leistungsendstufe ansteuern kann. Wie man sieht, besitzt der Schaltkreis nur drei Anschlüsse; er paßt ohne weiteres in eine der drei Transistorfassungen nach Abb. 19.

Damit wollen wir die Beschreibung einiger wichtiger integrierter Schaltkreise beschließen. Es gibt noch unzählige andere Typen, auch von anderen Firmen, und wir betonen ausdrücklich, daß die hier vorgenommene Auswahl kein Werturteil über Erzeugnisse anderer Halbleiterfirmen ist. Es spielt auch keine Rolle, daß wir die eine oder andere integrierte Schaltung, die in unseren Schaltbeispielen vorkommt, an dieser Stelle nicht beschrieben haben. In der Praxis genügt es, wenn man weiß, welche Bedeutung die Außenanschlüsse haben und wie sie mit den sonstigen Schaltorganen des betreffenden Gerätes zu verbinden sind.

2. Schwarze Kästen, von außen beeinflußt

Wir wissen nun, daß integrierte Schaltkreise gar nicht so geheimnisvoll sind, wie es anfänglich aussieht. In der Mehrzahl handelt es sich um gewöhnliche Verstärker, wie wir sie in unserer Praxis vielleicht schon hundertmal mit Röhren, Transistoren usw. unter Verwendung einzelner Bauteile verwirklicht haben. Trotzdem weicht die „äußere" Schaltungstechnik für diese integrierten Schaltungen ein wenig von der normaler Verstärker ab, aus dem einfachen Grunde, weil wir den Verstärker „innerlich" überhaupt nicht beeinflussen können. Ein Anbohren des Gehäuses, um beispielsweise an einen der mittleren Transistoren heranzukommen, würde nur unseren teuren Schaltkreis zerstören. Wir müssen uns daher merken — das gilt ganz allgemein —, daß man eine mit einem integrierten Schaltkreis arbeitende Gesamtanordnung nur durch äußere Schaltmittel beeinflussen kann. Hier allerdings eröffnen sich zahlreiche Möglichkeiten, und die Schaltungstheoretiker haben sich raffinierte Wege ausgedacht, um alle nur erdenkbaren Ziele zu erreichen. So kann man unter Verwendung passiver Schaltmittel nicht nur den Eingangs-, sondern auch den Ausgangswiderstand eines integrierten Kreises beeinflussen, man kann den Verlauf der Verstärkung in Abhängigkeit von der Frequenz, die sogenannte Frequenzkurve, in jeder nur denkbaren Form „verbiegen", man kann selektive Verstärker bauen usw. Um die sich dabei ergebenden Verhältnisse deutlich zu überblicken, braucht man leider Formeln, auf die wir hier im Interesse unserer Leser verzichten möchten. Um einige Andeutungen, die nachstehend folgen, kommen wir jedoch nicht herum.

In den Besprechungen einzelner Schaltkreise des vorhergehenden Ab-

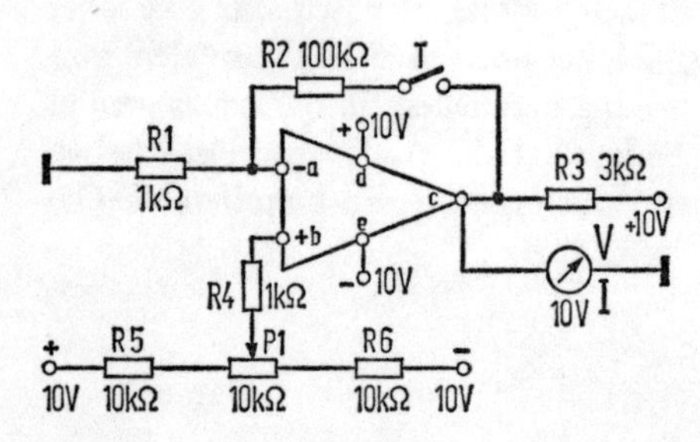

Abb. 33. Arbeitspunkteinstellung und Gegenkopplung bei integrierten Schaltungen

schnittes war häufig von der Verstärkung die Rede, wobei man das Verhältnis zwischen Ausgangs- und Eingangsspannung versteht. Das ist die sogenannte Leerlaufverstärkung, die immer dann auftritt, wenn zwischen Eingang und Ausgang von außen her keinerlei Beeinflussung vorliegt. Diese Leerlaufverstärkung ist zwar sehr hoch, aber sie wird nur selten ausgenutzt und ist sogar häufig unerwünscht. Außerdem ist die Gesamtstabilität des Verstärkers bei dieser Verstärkung am kleinsten, und die Ausgangsspannung wächst nicht extrem gleichmäßig mit der Eingangsspannung (man sagt, die „Linearität" ist nicht ganz ausreichend). Außerdem machen sich dann kleine Störspannungen am Eingang, egal wodurch sie hervorgerufen werden, am Ausgang störend bemerkbar. Das können insbesondere Präzisionselektroniker, die beispielsweise Analog-Rechenanlagen mit integrierten Schaltungen bauen wollen, nicht brauchen.
Lernen wir zunächst anhand von Abb. 33 die einfachste äußere Beeinflussungsmöglichkeit kennen (den Aufbau erkennen wir aus Abb. 10 Tafel 5). Wir sehen dort einen integrierten Verstärker V mit Differenzeingang, und zwar sei der Anschluß a der invertierende, der Anschluß b der nicht invertierende Eingangsanschluß. Zu diesen Anschlüssen gehören die Außenwiderstände R1 und R4, wobei über R4 dem Anschluß b zur Arbeitspunkteinstellung eine veränderliche Gleichspannung zugeführt werden kann, die man am Potentiometer P1 abgreift. Da die Verstärkung sehr hoch ist, genügen schon kleinste Spannungsänderungen, um den Arbeitspunkt schwanken zu lassen. Deshalb sind dem Potentiometer noch die Widerstände R5 und R6 vorgeschaltet, so daß am P1 nur rund ein Drittel der an die Kette angelegten Gesamtspannung abgreifbar ist. Als Außenwiderstand ist R3 vorgesehen, der einerseits am Ausgangsanschluß c, andererseits an +10 Volt liegt (die Masse ist hier, wie wir ausführlich erörtert haben, der elektrische Mittelpunkt der Betriebsspannung, die über die Anschlüsse d und e dem integrierten Schaltkreis zugeführt wird).
Solange nun der Schalter T offen ist, liegt keinerlei Beeinflussung zwischen Ausgang und Eingang vor. Stellen wir den Arbeitspunkt sorgfältig ein, so arbeitet der Verstärker mit voller Leerlaufverstärkung. Machen wir diesen Versuch einmal in der Praxis, so werden wir feststellen, daß wir mit viel Gefühl am Drehknopf des Potentiometers P1 drehen müssen, um den Ausschlag des Instrumentes V auf

0 zu halten. Darüber hinaus werden wir sehen, daß der Zeiger immer etwas schwankt. Das kommt daher, daß selbst kleinste Störspannungen noch kräftig verstärkt werden, und diese verursachen die Unruhe des Zeigers. Dieser kleine Gedankenversuch liefert uns den plastischen Beweis, daß eine extrem hohe Verstärkung nicht immer die wahre Liebe ist.
Schließen wir nun den Schalter T, so wird der Zeiger sofort ruhig. Jetzt haben wir nämlich den Ausgang über R2 mit dem invertierenden Eingang a verbunden. Was passiert? Wenn die Ausgangsspannung aus irgendeinem Grunde, z. B. unter dem Einfluß einer kleinen Störspannung, ansteigen möchte, so überträgt sich dieser Spannungsanstieg über R2 auf den invertierenden Eingang a. Wegen der umkehrenden Wirkung arbeitet jetzt die übertragene Ausgangsspannung der störenden Eingangsspannung entgegen, und die Störung verschwindet. Man spricht von einer Gegenkopplung des Verstärkers, die um so größer ist, je kleiner man den Widerstand R2 gegenüber dem Widerstand R1 macht (beide Widerstände bilden einen Spannungsteiler). Natürlich wird dadurch die Gesamtverstärkung erheblich herabgesetzt, was man aber gerne in Kauf nimmt. Die Vorteile dieser Gegenkopplung sind nämlich sehr groß, insbesondere weil sie dafür sorgt, daß nicht nur die Störspannungen wenig zur Auswirkung kommen, sondern daß jetzt auch die Ausgangsspannung sehr gleichförmig mit der Eingangsspannung ansteigt; die Linearität hat sich also verbessert.
Integrierte Schaltungen haben stets sehr hohe Leerlaufverstärkungen. Das bedeutet, daß die Spannungen am Eingang a sehr klein sein können und trotzdem eine große Wirkung am Ausgang hervorrufen. Außerdem ist der Eingangswiderstand an a meistens recht hoch. Infolgedessen fließt in diesen Eingang ein so winzig kleiner Strom hinein, daß wir ihn praktisch vernachlässigen können. Dann jedoch ist die Gesamtverstärkung nur durch das Verhältnis zwischen R2 und R1 bestimmt, und wenn diese beiden Widerstände runde Werte haben, kann man die Verstärkung sofort im Kopf ausrechnen. Man braucht zu diesem Zwecke immer nur den Widerstandswert R2 durch den von R1 zu teilen. Ein einfaches Beispiel: R2 möge 100 kΩ, R1 möge 1 kΩ haben. Teilen wir 100 durch 1, so bekommen wir 100, und das ist die mit dem jetzt gegengekoppelten Verstärker erzielbare Ver-

stärkung. Einfacher geht es nicht mehr. Andererseits können wir die Verstärkung eines gegengekoppelten Verstärkers leicht vorausbestimmen. Soll er z. B. einen Wert von 50 haben und wählen wir für R1 wieder 1 kΩ, so erhalten wir R2, wenn wir die gewünschte Verstärkung mit R1 multiplizieren. Das gibt dann $R2 = 1 \cdot 50 = 50\,k\Omega$ oder 50fache Verstärkung. Und nun noch eine scheinbar komische Angelegenheit: Ideal wäre ein Verstärker, wenn er im Leerlauf die Verstärkungszahl Unendlich hätte. Praktisch läßt sich das zwar nicht verwirklichen, man kommt dem Ideal jedoch weitgehend nahe. Eine unendlich große Verstärkung bedeutet, daß bei einer endlichen Ausgangsspannung am Eingang die Spannung 0 liegt. Vernachlässigen wir den kleinen, durch die nicht unendlich große Verstärkung bedingten Eingangsspannungswert, so können wir sagen, daß der Eingang a gegenüber Masse überhaupt keine Spannung führt. So etwas bezeichnet man mit dem gelehrten Namen „virtueller Nullpunkt". Haben wir nun einen Verstärker mit Differenzeingang, so ist der Verstärker aufgrund des hier nicht näher erläuterten Differenzprinzips immer bestrebt, zwischen a und b keine Spannung entstehen zu lassen. Der Anschluß b stellt sich also automatisch immer auf die Spannung an a ein. Das sollte man sich, wenn es nicht zu schwerfällt, merken.

Nun wollen wir überlegen, was passiert, wenn wir den Widerstand R2 nicht an a, sondern an b schalten. Dann ist gleich der Teufel los: Steigt nämlich die Spannung an c, so überträgt sich dieser Anstieg über R2 auf b, und da dieser Anschluß nicht invertiert, unterstützt der übertragene Anstieg sofort ein weiteres Ansteigen der Spannung am Ausgang. Die Folge davon ist ein sehr schnelles Ansteigen des Ausgangsstromes. Trotzdem explodiert die integrierte Schaltung nicht, denn der Ausgangsstrom wird ja durch R3 begrenzt. Die Folge ist nur, daß der ganze Verstärker elektrisch „außer Gefecht" gesetzt wird, d. h., sein Arbeitspunkt verlagert sich so sehr, daß die Verstärkung einfach zusammenbricht. Wir haben jetzt nicht eine Gegenkopplung, sondern das Gegenstück dazu, eine Rückkopplung. In Maßen angewendet, können wir mit solch einer Rückkopplung die Leerlaufverstärkung des Verstärkers noch zusätzlich ein wenig erhöhen. Von Stabilität ist dann aber keine Rede mehr, und der Zeiger des Instrumentes V schwankt wie wild hin und her.

Wir messen übrigens auch zwischen dem nicht invertierenden Anschluß b und dem Ausgang eine Verstärkung, die sich ebenso einfach wie vorhin errechnet, wenn R1 groß gegenüber R2 gemacht wird. An diesem Eingang ruft eine ansteigende Spannung ebenfalls eine ansteigende Spannung am Ausgang hervor, während es am Anschluß a gerade umgekehrt ist. Nebenbei bemerkt wird durch die Gegenkopplung (oder die Rückkopplung) sowohl der Eingangs- als auch der Ausgangswiderstand des Verstärkers beeinflußt. Wie das im einzelnen zusammenhängt, brauchen wir jedoch für unsere Zwecke nicht zu wissen.

Ideal ist ein Verstärker, wenn er bei jeder Frequenz gleich gut verstärkt. Leider sind jedoch beim Bau integrierter Schaltungen im Inneren ungewollte Kapazitäten nicht zu vermeiden. Sie sind zwar sehr klein, reichen aber aus, um bei steigender Frequenz gewisse Schaltorgane im Inneren langsam aber sicher kurzzuschließen. Das bedeutet einen Rückgang der Verstärkung. Deshalb fällt die Verstärkung mit steigender Frequenz stets ab, und zwar nach ganz bestimmten Gesetzen. Diesen Verstärkungsabfall kann man dadurch beeinflussen und teilweise kompensieren, daß man von außen her an bestimmte Anschlüsse Widerstände und Kapazitäten schaltet. Es ist auch möglich, zwischen dem Ausgang und dem Eingang sogenannte frequenzabhängige Gegenkopplungen oder Rückkopplungen vorzusehen, die dafür sorgen, daß z. B. die Gegenkopplung mit steigender Frequenz immer kleiner wird. Dann erhöht sich bei richtiger Bemessung die Verstärkung wegen der immer schwächer werdenden Gegenkopplung gerade um so viel, wie sich die Verstärkung wegen der inneren Kapazitäten erniedrigt, und die sich nun ergebende Frequenzkurve wird flacher. Statt frequenzabhängiger Gegenkopplungen kann man auch frequenzabhängige Rückkopplungen einführen, kurz, man hat von außen her die verschiedensten Möglichkeiten, die Wirkung der Schaltung zu beeinflussen. Darauf baut sich eine ganze Wissenschaft auf, die in den später zu besprechenden Versuchsschaltungen gewissermaßen mit eingebaut ist. Unseren Kopf jedoch brauchen wir damit nicht zu belasten.

Jetzt aber macht sich der Verfasser bereits Vorwürfe, von seinen Lesern zu viel Denkarbeit gefordert zu haben. Hören wir daher auf mit diesen Betrachtungen und sehen wir zu, welche Mittel es gibt, um einen integrierten Schaltkreis auf einfache Weise hinsichtlich seiner Brauchbarkeit zu prüfen.

3. So prüft man integrierte Schaltungen auf einfache Weise

Nichts ist einfacher als eine rohe Prüfung. Als Prüfschaltung können wir die Abb. 33 bereits benützen. Wir nehmen zunächst den integrierten Schaltkreis in die Hand, ermitteln anhand des Sockelschaltbildes die richtigen Anschlüsse und setzen ihn in die Fassung unseres Versuchsgerätes ein. Jetzt brauchen wir nur noch die Schaltung nach Abb. 33 durch entsprechende Verbindungen und durch Einsetzen der Widerstände R1 bis R6 zu verwirklichen. Die angegebenen Widerstandswerte sind gute Mittelwerte, die für fast alle normalen integrierten Schaltungen ausreichen. Den Schalter T schalten wir ein, legen die Spannung an und betrachten das Instrument. Wahrscheinlich wird es — je nach Potentiometerstellung P1 — entweder ein wenig nach links oder auch nach rechts ausschlagen. Drehen wir an P1, so wird es uns gelingen, das Instrument auf 0 abzugleichen. Können wir mit dem Potentiometer die Links- und Rechtsausschläge einstellen und können wir den Zeiger wirklich auf 0 abgleichen, so haben wir bereits die Sicherheit, daß das betreffende Exemplar prinzipiell in Ordnung ist.

Was haben wir bei dieser Prüfung gemacht? Wir haben mit P1 dafür gesorgt, daß der Anschluß b auf dieselbe Spannung wie der Anschluß a kommt, dessen Spannung (Null) durch R1 und die Gegenkopplung R2 bestimmt ist. In diesem Fall ist auch die Ausgangsspannung 0, und der Zeiger unseres Instrumentes zeigt auf den Nullpunkt. Läßt sich dieser Zustand nicht erreichen, so haben wir entweder einen Schaltfehler gemacht oder aber das betreffende Exemplar ist defekt. Nach dieser Methode können wir jederzeit prüfen, ob unser integrierter Schaltkreis in Ordnung ist.

Selbstverständlich kennen die Spezialisten, die es immer sehr genau wissen wollen, noch viele verfeinerte Prüf- und Meßmethoden. Wir brauchen sie nicht, für uns genügt die Entscheidung gut oder schlecht. Wenn wir jedoch stolze Besitzer eines Wechselspannungsvoltmeters und eines Tongenerators mit ablesbarer Eingangsspannung sind, so können wir nachprüfen, ob die weiter oben angegebene Berechnungsmethode der Verstärkung auch wirklich brauchbar ist. Dann legen wir (über einen 100 nF-Kondensator) eine genau bekannte Spannung an den Eingang und messen die Ausgangsspannung. Sie muß — bei der Bemessung von R1 und R2 in Abb. 33 — genau 100mal so groß sein wie die Eingangsspannung. Die angelegte Eingangsspannung soll bei diesem Versuch so klein wie möglich sein, damit keine Übersteuerung des Verstärkers eintritt. Den Versuch können wir nach Auswechseln von R1 und R2 wiederholen. Stets werden wir sehen, daß sich eine Verstärkung einstellt, die sich im voraus errechnen läßt, indem man R2 durch R1 dividiert.

Zum Schluß noch ein wichtiger Hinweis. Man neigt dazu, die Prüfung immer mehr zu vereinfachen, und weiß von der Transistortechnik, daß ein Transistor ganz roh mit einem hochohmigen Ohmmeter geprüft werden kann. Legt man z. B. bei einem pnp-Transistor an die Basis den Pluspol des Ohmmeters und führt den Minuspol an Collector oder Emitter, so wird das Ohmmeter nicht ausschlagen, weil bei dieser Polung der Widerstand jeweils sehr hoch ist. Legt man den Minuspol des Ohmmeters an die Basis, so wird jedoch das Ohmmeter stets kräftig ausschlagen. Zeigt sich das bei einem Transistor, so weiß man, daß er — roh geprüft — in Ordnung ist. Diese einfache Methode versagt leider bei integrierten Schaltungen, denn dafür sind sie zu kompliziert aufgebaut. Man soll sogar vermeiden, mit den Anschlüssen eines Ohmmeters an die einzelnen Beinchen zu gehen, da sonst — besonders wenn im Schaltkreis Feldeffektsysteme enthalten sind — eine Beschädigung nicht ausgeschlossen ist. Ein bißchen Aufwand muß man also beim Prüfen schon treiben.

Viertes Kapitel: IS dringen in die Unterhaltungselektronik ein

Das große Gebiet der Unterhaltungselektronik steht, soweit es das Eindringen der integrierten Schaltungen betrifft, so ziemlich an letzter Stelle. Schuld daran ist nicht etwa ein mangelnder technischer Fortschritt — von diesem Gesichtspunkt aus hätten IS schon viel früher in die Unterhaltungselektronik Eingang finden können. Es waren vorzugsweise wirtschaftliche Überlegungen, denn lange Zeit waren die Preise zu hoch, und gerade in der Unterhaltungselektronik wird, nicht zuletzt wegen der beträchtlichen Konkurrenz des In- und Auslandes, sehr scharf kalkuliert. Wie wir schon gehört haben, setzte aber bald ein technisch und in letzter Zeit auch wirtschaftlich bedingter Preisverfall ein, der dieses Hindernis beseitigte.
Ursprünglich fand man IS vorzugsweise im Niederfrequenzteil von Fernseh- und Rundfunkempfängern, bald schon folgten weitere Stufen. Von der Technik her kann man heute fast jede Stufe eines Unterhaltungsgerätes (abgesehen von leistungsstarken Endstufen) mit integrierten Schaltungen bestücken. Nach wie vor treffen wir sie vorzugsweise im Niederfrequenzteil an, und zwar in den Vorstufen, wovon wir Schaltungsbeispiele im ersten Abschnitt dieses Kapitels bringen. Sie sind für Selbstbauzwecke wegen der vielseitigen Anwendungsgebiete sehr dankbar. Inzwischen hat man es aber auch verstanden, IS mit relativ leistungsstarken Endstufen zu bauen. Das ist für die Industrie wichtig, weil sie nunmehr z. B. bei Rundfunkempfängern und im Tonteil von Fernsehempfängern auf getrennte Endtransistoren und die zugehörigen Schaltorgane ganz verzichten kann. Der Zeitpunkt ist nicht mehr fern, wo Endtransistoren im Niederfrequenzteil kleiner bis mittlerer Leistung nicht mehr anzutreffen sind. Schaltungen dieser Art besprechen wir im zweiten Abschnitt. Auch sie lassen sich leicht nachbauen und führen zu extrem kleinen Geräten.
Heute gibt es zahlreiche integrierte Analogschaltungen, die in ihrem Inneren fast einen kompletten Superhet enthalten. Integriert werden

heute die Mischstufe, der ZF-Teil, der Demodulator und der Niederfrequenzteil. Allerdings sind in solchen Fällen äußere Schaltelemente in relativ großer Zahl notwendig, vorzugsweise genau abgeglichene Spulen und exakt bemessene hochwertige Kondensatoren. Wir sehen von der Wiedergabe solcher Schaltungen für Versuchszwecke ab, weil sie — insbesondere bei unsachgemäßem Aufbau — der Anlaß vieler Fehlerquellen und entsprechender Enttäuschungen sein können. Indessen lassen sich mit IS einfache, kleine Geradeausempfänger bauen, und davon sprechen wir im dritten Abschnitt dieses Kapitels. Hier sind die Schwierigkeiten nicht groß, und beim Nachbau treten kaum Probleme auf.
Es sei noch darauf hingewiesen, daß insbesondere der Farbfernsehempfänger aus der schnell fortschreitenden Technik der integrierten Schaltung starken Nutzen gezogen hat. Vorzugsweise ist es der PAL-Komplex, der sich aufgrund besonderer Eigenarten recht gut vollständig integrieren läßt. Spezialschaltungen hierfür sind auf dem Markt. Wir besprechen sie in diesem Buch ebenfalls nicht, denn kaum ein Leser wird in die Lage kommen, einen Farbfernsehempfänger selbst zu bauen. Wer sich hierfür (und auch für integrierte AM/FM-Schaltungsgruppen) näher interessiert, sei auf das Buch „Praxis der integrierten Schaltungen“ vom gleichen Verfasser im gleichen Verlag verwiesen. Er findet dort zahlreiche Schaltungsbeispiele. Zum Nachbau für den Anfänger sind sie jedoch, wie erwähnt, kaum geeignet.

1. Klein, aber sehr leistungsfähig: Niederfrequenz-Vorverstärker

Bereits die einfache Meßschaltung nach Abb. 33 war ein Vorverstärker für Niederfrequenz. Mitunter jedoch stört das Eigenrauschen des Eingangs, besonders wenn mit hohen Verstärkungszahlen gearbeitet wird und wenn man Niederfrequenz-Spannungsquellen mit sehr kleinen Ausgangsspannungen hat, etwa magnetische Tonabnehmer usw. Dann empfiehlt es sich, dem eigentlichen integrierten Verstärker eine Transistor-Vorstufe vorzuschalten, wie das in Abb. 34 gezeigt ist. Zur Verwendung kommt der SGS-Kreis µA702a, dessen Anschlüsse genau angegeben sind. Der Verstärker hat einen Differenzeingang. Die beiden Vortransistoren sind daher ebenfalls als Differenzverstärker geschaltet, sie haben den gemeinsamen Emitterwiderstand R1. Die beiden Collectorwiderstände sind R2 und R3, und von diesen Widerständen aus werden die beiden Eingänge der integrierten Schaltung symmetrisch gesteuert. Der Verstärker eignet sich nicht nur für reine Niederfrequenzzwecke, sondern wir können ihn auch für Messungen verwenden. Die Transistoren in

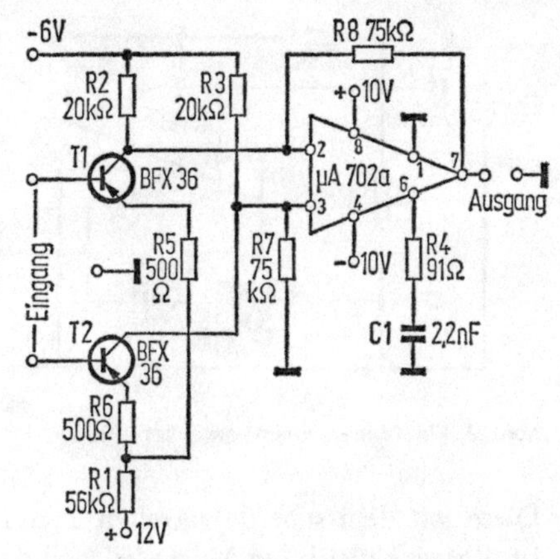

Abb. 34. Ein rauscharmer Vorverstärker

der Eingangsstufe sollten gepaart und sehr rauscharm sein. Die erzielbare Spannungsverstärkung liegt bei etwa 100, zur Beeinflussung des Frequenzganges sind R4 und C1 vorgesehen. Beim praktischen Aufbau soll man darauf achten, daß die Transistoren möglichst nahe am Eingang der integrierten Schaltung angeordnet sind, um kurze Leitungen zwischen den Collectoren und den Eingängen der IS zu erhalten. Die symmetrischen Eingänge der beiden Transistoren werden gegen Masse gesteuert. Als Ausgangswiderstand dienen Werte von einigen Kiloohm, die nicht sehr kritisch sind. Die wirksame Gegenkopplung gleicht Schwankungen gut aus.

Einen weiteren hochohmigen Vorverstärker (von Siemens angegeben) sehen wir in Abb. 35.

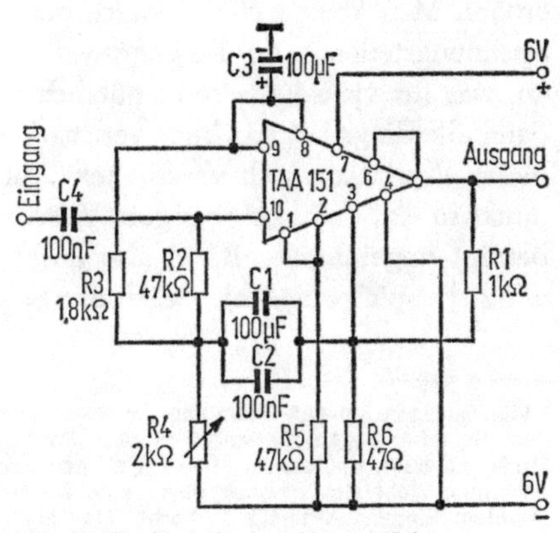

Abb. 35. Ein hochohmiger Vorverstärker

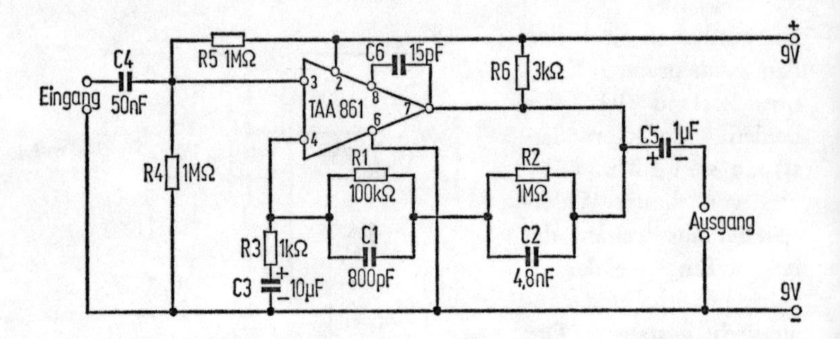

Abb. 36. Ein Tonabnehmer-Verstärker

Diese mit dem sehr universellen Typ TAA151 arbeitende Schaltung ist übrigens gleich ein Musterbeispiel dafür, wie sehr man die Eigenschaften eines integrierten Verstärkers durch äußere Schaltelemente beeinflussen kann. Sie besitzt nämlich einen sehr hohen Eingangswiderstand, was uns willkommen sein wird, wenn wir hochohmige Spannungsquellen, beispielsweise Kristallmikrophone oder Kristall-Tonabnehmer, anschließen wollen. Man erreicht diesen hohen Eingangswiderstand durch eine Spezialschaltung, die Bootstrap-Schaltung [1] genannt wird. Über verschiedene Schaltelemente (z. B. R1, R2, R3, C1, C2) sind Eingang und Ausgang durch eine Rückkopplung so miteinander verbunden, daß sich dadurch der Eingangswiderstand erhöht. Man kompensiert nämlich damit die Wirkung des Eingangs-Spannungsteilers. Der Eingangswiderstand steigt so auf fast 1 MΩ an, was für viele Fälle recht nützlich ist. Frequenzen bis zu 8 MHz, dann allerdings bei erheblich verringertem Eingangswiderstand, kann dieser Verstärker noch verarbeiten. Mit R4 stellen wir den Arbeitspunkt so ein, daß sich eine gute Wiedergabe ergibt. Die Verstärkung beträgt ungefähr 26 dB, ist also ausreichend, wenn wir die Anordnung beispielsweise als Mikrophon- oder Tonabnehmerverstärker

[1] Münchhausen hat sich – so sagt er wenigstens – einmal am eigenen Schopf aus dem Sumpf gezogen. Dasselbe tut eine Bootstrap-Schaltung, wobei sich der Engländer vorstellt, daß man sich selbst an den Stiefelstrippen hochziehen kann. Diese Schaltung zieht sich nämlich durch eine Rückwirkung vom Ausgang zum Eingang in ihrem Eingangswiderstand „hoch". Man kann damit auch linearisieren, ein z. B. in Deutschland als „mitlaufende Ladespannung" schon lange bekanntes Prinzip.

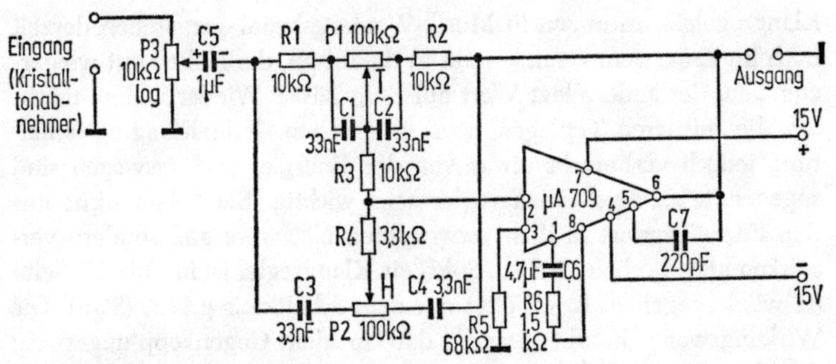

Abb. 37. Ein aktiver Klangregler

verwenden wollen. Die Nachschaltung einer Endstufe ist recht einfach. Diese kann kapazitiv angekoppelt werden.

Die Schallplattenwiedergabe ist bei jungen Leuten sehr beliebt, und sie suchen oft das Schaltbild eines geeigneten Tonabnehmerverstärkers. Solch ein Gerät ist in Abb. 36 wiedergegeben (Aufbau siehe Abb. 11 Tafel 6). Es arbeitet mit dem uns schon bekannten Schaltkreis TAA861 von Siemens, und zwar ist er hier als nicht invertierender Verstärker geschaltet. Recht nutzbringend ist die frequenzabhängige Gegenkopplung (was das ist, wurde schon erklärt), die dafür sorgt, daß sich dieser Verstärker vorzugsweise für den Anschluß magnetischer Tonabnehmersysteme eignet. Der Frequenzgang solch eines Abnehmers wird also automatisch von diesem Verstärker entzerrt. Die frequenzabhängige Gegenkopplung besteht aus den Widerständen R1, R2 und den Kondensatoren C1 und C2. Über diese Schaltung wird der Ausgang mit dem invertierenden Eingang 4 verbunden, wodurch sich bei bestimmten Frequenzen eine kräftige, bei anderen Frequenzen eine schwächere Gegenkopplung ergibt. Mit C3 ergibt sich ein Kurzschluß für die Wechselspannungen. Der Eingangswiderstand des Verstärkers ist mit etwa 400 kΩ ziemlich hoch, C6 sorgt dafür, daß im Verstärker keine wilden Schwingungen auftreten. Bei der hohen Verstärkung könnte das unter Umständen passieren. Die Anlage liefert eine maximale Ausspannung von etwa 2,6 V bei 30 Hz und 1,5 V bei 20 kHz. Der sich ergebende Klirrfaktor ist mit 0,7% gering, so daß der Verstärker eine hochwertige Musikwiedergabe ermöglicht. Hi-Fi-Fans werden ihre Freude daran haben.

Klangregeleinrichtungen in Musik-Wiedergabeanlagen stehen derzeit hoch im Kurs; dem einen kommt es darauf an, die Höhen gut wiederzugeben, der andere legt Wert auf tiefe Bässe. Wieder andere möchten die mittleren Tonlagen bevorzugt haben. Jede Klangregelschaltung jedoch verbraucht etwas von der Energie, und deswegen sind sogenannte „aktive“ Klangregler sehr wichtig. Sie heben nicht nur den Energieverlust in dem verwendeten Netzwerk auf, sondern verstärken auch noch zusätzlich. Solch ein Klangregler ist in Abb. 37, Seite 91 wiedergegeben. Er arbeitet mit dem Schaltkreis µA709 (SGS). Die Wirkungsweise beruht darauf, daß in den Gegenkopplungszweig zwischen dem Ausgangsanschluß 6 und dem invertierenden Eingangsanschluß 2 ein ziemlich kompliziertes Netzwerk aus Widerständen und Kondensatoren eingeschaltet wird, das den Frequenzgang des Verstärkers so beeinflußt, daß sich der gewünschte Klangreglereffekt ergibt. Man kann mit dem Potentiometer P1 die tiefen Töne (T), mit dem Potentiometer P2 die hohen Töne (H) in weiten Grenzen beeinflussen.
An sich ist diese Klangreglerschaltung als Netzwerk in weiten Kreisen bekannt, so daß wir sie nicht näher besprechen wollen. Wirksam werden die Widerstände R1, R2, R3, R4 und außer den beiden erwähnten Potentiometern die Kondensatoren C1, C2, C3 und C4. Je nach Stellung der Potentiometer ist dann die Gegenkopplung entweder für die hohen oder für die tiefen Töne kräftig bzw. schwach, wodurch die Beeinflussung erfolgt. Es ist klar, daß solch eine Kom-

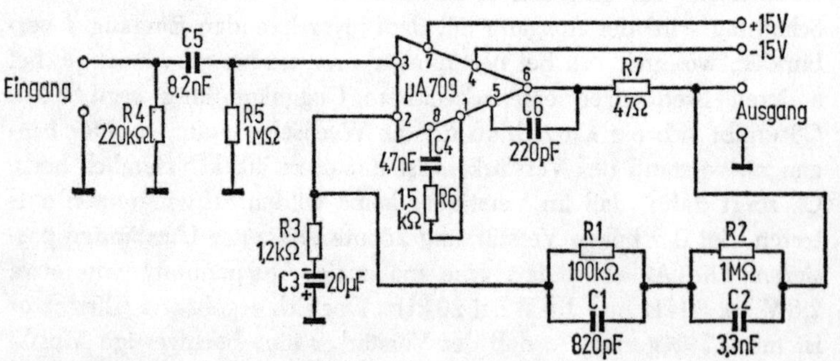

Abb. 38. Eine Vorverstärkerschaltung

Abb. 39. Ein Vorverstärker für magnetische Tonabnehmer

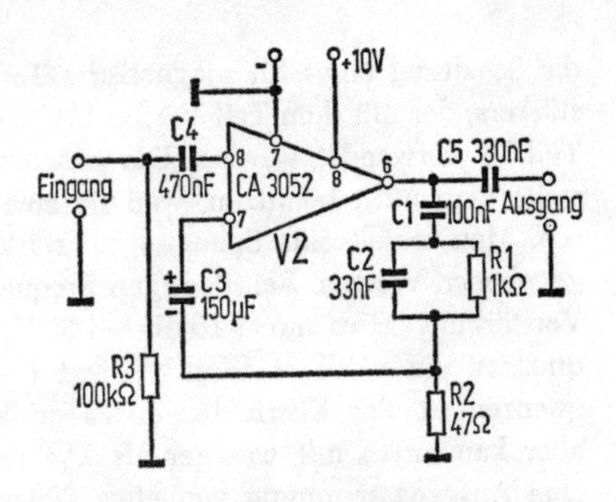

bination viel Leistung verbraucht. Der Verlust wird aber mehr als genügend von dem zwischengeschalteten integrierten Verstärker ausgeglichen. Die Eingangsspannung gelangt über C5 zum Potentiometer P3, das als Lautstärkeregler verwendet wird. Am Eingang kann man z. B. einen Kristalltonabnehmer anschließen; ebensogut läßt sich die Anordnung hinter einen Vorverstärker schalten. Man erzielt eine maximale Ausgangsspannung von ungefähr 5 V, der Frequenz-Einstellbereich reicht von 20 Hz bis 20 kHz. Die Ansprüche von Musikfreunden werden also mit solch einem aktiven Klangregler sehr gut erfüllt.

Ein weiterer, ebenfalls für Tonabnehmer gedachter Verstärker mit dem gleichen Schaltkreis µA709 ist in Abb. 38 wiedergegeben. Er ist vorzugsweise für keramische Tonabnehmer gedacht, für die auch der Wert R1 100 kΩ gilt. Auch hier finden wir eine frequenzabhängige Gegenkopplung vom Ausgang zum invertierenden Eingang, und zwar wird diese Gegenkopplung durch die Schaltelemente R1, R2, R3, C1, C2 und C3 verwirklicht. Die Ähnlichkeit mit Abb. 36 ist auffällig, und in der Tat ist auch der Frequenzgang annähernd derselbe. Man sieht — die Eigenschaften des Verstärkers selbst fallen um so weniger ins Gewicht, je höher dessen Verstärkung ist. Soll der Verstärker von einem magnetdynamischen Tonabnehmer ausgesteuert werden, so macht man R1 = 47 kΩ. Man erhält eine Verstärkung von 60 dB bei 30 Hz, bei 1 kHz werden 40 dB und bei 20 kHz 20 dB erzielt. Diese Schaltung braucht ± 15 V gegenüber ± 9 V der Abb. 36.

Der im dritten Kapitel besprochene Schaltkreis CA3052 von RCA eignet sich ebenfalls für den Bau von Niederfrequenz-Vorverstärkern. Sehr leicht lassen sich Stereoanlagen verwirklichen, für die man dann sogar nur die Hälfte dieses Schaltkreises benötigt, weil er ja vier gleiche Verstärkereinheiten in einem Gehäuse enthält. Abb. 39 zeigt die Schaltung eines für magnetische Tonabnehmer bestimmten Verstärkers, der mit dem Teil V2 des CA3052 arbeitet. Es kann auch der Teil V3 verwendet werden. Die anderen beiden Verstärkereinheiten sollte man nicht benutzen, weil sie eine höhere Rauschzahl aufweisen. Man erzielt eine Spannungsverstärkung von 34 dB bei den angegebenen Werten. Bei niedrigen Frequenzen ergibt sich eine höhere Verstärkung, etwa um +16 dB bei 50 Hz, während bei höheren Frequenzen ein niederer Wert vorliegt (−16 dB). Bei niedrigen Frequenzen ist der Klirrfaktor etwas größer als bei höheren; immer aber kann man mit weniger als 1% rechnen. Der Verstärker gibt eine Ausgangsspannung von etwa 200 mV bei 5 mV Eingangsspannung ab. Hier erfolgt die Gegenkopplung durch das Netzwerk C1 C2 R1 R2 C3, und zwar wieder vom Ausgang zum invertierenden Eingang. Ausgesteuert wird der nicht invertierende Eingang über ein RC-Glied. Zum Betrieb sind 10 V nötig. Verwendet man nochmals dieselben äußeren Schaltorgane, so erhält man sofort einen zweiten Verstärker, kann also ohne weiteres Stereobetrieb verwirklichen, wenn ein magnetischer Stereo-Tonabnehmer zur Verfügung steht. Stärkere Transistoren für die Endstufe lassen sich mit diesem Vorverstärker bereits aussteuern. Wir sehen, der Aufbau leistungsfähiger und äußerst kleiner Stereoanlagen ist bei Zuhilfenahme integrierter Schaltungen kein Problem mehr.

Anhand von Abb. 40 wollen wir nun sehen, wie wir uns einen Tonband-Vorverstärker für Stereozwecke bauen können. Verwendet wird

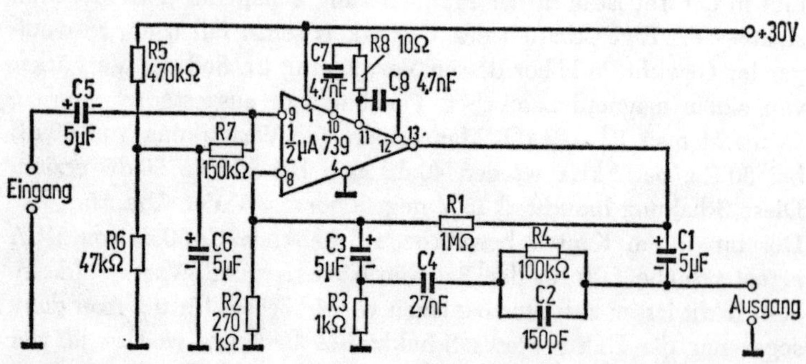

Abb. 40. Ein Tonband-Vorverstärker

die eine Hälfte des integrierten Schaltkreises µA739 der Firma SGS. Verdoppelt man die äußeren Schaltelemente, so erhält man zwei gleichwertige Verstärkerkanäle mit hervorragender Übersprechdämpfung (etwa 60 dB). Die beiden Teile sind nämlich im Inneren gut entkoppelt. Die erforderliche, für den typischen Frequenzgang bei Tonbandgeräten entsprechend bemessene Gegenkopplung liegt wieder zwischen dem Ausgangsanschluß 13 und dem invertierenden Anschluß 8. Sie besteht aus den Widerständen R1, R2, R3, R4 sowie den Kondensatoren C1, C2, C3 und C4. Diese Werte sichern einen ausgeglichenen Frequenzgang bei einer Tonbandgeschwindigkeit von 9,5 cm/s. Für Selbstbauzwecke kommt eine solche Schaltung dann in Betracht, wenn man z. B. ein Tonbandgerätechassis mit kompletter Mechanik hat, dessen elektrischer Teil modernisiert und auf integrierte Schaltungen umgestellt werden soll. Der Verstärker hat eine Eingangsimpedanz von 50 kΩ und verarbeitet einen Frequenzumfang zwischen 20 Hz und 20 kHz. Der Klirrfaktor liegt unter 0,1%, was für Hi-Fi-Zwecke sehr bedeutungsvoll ist. Ausgesteuert wird der nicht invertierende Eingang (Anschluß 9), und zwar über eine kapazitive Ankopplung. Dem Anschluß 9 wird eine Vorspannung über einen Spannungsteiler erteilt. Zwischen den Anschlüssen 10, 11 und 12 liegen wieder verschiedene Glieder, einerseits zur Unterdrückung schädlicher Schwingungen, andererseits zur zusätzlichen Beeinflussung des Frequenzganges. Der praktische Aufbau der Schaltung ist ebenso wie der der vorhergehenden recht unkritisch, so daß man die Einzelteile nahezu beliebig anordnen kann. Wichtig sind immer kurze Leitungen. In unserem Versuchsgerät werden wir dann die Bauteile in entsprechende Klemmen stecken. Dieser Verstärker braucht eine Betriebsspannung von 30 V.

Recht beachtenswert für Hi-Fi-Liebhaber ist die Schaltung nach Abb. 41, Seite 96, die einen hochwertigen Stereo-Vorverstärker mit dem RCA-Schaltkreis CA3052 darstellt. Abb. 41 gilt nur für einen einzigen Kanal; will man zwei verwirklichen, so muß man die Schaltung wiederholen, braucht jedoch nicht einen zusätzlichen integrierten Schaltkreis, weil der RCA-Typ vier solcher Verstärkereinheiten in einem Gehäuse enthält.

Der Verstärker ist zur Aussteuerung durch magnetische Tonabnehmer gedacht. Die dafür benötigte Vorverzerrung erfolgt durch ein Netz-

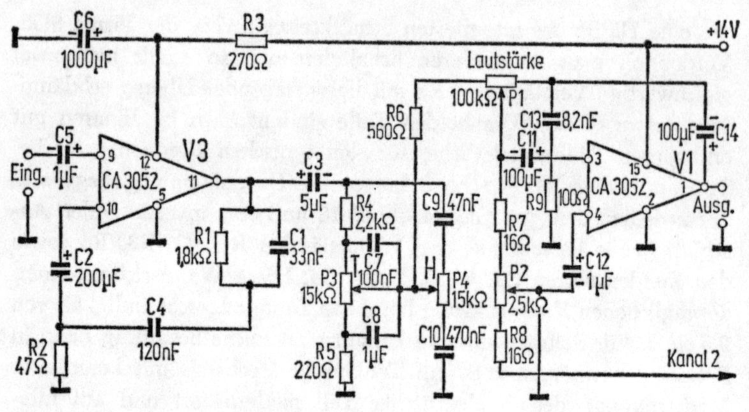

Abb. 41. Ein Hi-Fi-Vorverstärker

werk bei der ersten Verstärkereinheit V3. Dieses Netzwerk verbindet den Ausgang 11 mit dem invertierenden Eingang 10, und zwar besteht die Schaltung aus R1, R2, C1 und C3. Die an 11 auftretende, vorverstärkte und vorentzerrte Spannung gelangt über den Koppelkondensator C3 zu dem uns schon von früher her bekannten Regelnetzwerk zur Beeinflussung der hohen (H) und der tiefen (T) Töne. Über R3 wird die Spannung dem Potentiometer P1 zugeführt, das als Lautstärkeregler wirkt. Mit diesem Lautstärkeregler wird übrigens gleichzeitig die Gegenkopplung des zweiten Verstärkersystems V1 geregelt. Die Gegenkopplung wird um so stärker, je weiter der Schleifer von P1 nach rechts rückt. Eine so starke Gegenkopplung kann unter Umständen zu wilden Schwingungen führen, weshalb entsprechende Schutzglieder vorgesehen sind. Durch Drehen am Potentiometer P1 bekommt man auch eine Änderung des Eingangswiderstandes; man sieht, daß die äußeren Schaltmittel die Eigenschaften eines integrierten Verstärkers entscheidend verändern können.

Auch der Koppelwiderstand R3 hat einen beträchtlichen Einfluß. Er belastet vorzugsweise das Klangnetzwerk. Würde man ihm einen anderen Wert erteilen, so erhielte man andere Frequenzkurven. Für das Potentiometer P1 muß man sich eine passende Ausführung verschaffen. Ein lineares Potentiometer ist nicht geeignet, weil sich der Regelbereich auf einen kleinen Bruchteil der Skala erstrecken würde. Eigentlich sollte eine negativ logarithmische Charakteristik vorliegen. Leider sind solche Potentiometer schwer zu beschaffen und auch teuer, so daß diese Lösung nur ungern angewendet wird. Die Verwendung eines positiv logarithmischen Potentiometers bei umgekehrtem Anschluß wäre denkbar, man muß aber dann die umgekehrte Drehrichtung wie vorher in Kauf nehmen. Das ist ungewöhnlich, denn normalerweise wird die Lautstärke erhöht, wenn man den Knopf im Uhrzeigersinn dreht. Hier wäre es umgekehrt. Gegebenenfalls kann man sich durch eine Sonderkonstruktion helfen, was jedoch den Aufwand vergrößert. Die Schaltung braucht zum Betrieb eine Spannung von 14 V, beim praktischen Aufbau sollte man darauf achten, daß der Ausgang des zweiten Verstärkers keineswegs auf den Eingang des ersten koppeln kann. Man wird den Aufbau also so wählen, daß — von links nach rechts — zuerst der Verstärker V3, dann das Klangregel-Netzwerk und anschließend der Eingang von V1 folgt. Der Ausgang steht dann ganz rechts zur Verfügung. Die Schaltung liefert bei 1 kHz eine Verstärkung von 46 dB, das Rauschen

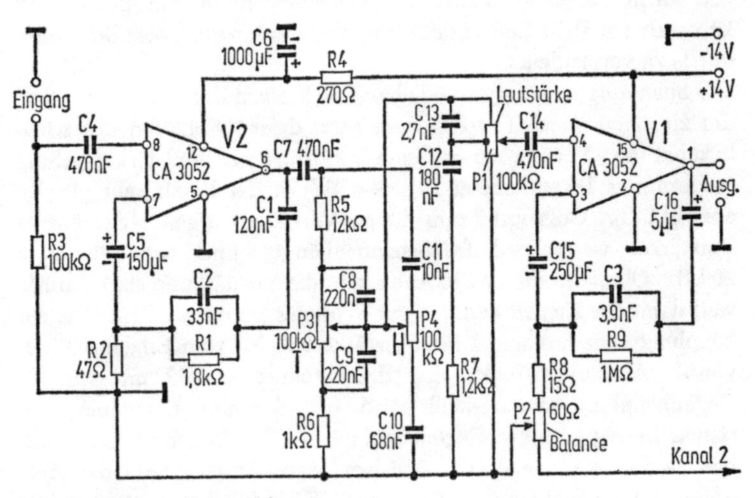

Abb. 42. Ein Stereo-Vorverstärker

liegt bei voller Aussteuerung um 70 dB unter 1 V, die Überhöhung beträgt bei 100 Hz und maximaler Laustärke 6 dB. Der Klirrfaktor hat einen Wert von etwa 0,2%. Solch eine Schaltung erfüllt weitgehend die an ein Hi-Fi-Gerät zu stellenden Forderungen. Erwähnt sei noch das Potentiometer P2, das zur Einstellung der Balance zwischen den beiden Kanälen dient; der untere Anschluß des Potentiometers ist über einen Widerstand mit dem zweiten Kanal verbunden.

Wir können auch einen etwas anders gebauten Stereo-Vorverstärker verwirklichen, wenn wir das Schaltbild nach Abb. 42 zu Hilfe nehmen. Auch hier kommen zwei Einheiten des RCA-Schaltkreises CA3052 zur Anwendung. Die Schaltung reicht ohne weiteres zur Aussteuerung der üblichen Endverstärker aus. Gedacht ist an die Aussteuerung durch einen magnetischen Tonabnehmer. Zu diesem Zweck wird die uns schon bekannte Gegenkopplung eingeführt, und zwar besteht sie (erste Stufe) aus den Kondensatoren C1, C2 und den Widerständen R1 und R2. Diese Gegenkopplung zwischen Ausgang und invertierendem Eingang bewirkt die erwünschte Vorverzerrung. Die Spannung des Tonabnehmers selbst wird dem Anschluß 8 über einen Kondensator zugeführt, frequenzabhängige Glieder finden wir in diesem Kreis nicht. Die Betriebsspannung am Anschluß 12 ist durch ein RC-Glied gesiebt, um Verkopplungen über die Stromquelle zu vermeiden.

Die Spannung am Ausgang 6 gelangt über einen Kondensator wiederum zu einem Hoch-Tief-Regelnetzwerk, dessen Funktion uns schon bekannt ist. Vorgesehen ist eine gehörrichtige Lautstärkeregelung (angezapftes Potentiometer P1), was sich in der Praxis sehr günstig auswirkt. Im Gegensatz zum ersten Verstärker arbeitet der zweite Verstärker weitgehend frequenzunabhängig, und zwar bis etwa 20 kHz. Oberhalb dieser Frequenz geht die Verstärkung stark zurück, weil dann der Kondensator C3 zur Wirkung kommt und eine Gegenkopplung vom Ausgang 1 des Verstärkerteils V1 zum Eingang 3 hervorruft. Als Balanceregler dient das Potentiometer P2, mit dem die Gegenkopplung so eingestellt wird, daß der eine Kanal um denselben Betrag weniger Gegenkopplung erhält als der andere. Auch hier finden wir wieder die üblichen Maßnahmen gegen das Auftreten unerwünschter Schwingungen. Hinsichtlich des praktischen

Aufbaues gilt etwa dasselbe wie für Abb. 41. Auf keinen Fall darf der Ausgang des zweiten Verstärkers in der Nähe des Eingangs des ersten sein. Die Gesamtverstärkung hat einen Wert von 47 dB bei 1 kHz, bei 100 Hz und 10 kHz ergibt sich eine Verstärkungsüberhöhung von 11,5 dB. Die Verstärkung fällt bei 100 Hz um 10 dB ab und bei 10 kHz um 9 dB. Der Klirrfaktor liegt unter 0,3%, was als recht brauchbarer Wert angesehen werden darf. Bei Stereobetrieb benötigt man zwei der Einheiten nach Abb. 42, jedoch keinen zusätzlichen

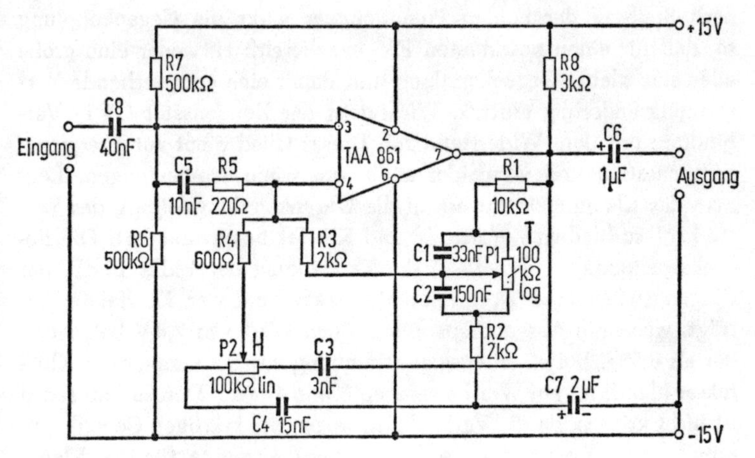

Abb. 43. Ein einfacher NF-Vorverstärker

integrierten Schaltkreis, weil der hier verwendete RCA-Typ bekanntlich vier Verstärkereinheiten enthält.

Da Vorverstärker in Amateurkreisen besonders beliebt sind, bringen wir anhand von Abb. 43 ein weiteres Beispiel, das mit dem Siemens-Typ TAA861 arbeitet. Wir sehen — dieser integrierte Schaltkreis ist fast ein Mädchen für alles. Die Eingangsspannung gelangt über einen Kondensator zum nicht invertierenden Anschluß 3, der über einen Spannungsteiler die Vorspannung erhält. Auch dieser Verstärker besitzt ein Klangregelnetzwerk, das jedoch diesmal im Gegenkopplungszweig liegt, und zwar zwischen dem Ausgang 7 und dem

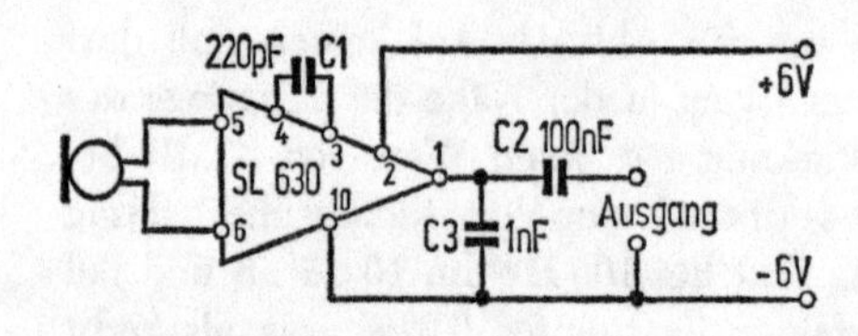

Abb. 44. Ein Mikrophon-Vorverstärker

invertierenden Anschluß 4. Es besteht aus den Höhen-Tiefen-Potentiometern P2 und P1 und aus den Widerständen R1, R2, R3, R4. Ferner sind die Kondensatoren C1, C2, C3 und C4 vorgesehen. Je nach Stellung der beiden Potentiometer wirkt die Gegenkopplung so, daß für einen bestimmten Frequenzbereich entweder eine große oder eine kleine Gegenkopplung und damit eine entsprechende Verstärkungsänderung auftritt. Wichtig ist der Kondensator C4 in Verbindung mit dem Widerstand R5. Dieses Glied dient zur Frequenzkompensation und vermeidet außerdem wilde Schwingungen. Legt man das Klangregelnetzwerk in die Gegenkopplungsleitung des Verstärkers, so bleiben Rauschzahl und Klirrfaktor unverändert. Die Betriebsspannung beträgt 15 V, die Verstärkung bei 1 kHz 15 dB, der Eingangswiderstand ist größer als 80 kΩ, und der Klirrfaktor beträgt, wenn die Ausgangsspannung einen Wert von 2,4 V hat, weniger als 0,5%. Bei einer Ausgangsspannung von 3,5 V steigt der Klirrfaktor allerdings auf Werte zwischen 3 und 4% an. Der Aufbau selbst ist nicht kritisch, da die Verstärkung wegen der kräftigen Gegenkopplung nur gering ist. Man sollte die Schaltelemente für das Klangregelnetzwerk in Nähe des Verstärkers anordnen. Zu lange Leitungen im Eingangskreis sind wegen der Brummempfindlichkeit zu vermeiden.

Der Vollständigkeit halber verweisen wir noch auf das Schaltbild Abb. 44, das allerdings mit einem selten vorkommenden integrierten Schaltkreis, dem Typ SL630 der Firma Plessey, ausgestattet ist. Dieser Typ ist speziell als Mikrophon- und Kopfhörerverstärker entwickelt worden. Für beide Anwendungsfälle eignet sich die Anordnung sehr gut, und sie kommt auch in Einseitenbandgeräten der Kurzwellen-Amateurtechnik in Betracht; der Eingang kann auch symmetrisch und erdfrei betrieben werden. Wie man der Abb. 44 entnimmt, ergibt sich eine sehr einfache Schaltung. Das Mikrophon liegt zwischen den Anschlüssen 5 und 6, die Anschlüsse 4 und 3 werden aus Gründen der

Schwingsicherheit mit einem kleinen Kondensator überbrückt. Es folgen dann die Speisespannungsanschlüsse 2 und 10 für 6 V, am Ausgang kann man kapazitiv die verstärkte Spannung abnehmen. Der Ausgang ist noch mit einem Kondensator überbrückt. Wie man sieht, liegt das Mikrophon an keiner Stelle an Masse, was jedoch nichts ausmacht, weil die sogenannte „Gleichtaktverstärkung" von Verstärkern mit Differenzeingang sehr hoch ist.

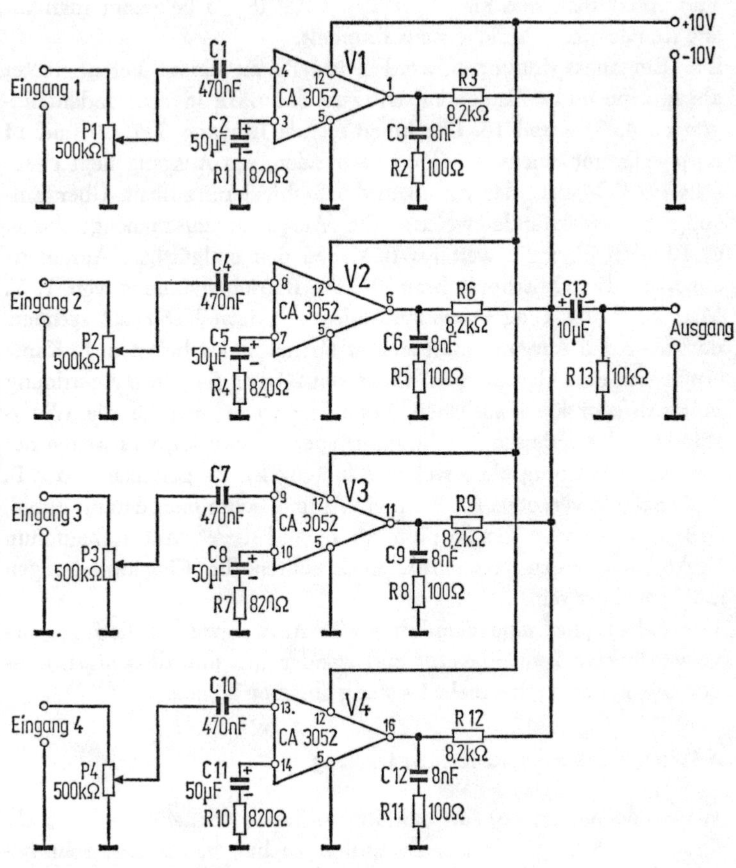

Abb. 45. Ein aktives Mischpult

Nun wieder eine recht praktische Sache für das Ton- bzw. Hi-Fi-Studio. Wir bauen uns jetzt ein sogenanntes aktives Mischpult, das alle Verstärkungsverluste von Bauelementen, die für die Mischung erforderlich sind, vermeidet. Solch eine Schaltung zeigt Abb. 45, Seite 101. Hier können wir den Universal-Schaltkreis von RCA, den CA3052, vollständig ausnützen. Er findet nämlich in vier Kanälen des Mischpultes Anwendung. Nachteilig allerdings ist, daß nur zwei der Verstärkereinheiten dieses integrierten Schaltkreises sehr rauscharm sind. Verwendet man den ähnlichen Typ CA3048, so bekommt man für alle Kanäle eine sehr hohe Rauschfreiheit.

Die Eingangsspannungen werden jeweils an einem Potentiometer abgegriffen und gelangen kapazitiv zu den nicht invertierenden Eingängen 4, 8, 9 und 13. Der invertierende Eingang 3, 7, 10 und 14 ist jeweils mit einem RC-Glied verbunden, am Ausgang liegt ebenfalls ein RC-Glied, das vor allem der Stabilisierung dient. Über Entkopplungswiderstände werden die Ausgänge zusammengeschaltet und bilden über ein weiteres RC-Glied den endgültigen Ausgangsanschluß. Das Mischpult braucht eine Betriebsspannung von 10 V. Man kann mit Eingangswiderständen von jeweils 500 kΩ rechnen, darf aber den Ausgang nicht stärker als mit 10 kΩ belasten. Je Kanal ergibt sich eine Gesamtverstärkung von 20 dB; die ganze Anordnung läßt sich sehr klein aufbauen, besonders wenn man für die Widerstände und Kondensatoren Miniaturtypen verwendet, was wegen der geringen Belastung ohne weiteres zulässig ist. Es genügen also z. B. Widerstände von etwa 0,1 W. Beim Aufbau sollte man darauf achten, daß man die vier Kanäle räumlich möglichst getrennt aufbaut, um Verkopplungen zu vermeiden. Auch sollten die Eingangsleitungen möglichst kurz sein.

Wir haben jetzt eine ziemlich große Anzahl von Niederfrequenz-Vorverstärkern kennengelernt und wenden uns nun denjenigen integrierten Typen zu, die mehr Leistung abgeben können.

2. Endstufen-IS mit verblüffender Leistung

Wie schon einmal im Text erwähnt — heute versteht man es auch, integrierte Schaltkreise mit Endstufen zu bauen, die eine sehr beachtliche Ausgangsleistung liefern können. Dadurch kommt z. B. die

Rundfunkindustrie in die Lage, ihre Empfänger stark zu vereinfachen, denn sie braucht im Niederfrequenzteil nur noch einen einzigen integrierten Schaltkreis, der über einen Transformator (oder auch transformatorlos) unmittelbar einen Lautsprecher speisen kann. Das bedeutet einen sehr wirtschaftlichen Aufbau, denn zusätzliche Transistoren mit den nötigen Schaltmitteln kosten Geld. Auch im Selbstbau sind solche Anordnungen recht reizvoll, weil man Kleinstverstärker auf engstem Raum unterbringen kann.

Wir kommen jetzt zu kleinen Verstärkern mit integrierten Schaltungen, die schon größere Leistungen zwischen etwa 1 Watt bis 3 Watt abgeben können. Aus dem großen Angebot haben wir nur 3 Typen ausgewählt, die auch dem Anfänger einen erfolgreichen Selbstbau ermöglichen. Abb. 46 zeigt einen Niederfrequenzverstärker mit der IS TAA 621 von SGS. Dieser Verstärker eignet sich zum Beispiel als Plattenspielerverstärker. Die integrierte Schaltung umfaßt einen Spannungsverstärker am Eingang 7, eine nachfolgende Treiberstufe und eine quasikomplementäre Endstufe in AB-Betrieb! Die erreichbare Ausgangsleistung ist von der Höhe der Betriebsspannung abhängig. Vom Hersteller werden bei 12 Volt und 8 Ohm Lautsprecher 1,4 Watt bei einer Meßfrequenz von 1 kHz, bei 18 Volt, 16 Ohm Lautsprecher 2,2 Watt und bei 24 Volt, 16 Ohm sogar 4 Watt genannt. Dieses sind Werte, die sich durchaus sehen lassen können. Die richtige Einstellung der Arbeitspunkte erfolgt innerhalb der Schaltung in Abhängigkeit von der angelegten Betriebsspannung durch eine automatisch wirkende Regelschaltung. Die Elektrolytkondensatoren C1, C2 je 50 µF/30 Volt glätten die Betriebsspannung und verhindern eine Rückkopplung über die Stromversorgung. Die

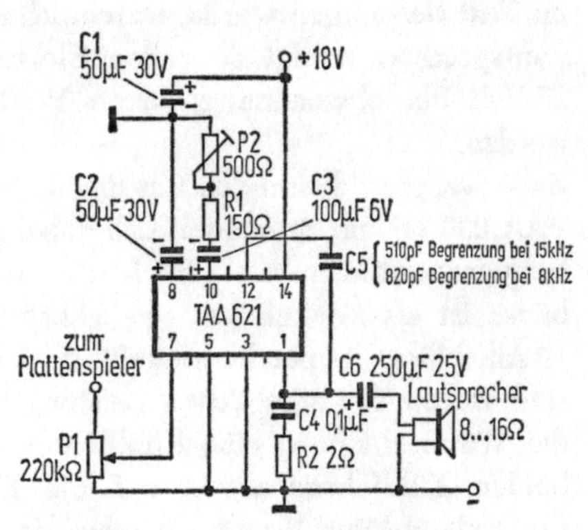

Abb. 46. Ein Vor- und Nachverstärker

obere Grenzfrequenz des Verstärkers ist durch den Kondensator C5 beeinflußbar. Bei C5 = 510 pF liegt die obere Grenzfrequenz bei 15 kHz. Vergrößert man C5 auf etwa 820 pF, so endet die Verstärkung bei 8 kHz. Über den Regelwiderstand P2 in Reihe mit einem Festwiderstand von 150 Ohm läßt sich die Gesamtverstärkung der integrierten Schaltung geringfügig ändern. Die Lautstärkeregelung erfolgt durch das Eingangssignal, abgenommen am Potentiometer P1. Der Wert dieses einfachen und leistungsfähigen NF-Verstärkers läßt sich durch Vorsatz eines Klangreglers, wie er in Abb. 37 gezeigt und im Text besprochen wurde, wesentlich erhöhen. Die Ankopplung des Lautsprechers erfolgt über den Elektrolytkondensator C6 = 250 µF/ 25 Volt Betriebsspannung. Dieser Wert darf bis zu 1000 µF erhöht werden.

Zwei weitere Schaltungen mit den IS von Telefunken TAA 890 und TAA 900 folgen. Es handelt sich dabei um lineare integrierte Niederfrequenzverstärker mit 1 W bzw. 2 W Ausgangsleistung. Das Gehäuse ist als zweireihiges Steckgehäuse ausgeführt, hat jedoch nur 10 Anschlüsse, ferner herausgeführte Kühlfahnen. Diese Kühlfahnen sind wegen der erheblichen Leistung erforderlich. Man braucht für die Wärmeableitung eine Kühlfläche, beispielsweise indem man die beiden Kühlfahnen direkt auf die Kaschierung einer gedruckten Leiterplatte lötet. Verwendet man den TAA890, so ist eine Betriebsspannung von 8 V erforderlich, und man braucht am Ausgang einen

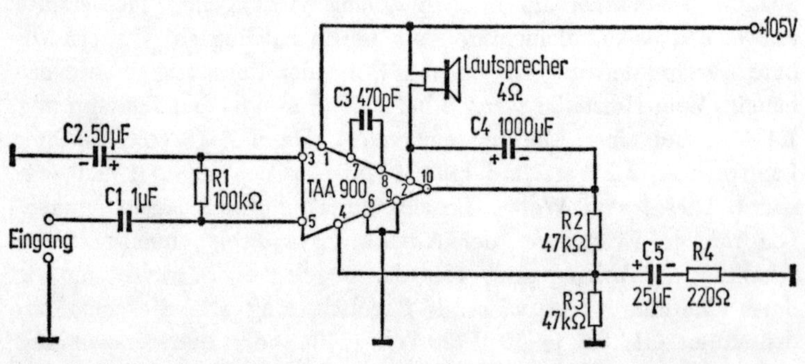

Abb. 47. Ein Leistungs-NF-Verstärker

Lastwiderstand von 4 Ω. Die Ausgangsleistung beträgt dann bei Vollaussteuerung 1 W. Steht dagegen der TAA900 zur Verfügung, so muß man eine Betriebsspannung von 11 V wählen und erhält dann am Lastwiderstand von 4 Ω eine Leistung von 2 W. Man sieht, es lassen sich ohne weiteres unmittelbar niederohmige Lautsprecher mit diesem Bauelement aussteuern. Die Schaltung wollen wir nun anhand von Abb. 47 besprechen.

Die Eingangs-Steuerspannung gelangt über einen Kondensator zum Anschluß 5. Der Anschluß 3 ist über einen Widerstand R1 mit dem Anschluß 5 verbunden, wechselspannungsmäßig jedoch nicht an der Steuerung beteiligt. Im Ausgang liegt der Lautsprecher (Anschluß 2), zwischen den Anschlüssen 7 und 8 befindet sich ein Kondensator C3 zur Unterdrückung wilder Schwingungen. Verschiedene Widerstände und Kondensatoren sorgen für einen ausgeglichenen Frequenzgang. Einfacher läßt sich solch eine recht leistungsfähige Schaltung eigentlich gar nicht mehr aufbauen. Wir können uns z. B. einen empfindlichen „Lautsprecher" verschaffen, wenn wir in das Gehäuse eines beliebigen Lautsprechers den integrierten Schaltkreis nebst Widerständen und Kondensatoren einbauen. Der Platz im Lautsprechergehäuse reicht dafür auf alle Fälle aus, wir müssen nur noch zwei separate Leitungen für die Spannungszuführung vorsehen.

Abb. 48 zeigt einen einfachen A-Verstärker. Hier kommt der integrierte Schaltkreis BDY88 von Siemens zur Anwendung, der innerlich sehr einfach aufgebaut ist; er enthält nämlich lediglich zwei Transistorsysteme, die in Collectorschaltung (man spricht auch von Emitterfolge) untereinander verbunden sind. Herausgeführt sind dabei die Anschlüsse B1 (Basis des ersten Transistors), B2 (Emitter des ersten und Basis des zweiten Transistors), E2 (Emitter des zweiten Transi-

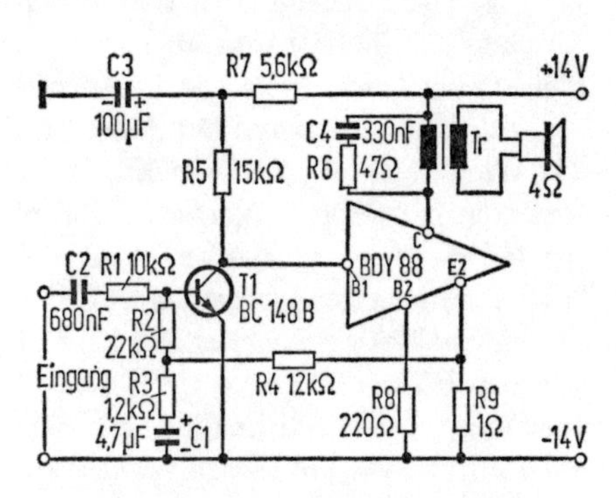

Abb. 48. Ein Leistungsverstärker mit Vorstufe

stors) und C (die beiden Collectoranschlüsse). Solch eine Anordnung hat nicht nur eine hohe Strom-, sondern auch eine erhebliche Leistungsverstärkung, weist jedoch keine Spannungsverstärkung auf. Näheres darüber ist z. B. in dem Band „Transistor-Praxis“ vom gleichen Verfasser im gleichen Verlag zu finden.
Vor diese Stufe ordnet man nun noch einen Vorverstärker mit dem Transistor BC148B an. Der Transistor arbeitet in Emitterschaltung. Zum Betrieb ist eine 12-V-Autobatterie ohne weiteres zu gebrauchen und sehr praktisch. Der Ruhestrom des Endstufentransistors wird über den Emitterwiderstand von 1 Ω vom Vorstufentransistor geregelt. Die Basis von T1 wird über C2 und R1 gesteuert, R2, R3, R4 und C1 bewirken eine Gegenkopplung. Am Außenwiderstand R5 tritt die vorverstärkte Spannung auf, die nun dem Anschluß B1 des integrierten Schaltkreises zugeführt wird. An B2 und E2 liegt über Widerstände der Minusanschluß; dadurch wird der Arbeitspunkt richtig eingestellt. Im Ausgangskreis (Anschluß C) liegt die Wicklung eines Transformators Tr, dessen Primärseite mit einem RC-Glied überbrückt ist. Die Sekundärseite speist einen Lautsprecher von 4 Ω. Die Betriebsspannung für den Transistor wird zusätzlich noch gesiebt, um Verkopplungen zu vermeiden. Bei einer Betriebsspannung von 14 V ergibt sich eine Stromaufnahme von 0,65 A bei der Nennleistung von 3 W. Erforderlich ist eine Eingangsspannung von 35 mV, der Eingangswiderstand hat einen Wert von 12 kΩ. Die Schaltung arbeitet zwischen 60 Hz und 16 kHz und hat eine Leistungsverstärkung von 75 dB. Nun noch kurz die Wickelangaben für den Transformator Tr: Wir verwenden einen Kern EI60 mit 1 mm Luftspalt, gleichsinnig beschichtet. Die Primärwicklung bekommt 260 Windungen Kupferdraht 0,6 mm Durchmesser, die Sekundärwicklung enthält 117 Windungen mit 0,55 mm Kupferdraht. Zwar ist solch ein Transformator in unserem Versuchsgerät nicht vorgesehen, wir können ihn jedoch, wenn wir wollen, leicht einbauen. Zur Aussteuerung dieses Verstärkers genügt bereits der Anschluß an den Diodenausgang eines Rundfunkempfängers. Der Klirrfaktor liegt bei Ausgangsleistungen bis zu etwa 2 W noch unter 2%. Danach steigt er ziemlich stark an. Selbstverständlich läßt sich mit dem BDY88 auch ein Gegentaktverstärker bauen, auf dessen Wiedergabe wir hier verzichten wollen.
Häufig wünscht man sich leistungsfähige Niederfrequenzverstärker,

die einen möglichst hohen Eingangswiderstand haben. Einen solchen braucht man z. B. bei hochohmigen Steuerspannungsquellen, etwa Kristallmikrophonen, Kristall-Tonabnehmern usw. Schaltungen mit hohem Eingangswiderstand kann man zwar auch mit Transistoren erzielen, die dann in einer Spezialschaltung arbeiten müssen. Meistens bedeutet das aber einen Rückgang der Stufenverstärkung und eine Verschlechterung der Rauschverhältnisse. Abhilfe schafft hier der Einsatz der integrierten Schaltung TAA320 (Valvo), die wir schon in Kapitel 3 in ihrem Aufbau besprochen haben. Wir wissen daher, daß

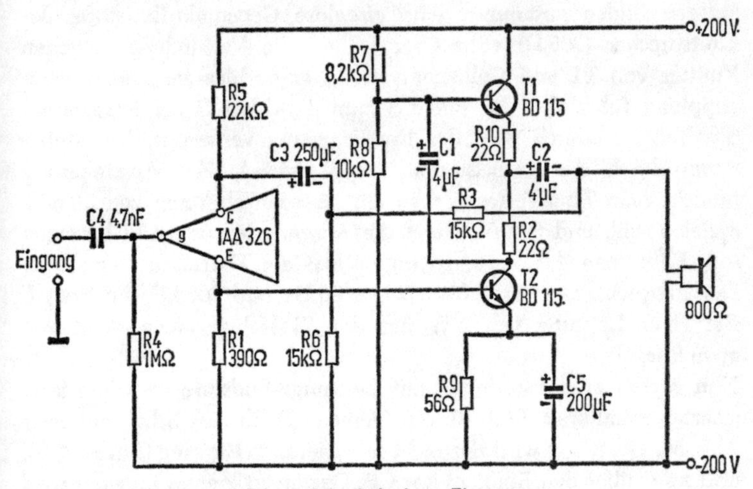

Abb. 49. Ein Leistungsverstärker mit hochohmigem Eingang

dieser Schaltkreis aus zwei Transistoren besteht, von denen der erste ein Feldeffekttransistor ist. Solch ein Transistor liefert von vornherein einen hohen Eingangswiderstand und hat ein sehr gutes Signal/Rauschverhältnis. Ein Verstärkungsverlust tritt bei Verwendung dieses Bauelementes nicht auf. Die ganze Einheit hat eine hohe Verstärkung, so daß man mit ihr unmittelbar eine leistungsfähige Endstufe aussteuern kann.

Abb. 49 zeigt solch eine Schaltung. Im Eingang liegt der Schaltkreis TAA320, der Anschluß G wird mit der Signalspannungsquelle verbunden, also z. B. einem Tonabnehmer oder einem Kristallmikrophon. In den Emitter- und Collectorleitungen des letzten, in den Schaltkreis eingebauten normalen Transistors liegen Widerstände, wobei an R1 die Steuerspannung für die Endstufe auftritt. Sie gelangt zur Basis des Transistors T2, und die Wechselspannung am Collectorwiderstand R2 von T2 gelangt über den Kondensator C1 zur Basis von T1. Die beiden Transistoren sind gleichspannungsmäßig in Reihe geschaltet und brauchen die hohe Spannung von 200 V zum Betrieb; wir können sie leicht aus einem Netzgerät gewinnen, wie man es früher für Röhrengeräte brauchte. Die beiden Transistoren bilden zusammen eine eisenlose Gegentakt-Endstufe, der Lautsprecher (800 Ω) wird über C2 an die Verbindung zwischen Emitter von T1 und Collector von T2 angeschlossen. Eine Gegenkopplung führt über R3 und C3 zum Anschluß C der integrierten Schaltung. Dadurch wird der Frequenzgang verbessert. Der Ruhestrom durch die Transistoren beträgt 52 mA. Zur Aussteuerung braucht man 7,5 mV, wenn man eine Ausgangsleistung von 50 mW erzielen will, und 67 mV, wenn die Ausgangsleistung 4 W betragen soll. Läßt man 4,5 W zu, so ergibt sich ein Klirrfaktor von 10%. Der Frequenzgang verläuft zwischen 50 Hz und 200 kHz horizontal. Bei einer Leistung von 2 W hat der Klirrfaktor einen Wert von etwa 2%.

Nun wieder eine Anordnung mit Leistungs-Endstufe und dem integrierten Schaltkreis TAA861 von Siemens. Solch eine Schaltung zeigt Abb. 50. Gesteuert wird der nicht invertierende Eingang (Anschluß 3), und zwar über den Kondensator C2. Der invertierende Eingang wird gegengekoppelt, die Gegenkopplung führt, wie schon in einer früheren Schaltung beschrieben, vom Anschlußpunkt 7 über die Basis-Emitter-Strecken der Transistoren T1 und T2. Vom Emitter dieser Transistoren verläuft der Gegenkopplungszweig weiter über R6 zum invertierenden Anschluß 4. Auch R4 und C3 sind an der Gegenkopplung mit beteiligt. Wichtig ist, daß der Strom der Endstufe von dem Verhältnis der Widerstände R1, R2 und R3 abhängt, denn die gesamte integrierte Schaltung ist gleichstrommäßig gekoppelt, Gleichspannungsschwankungen am Eingang wirken sich also durch die Transistoren hindurch aus. Gegebenenfalls muß einer von den beiden Widerständen R2 oder R3 geringfügig verändert werden. In Abb. 50

Abb. 50. Ein Leistungsverstärker mit Transistor-Gegentakt-Endstufe

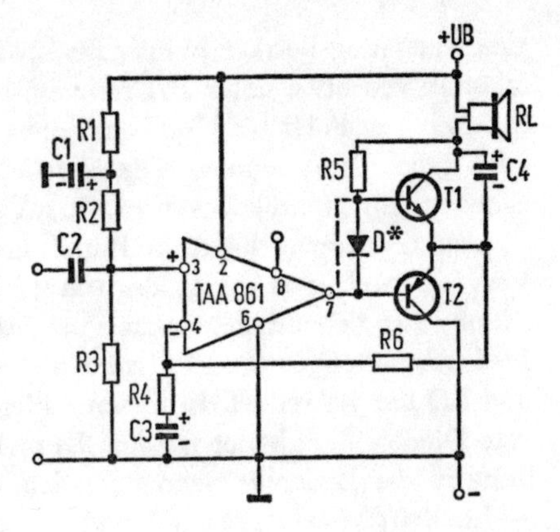

haben wir — im Gegensatz zu Abb. 49 — eine Komplementär-Endstufe mit pnp- bzw. npn-Transistoren vor uns. Die beiden Basisanschlüsse werden also gleichphasig vom Ausgang 7 gesteuert, und wenn die Basisspannungen positiv werden, arbeitet nur der Transistor T1, der dann über C4 einen Strom durch den Lautsprecher liefert. Sind die Basisanschlüsse negativ, so arbeitet nur T2, und dessen Emitter liefert in entgegengesetzter Richtung über C1 einen Lautsprecherstrom. An diesem bildet sich also die Wechselspannung aus. Auch der Aufbau dieses Verstärkers ist nicht kritisch, wenn man darauf achtet, daß der Transistorausgang nach Möglichkeit nicht auf den Eingang koppeln kann. Der Aufbau ist also in der Reihenfolge integrierter Schaltkreis–Gegentakt-Transistorendstufe vorzunehmen. Die beiden Widerstände R2 und R3 sind, falls erforderlich, noch zusätzlich so abzugleichen, daß am Emitter der Endstufen die halbe Betriebsspannung auftritt. Wir erzielen mit dieser Schaltung eine 30fache Gesamtverstärkung.

Ein Vorteil der beschriebenen Schaltung liegt darin, daß die Endstufe stromlos ist, wenn kein Eingangssignal auftritt. Das bedeutet einen sehr geringen Verbrauch während des Leerlaufs. Wesentlich ist ferner, daß man keine Ruhestromeinstellung benötigt und daß man auf eine Temperaturstabilisierung verzichten kann. Die untere Grenzfrequenz des Verstärkers ist durch den Kondensator C4 bestimmt. Günstige Werte sind der Tabelle 1 zu entnehmen. Wählt man eine Betriebsspannung von 9 V, so kann man dem Verstärker maximal etwa 1 W entnehmen. Bei 18 V Betriebsspannung liegt die Stromaufnahme bei 25—200 mA, die maximale Ausgangsleistung beträgt 2,5 W bei einem Lastwiderstand von 16 Ω. Die dazu nötige Eingangsspannung beträgt 23 mV. Bis etwa 1 W können wir mit Klirrfaktoren von etwa unter 1% rechnen, bei 2,5 W innerhalb der Frequenzen von 40 Hz bis 10 kHz mit etwa 1%. Die erreichbaren Werte faßt Tabelle 2 zusammen. Die Verstärker sind wegen ihrer hohen Eingangsempfindlichkeit von ca. 20 mV an $>$ 150 kΩ zum Anschluß an den Diodeneingang eines Rundfunkempfängers geeignet. Durch Vorschalten eines Widerstandes von 0,5 bis 1 MΩ wird auch der Anschluß eines Kristalltonabnehmers möglich.

In den Schaltungen 3 und 4 werden die Siliziumtransistoren BD 135 und BD 136 verwendet. In diesen Fällen muß die mit Stern bezeichnete Diode eingeschaltet werden. Es muß eine erhöhte Basisvorspannung in der Endstufe erzeugt werden, was man mit der Diode erreicht. Bei den Schaltungen 1 und 2 (Germanium-Transistoren) kann die Diode überbrückt oder durch einen Kurzschluß ersetzt werden, wenn man die Diode einsparen will.

Will man mit der Schaltung noch höhere Leistungen erzielen, so empfiehlt es sich, eine Gegentaktendstufe zu verwenden, wobei die Transistoren T1 und T2 als Treiberstufen umzuschalten sind. Für die Endstufentransistoren können die Leistungstypen BD 130 verwendet werden. Wir wollen das hier nicht näher erläutern, da die Schaltung dann nicht mehr ganz unkritisch ist.

Stückliste

Schaltung	1	2	3	4	
R1	56	56	56	68	kΩ
R2	330	330	270	330	kΩ
R3	470	470	470	470	kΩ
R4	1	1	1	1	kΩ
R5	270	680	150	470	kΩ
R6	180	180	180	330	kΩ
C1	10	10	10	10	µF
C2	0,1	0,1	0,1	0,1	µF
C3	10	10	10	10	µF
C4	1000	470	470	220	µF
T1	AC 187 K	AC 187 K	BD 135	BD 135	
T2	AC 188 K	AC 188 K	BD 136	BD 136	
□	bei 1 und 2 überbrückt		BZX 55 CO V8		

Technische Daten

Schaltung	1	2	3	4	
Betriebsspannung	9	9	9	18	Volt
Stromaufnahme					
$P_a = 0$	15	6	28	25	mA
$P_a = P_{a\,nenn}$	175	167	170	200	mA
Nennausgangsleistung (k = 10%)	2	1	1	2,5	W
Lastwiderstand	4	8	8	16	Ω
Eingangsspannung	19	18	19	23	mV
Eingangswiderstand	180	190	152	195	kΩ
untere Grenzfrequenz			40		Hz
obere Grenzfrequenz			> 50		kHz
Leistungsverstärkung	97	87.5	86	89	dB
Endstufen-Transistor max. Wärmewiderstand des Kühlkörpers	8	70	–	80 –	K/W
Klirrfaktor	< 0,5		< 1%	< 0,5	%

3. Kleinempfänger – mit IS ganz einfach!

Immer wieder sind kleine, handliche Rundfunkempfänger im Selbstbau sehr beliebt. In anderen Büchern des Verfassers sind zahlreiche solche Schaltungen besprochen worden. Nunmehr kommt die integrierte Technik hinzu, und es ergibt sich die Frage, welche Schaltungen für den Selbstbau empfehlenswert sind. Das sind vor allem Einfachstempfänger, denn komplette Superhets haben meist so große Tücken, daß der Anfänger, an den sich dieses Buch besonders wendet, Schwierigkeiten bekommt. Er beschafft sich dann mühsam alle Teile und erlebt zu seiner großen Enttäuschung Mißerfolge. Aus diesem Grunde haben wir kompliziertere Empfangsschaltungen überhaupt nicht aufgenommen. Vielmehr bringen wir Anordnungen, die mit wenig Mitteln aufzubauen sind, die aber trotzdem so viel leisten, daß sich ihre Untersuchung lohnt. Vielleicht wird daraus auch das eine oder andere Gerät.

In der Industrie sind natürlich andere Überlegungen maßgebend, weil dort technische Schwierigkeiten ohne weiteres beherrscht werden

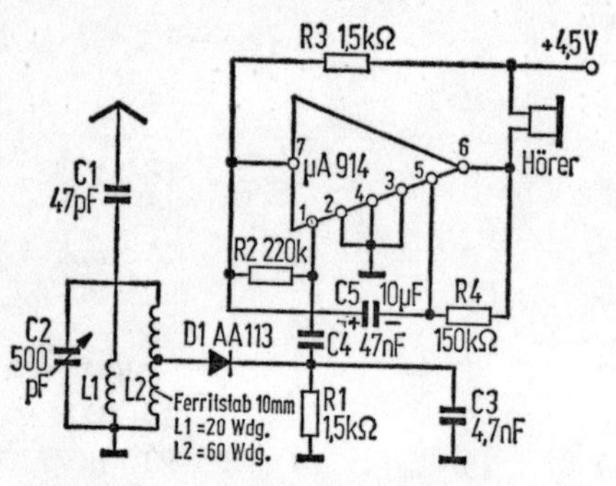

Abb. 51. Ein Diodenempfänger mit IS-Nachverstärker

können. Integrierte Schaltungen führen sich daher vor allem auch in größeren Rundfunkempfängern immer mehr ein. So gibt es heute integrierte Schaltkreise, die angefangen vom Oszillator bzw. von der Mischstufe bis herab zur Niederfrequenzstufe alles enthalten, was in einem Rundfunkempfänger gebraucht wird. Verschiedene Bauteile muß man allerdings von außen zuschalten, beispielsweise Lautstärkeregler usw., da diese ja niemals in einer integrierten Schaltung untergebracht werden können. Nur der UKW-Teil von FM-Empfängern macht bei integrierten Schaltungen Schwierigkeiten, weil diese mit der Frequenz nicht so hoch hinaufkommen. Will man daher z. B. einen AM/FM-Empfänger bauen, so braucht man zumindest einen separaten UKW-Tuner, um einwandfreien UKW-Empfang erzielen zu können. Schon dadurch wird die Sachlage so kompliziert und auch teuer, daß es besser ist, wenn der Anfänger von solchen Schaltungen Abstand nimmt.

Besprechen wir zunächst anhand von Abb. 51 einen ganz einfachen Diodenempfänger mit einem Nachverstärker, der aus einem integrierten Schaltkreis besteht. Der Empfänger selbst ist höchst einfach. Er besteht aus einem Schwingkreis L1 C2, der sich für Mittelwellen eignet. Die Spule L1 bzw. L2 wickeln wir auf einen Ferritstab von 10 mm Durchmesser; dabei erhält L1 20 Windungen und L2 60 Windungen. Die Spule L2 wird in ihrem unteren Drittel angezapft. Die Abstimmung erfolgt mit C2, die Antennenspannung wird induktiv über L1 zugeführt, wobei C1 dazwischengeschaltet ist. Im Abgriff von L2 liegt die Gleichrichterdiode D1, die die Spannung demoduliert. Diese wird nun über einen Kondensator dem integrierten Schaltkreis zugeleitet. In dessen Ausgang liegt unmittelbar ein Hörer von einigen 1000 Ω, und wenn wir eine gute Antenne bzw. Erde verwenden sowie sorgfältig abstimmen, werden wir einen recht annehm-

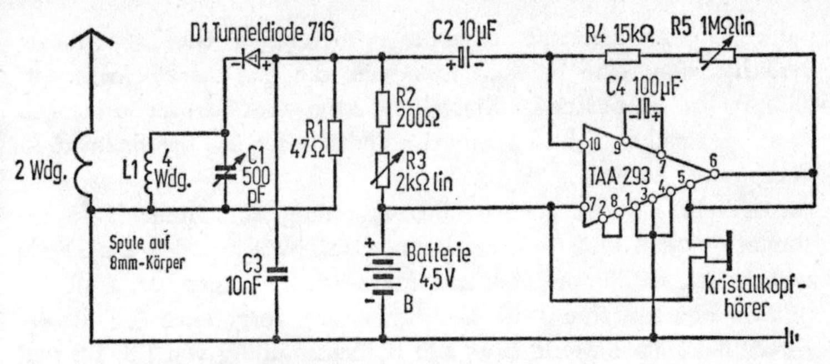

Abb. 52. Ein Tunneldioden-Kurzwellenempfänger mit IS

baren Rundfunkempfang bekommen. Natürlich läßt sich anstelle des hier verwendeten integrierten Schaltkreises praktisch auch jeder andere Typ verwenden, denn es handelt sich um einen beliebigen Verstärker.

Wer sich für Kurzwellen interessiert, kann sich den Empfänger nach Abb. 52 bauen. Er verfügt nicht nur über einen integrierten Schaltkreis, sondern auch über eine Tunneldiode, die der ganzen Anordnung einen sehr modernen Anstrich gibt. Die Wirkungsweise der Tunneldiode ist genau in dem Buch „Neue Halbleiter-Praxis" vom gleichen Verfasser im gleichen Verlag beschrieben.

Besprechen wir zunächst die Schaltung. Für den Schwingkreis mit Ankoppelspule kann man einen Ferritstab 10 mm verwenden, auf den man zunächst zwei Windungen 0,5 mm Kupferdraht als Ankopplungswindung aufwickelt. Dann folgen weitere 4 Windungen als eigentliche Kreisspule. Parallel dazu liegt der Abstimmkondensator C, und man erhält so einen Schwingkreis, mit dem man den Frequenzbereich von etwa 5 bis 30 MHz abstimmen kann. Verringert man die Windungszahl der Schwingkreisspule auf etwa 1 Windung, so kommt man sogar noch höher hinauf und kann beispielsweise den UKW-Rundfunkbereich und die Fernsehbereiche bei 40 MHz empfangen. Die Schwingkreisspannung wird der Tunneldiode D1 zugeleitet, die hier nicht etwa die Aufgabe eines einfachen Demodulators hat, sondern gleichzeitig verstärkend wirkt. Ein geeigneter und doch billiger Typ ist die Tunneldiode 716 (General Electric). Solch eine Tunneldiode verfügt innerhalb eines eng begrenzten Gleichspannungsbereiches über eine fallende Kennlinie, die den Schwingkreis entdämpft, ihn bei passender Einstellung sogar zum Schwingen bringen kann. Es ergeben sich also ähnliche Verhältnisse wie bei einem rückgekoppelten Audion.

Da es sehr auf die genaue Gleichspannung der Tunneldiode ankommt — man muß ja die Schaltung so einstellen, daß die Diode zwar kräftig entdämpft, aber noch keine Schwingungen hervorruft —, ist eine Feineinstellung der Gleichspannung vorgesehen. Zu diesem Zweck liegt die Batterie B an der Reihenschaltung von R3, R2 und R1. Auf R1 entfällt dabei eine Gleichspannung, die den Arbeitspunkt der Tunneldiode bestimmt. Diese Gleichspannung kann mit R3 fein einreguliert werden, wodurch sich die optimale Dämpfung einstellen läßt. Die Tunneldiode ruft gleichzeitig eine Demodulation der Schwingung hervor, und die demodulierte Niederfrequenz gelangt nun über den Kondensator C2 zum Eingang 10 des integrierten Schaltkreises TAA293 (Valvo). Der Kondensator C3 überbrückt R1, um restliche Hochfrequenzspannungen kurzzuschließen. Bei dem TAA 293 handelt es sich um einen gewöhnlichen dreistufigen Verstärker, der die Tonfrequenz verstärkt. Im Ausgang liegt (parallel zu dem eingebauten Außenwiderstand) ein Kristall-Ohrhörer. Zwischen dem Ausgang 6 und dem Eingang 10 finden wir eine Gegenkopplung, die aus den Widerständen R4 und R5 besteht. Mit R5 wird gleichzeitig der Arbeitspunkt des gesamten Verstärkers eingestellt. Der Kondensator C4 ist nicht unbedingt erforderlich; er überbrückt nur einen Siebwiderstand im Inneren der integrierten Schaltung.

Bei der Einstellung des Gerätes im Kurzwellenbereich gehen wir folgendermaßen vor: Der Widerstand R3 wird auf seinen Kleinstwert, R5 auf den Größtwert eingestellt. Anschließend wird C1 vorsichtig laufend durchgedreht, gleichzeitig wird der Widerstand von R3 vorsichtig vermindert. Sobald wir nun einen Sender hören, stimmen wir mit C1 möglichst genau darauf ab und regeln R5 anschließend so, daß sich ein Minimum an Rauschen und ein Maximum an Tongüte ergibt. Anschließend können wir noch mit R3 so lange nachregeln, bis der Sender am lautesten zu hören und bis die Trennschärfe am größten ist. Ein zu starkes Verkleinern von R3 erteilt der

Tunneldiode einen Arbeitspunkt, bei dem sie den Kreis total entdämpft. Wie bei einem rückgekoppelten Audion schwingt nunmehr der Kreis, so daß ein Empfang nicht möglich ist. Erkennbar ist das an einem plötzlich einsetzenden starken Rauschen.
Wollen wir zwischen etwa 30 und 100 MHz empfangen, so verkleinern wir zunächst die Schwingkreisspule auf etwa 1 Windung und stellen jetzt R3 so ein, daß ein starkes Rauschen auftritt. Nunmehr arbeitet die Tunneldiode in Verbindung mit dem Schwingkreis als Pendelempfänger, und in diesem Zustand ist die Schaltung sehr empfindlich. Wir werden jetzt Fernsehsender und den UKW-Rundfunkbereich aufnehmen können. Allerdings ist die Wiedergabe nicht zufriedenstellend; das ist aber nicht so schlimm, denn es soll nur gezeigt werden, mit wie wenig Aufwand man den Kurzwellen- und den Ultrakurzwellenbereich erfassen kann.
Wichtig ist vor allem die richtige Einstellung von R3; unter Umständen ist ein öfteres Nachstellen erforderlich, weil die Tunneldiode temperaturempfindlich ist und daher einer gewissen Nachstellung des Arbeitspunktes laufend bedarf. Selbstverständlich können wir den Eingangs-Schwingkreis auch anders ausgestalten, je nachdem, welchen Wellenbereich wir bevorzugt empfangen wollen. Auch eine Bandspreizung ist möglich, wobei man z. B. zwischen die Abstimmspule und den Abstimmkondensator einen kleinen Zusatzkondensator legt; einen solchen kann man auch parallel zu C1 schalten. Wer schon einmal mit Kurzwellen experimentiert hat, wird diese Kniffe kennen.

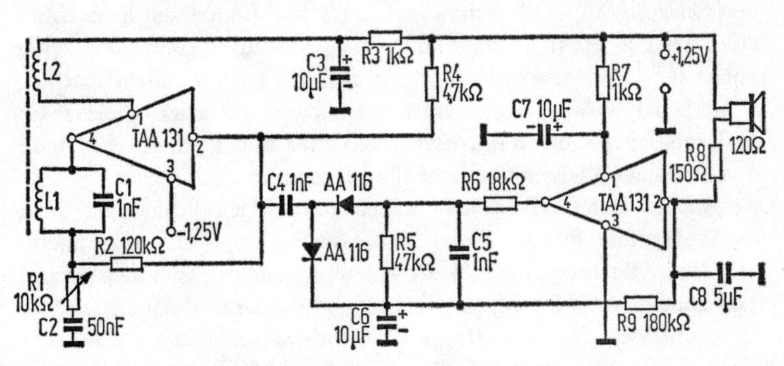

Abb. 53. Ein Mittelwellen-Kleinstempfänger

In der Schaltung Abb. 53 macht sich die Raum- und Gewichtsersparnis durch integrierte Schaltungen ganz besonders stark bemerkbar. Es handelt sich um einen auf eine Festfrequenz eingestellten Mittelwellenempfänger, der mit den beiden integrierten Schaltkreisen TAA131 (Siemens) arbeitet. Verwendet man Miniaturwiderstände und Miniaturkondensatoren, baut man ferner das Gerät auf engstem Raum zusammen, so genügt $^1/_2$ cm^3 Raumbedarf (ausschließlich Batterie und Lautsprecher). Die Schaltung arbeitet folgendermaßen:
Der erste Kreis TAA131 dient als Hochfrequenzverstärker. Seinem Eingang wird zu diesem Zweck an Anschluß 4 die Spannung des Schwingkreises L1 C1 zugeführt, wobei L1 zwecks Rückkopplung mit L2 gekoppelt ist. Man verwendet am besten einen Ferritstab von 14×4×0,75 mm und bemißt die Schwingkreisspule so, daß der ganze Kreis auf den gewünschten Festsender, meistens den Ortssender, abgeglichen ist. Dabei liegt die Windungszahl zwischen etwa 40 und 60; zweckmäßigerweise verwendet man HF-Litze. Die Rückkopplungswicklung kann aus Volldraht bestehen; man gibt ihr den fünften Teil der Schwingkreiswicklungs-Windungszahl. Die Hochfrequenz wird nun im ersten integrierten Schaltkreis verstärkt. Die Rückkopplung ist fest eingestellt, kann aber reguliert werden. Der Verstärker besitzt nämlich eine veränderliche Gegenkopplung, die vom Ausgang 2 über R2, R1 und C2 verläuft. Je größer R1 gemacht wird, um so stärker wirkt die Gegenkopplung, um so weniger verstärkt der Verstärker und um so schwächer wirkt die Rückkopplung. Machen wir dagegen R1 klein, so wird für die Hochfrequenz die Gegenkopplung wirkungslos, weil nunmehr C2 als hochfrequenter Kurzschluß wirkt. Jetzt steigt die Verstärkung entsprechend an, und gleichzeitig erhöht sich die Rückkopplung. Man darf R1 nicht zu klein machen, damit keine Schwingungen auftreten können. R1 wirkt gleichzeitig als Lautstärkeregler; wenn man das Gerät selbst bauen will, muß man also einen Bedienungsknopf für R1 vorsehen.
Als Außenwiderstand für den ersten integrierten Schaltkreis dient der Widerstand R4. An ihm tritt die verstärkte Hochfrequenzspannung auf, die nun über C4 zu einem Doppelweggleichrichter mit zwei Dioden AA116 gelangt. Dort erfolgt die Demodulation, und an R5 ergibt sich die Niederfrequenz. Hochfrequenzreste werden mit C5 und R6 beseitigt. Über diesen Widerstand gelangt die Nieder-

Abb. 9. Ein beliebiger Leiterplattenaufbau mit einem IS

Tafel 5

Abb. 10. Aufbau der Schaltung Abb. 33 (Text)

Abb. 11. Aufbau der Schaltung Abb. 36 (Text)

Tafel 6

Abb. 12. Aufbau der Schaltung Abb. 61 (Text)

frequenz zum Eingang des zweiten Kreises TAA131 (Anschluß 4), die positive Spannung erhält dieser Kreis über R7, überbrückt mit C7. Am Ausgang 2 tritt nun die verstärkte Niederfrequenz auf, die über R8 zu einem Kleinstlautsprecher von 120 Ω Widerstand gelangt. Dieser Wert ist nicht sehr kritisch, er kann auch um ±50% schwanken. Der Widerstand R8 ist vorgesehen, um eine genügend große Spannung am Ausgangsanschluß 2 für eine Gegenkopplung zur Verfügung zu haben. Diese besteht aus R9, R5 und R6. Über diese Widerstände ist also der Ausgang 2 mit dem Eingang 4 galvanisch verbunden; der Kondensator C6 verhindert, daß sich diese Gegenkopplung auch niederfrequenzmäßig auswirkt. C6 schließt Reste der Niederfrequenz völlig kurz. Dadurch bleibt die hohe Niederfrequenzverstärkung erhalten, der Verstärker wird jedoch sehr unempfindlich gegenüber Gleichspannungsschwankungen.
Es ist beachtlich, daß man mit der sehr kleinen Betriebsspannung von nur 1,25 V auskommt. Es genügt also eine kleine Babyzelle oder auch ein kleiner Typ der Deac-Knopfzellen. Gegebenenfalls kann die Stromquelle mit in das Gehäuse eingebaut werden, wenn man es etwas größer macht. Auch läßt sich dann der Lautsprecher mit unterbringen. Beim praktischen Aufbau der Schaltung sollte man darauf achten, daß der Ausgang des zweiten integrierten Schaltkreises möglichst weit entfernt vom Eingang des ersten ist, um Rückkopplungen zu vermeiden. Auch sollten die Eingangsleitungen und die Verbindungsleitungen zwischen dem ersten und dem zweiten Schaltkreis so kurz wie möglich ausfallen. Alle Nullpunkte sind zusammenzufassen. Wenn man diese wenigen, aus der allgemeinen Radiotechnik bekannten Regeln berücksichtigt, wird man beim Nachbau Erfolg haben. Auf diese Weise kommt man zu einem wirklichen Taschenempfänger, mit dem man jederzeit den nächstgelegenen Sender aufnehmen kann. Wer will, kann auch anstelle von C1 einen Drehkondensator vorsehen. Dadurch allerdings wird der Raumbedarf erheblich größer. Der Reiz dieses Gerätes liegt, wie gesagt, vor allem in den extrem geringen Abmessungen, die man bei geschicktem Aufbau erzielen kann.
Zum Abschluß dieses Abschnittes sei noch anhand von Abb. 54, Seite 120 ein Verstärker für 100 MHz besprochen. Man kann ihn verwenden, wenn man einen nur schwach ankommenden UKW-Sender mit

dem Rundfunkgerät nicht lautstark und rauscharm genug empfängt. Es ist also eine Art Antennenverstärker, den man z. B. zwischen die Antenne und die Antennenableitung schalten kann. Der Raumbedarf ist denkbar gering. C1 bis C5 sind Trimmer mit den angegebenen Kapazitäten, die sorgfältig eingestellt werden müssen. C3 bildet mit L1 zusammen einen Hochfrequenz-Spannungsteiler, der so bemessen ist, daß der Eingangskreis gut an den Eingang angepaßt ist. Dasselbe gilt auch für den Ausgang. Die beiden Spulen L1 und L2 bemißt man folgendermaßen: Man wickelt einen 1,2—1,5 mm starken versilberten Kupferdraht freitragend auf einen Wickeldorn von etwa 6 mm Durchmesser und gibt jeder Spule 7 Windungen. Auf diese Weise kommt man zu freitragenden UKW-Spulen, die möglichst kurz mit dem integrierten Schaltkreis verbunden werden müssen. Das gilt auch für alle anderen hochfrequenzführenden Teile, insbesondere für die Trimmer. Der untere Anschluß von C3 muß möglichst dicht am Anschluß 4 bzw. 1 des integrierten Schaltkreises liegen. Führt man in die Spulen Eisenkerne ein, so wird die Bandbreite verkleinert. Ohne Eisenkerne beträgt sie bei 100 MHz etwa 1,5 MHz, während sie bei Verwendung von Eisenkernen auf rund 600 kHz absinkt. Die Verstärkung ist dann mit etwa 30 dB größer als im ersten Fall, in dem man 20 dB erzielen kann.

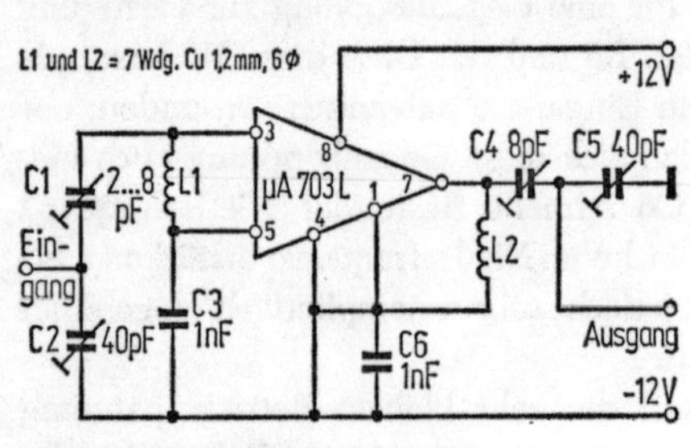

Abb. 54. Ein Verstärker für 100 MHz

Der Aufbau der Schaltung ist nicht ganz unkritisch. Auf alle Fälle muß für eine sorgfältige Entkopplung des Ausgangs vom Eingang gesorgt werden, so daß diese Schaltung nur von geübten Leuten nachgebaut werden sollte.

Selbstverständlich lassen sich auch ausgezeichnete Superhetschaltungen aufbauen. Wie schon erwähnt, verzichten wir auf die Wiedergabe solcher Anordnungen, weil sie erhebliche Vorkenntnisse und den Besitz technischer Meßmittel voraussetzen.

Fünftes Kapitel: Elektronik – ein Eldorado für Integrierte Schaltungen

Schaltungen aus dem großen Gebiet der allgemeinen Elektronik sind für Selbstbaufreunde besonders interessant geworden, da sich recht nette Effekte erreichen lassen und da viele dieser Schaltungen einen praktischen Nutzen haben. Bisher dominierte der Transistor in solchen Schaltungen. Nun dringen zunehmend integrierte Schaltungen auch in die allgemeine Elektronik ein. Sie hatten hier schon viel früher Bedeutung als in der Unterhaltungselektronik, worauf wir schon hingewiesen hatten. Wirtschaftliche Überlegungen und Kalkulationsfragen stehen erst an zweiter Stelle, denn bei kommerziellen elektronischen Schaltungen mit ihrem oft großen Einzelteilaufwand herrschen rein technische Gesichtspunkte vor. Man sieht das am besten in der Computertechnik. Leistungsfähige Computer verarbeiten nicht nur einen gewaltigen Zahlenumfang, sondern sie müssen auch schnell sein. Das bedeutet erstens unzählige Schaltstufen in Digitaltechnik, zweitens aber kleinste Zeitkonstanten und Laufzeiten im Inneren des Gerätes, um zu den erforderlichen hohen Rechengeschwindigkeiten zu kommen. Die Rechengeschwindigkeit ist inzwischen so groß geworden, daß sogar die Laufzeit längs der Leitungen nicht mehr vernachlässigt werden kann. Bei Verwendung von einfachen Transistoren ergeben sich wegen der benötigten Stückzahl so große räumliche Abmessungen, daß die Laufzeiten untragbar groß werden. Integrierte Schaltkreise führen zu wesentlich kleineren Abmessungen, und das ist entscheidend. Deshalb finden wir in neueren Computergenerationen fast nur noch integrierte Kreise.

Den Computerbau können und wollen wir in unserem Buch nicht beschreiben, denn das ist eine so komplizierte Technik, daß sie dem normalen Selbstbauinteressenten verschlossen bleiben muß. Wir wollen vielmehr sehen, wie man mit integrierten Schaltungen Anordnungen, die mit Transistoren schon früher verwirklicht wurden, besonders vorteilhaft bauen kann. Zunächst besprechen wir in diesem Kapitel Lichtsteuerschaltungen, die immer wieder interessant und nützlich sind. Das gilt auch für Anordnungen zur Messung und Regelung von Temperaturen, Probleme, mit denen man es im Haushalt immer wieder zu tun hat. Oft möchte man irgendeine Flüssigkeit auf konstanter Temperatur halten oder einen Heizkörper bei Erreichen einer bestimmten Temperatur abschalten. Wir sehen im zweiten Abschnitt, wie das mit integrierten Schaltungen besonders günstig gelöst werden kann.

Auch Zeitgeber haben für private Zwecke Bedeutung. Der Photoamateur braucht sie z. B. in seiner Dunkelkammer, aber auch als Selbstauslöser können sie gute Dienste tun. Davon ist im dritten Abschnitt die Rede.

Recht vorteilhaft lassen sich integrierte Schaltkreise in Schwingschaltungen aller Art einsetzen, seien es nun Hochfrequenz-Oszillatoren oder Tongeneratoren, mit denen man Signale aller Art erzeugen kann. Solche Schaltungen bringen wir im Abschnitt 4. Ganz modern sind die in Abschnitt 5 vorgestellten Schaltungen, nämlich die aktiven Filter, die man heute mit integrierten Schaltkreisen aufbaut und die besonders interessante Eigenschaften haben. Wer sich in diese Technik einarbeitet, hat eventuell später einen beruflichen Nutzen davon, weil er über eine neue Technik schon mehr weiß als andere.

Mit den vorstehenden Schaltungsgruppen ist es nicht getan. Im Schlußabschnitt bringen wir eine Auswahl vieler sonstiger Möglichkeiten, deren Nachbau und Untersuchung mit Hilfe unseres Experimentiergerätes bestimmt sehr lohnend ist. Doch nun zu den eigentlichen Schaltungen.

1. Wir schalten mit Licht in Integrierter Technik

Lichtsteuerschaltungen aller Art gibt es seit langer Zeit. Sie waren schon lange vor Erfindung des Transistors bekannt und arbeiteten seinerzeit mit Photozellen, entweder mit Vakuumzellen oder mit gasgefüllten Typen. Das war eine recht umständliche und aufwendige Angelegenheit, denn die von diesen Zellen abgegebenen Ströme waren sehr schwach, und die Zellen selbst waren sehr hochohmig. Indessen vertrugen sich Photozellen mit Röhren gut, denn auch Röhren sind hochohmige Schaltorgane. Trotzdem — der Aufwand allein zum Betrieb — unter 100 V Gleichspannung ging es nicht — war sehr beachtlich, und die Betriebssicherheit war nicht immer gewährleistet. Später kamen dann Schaltungen mit Transistoren und photoelektrischen Halbleiter-Bauelementen auf, die eine ganz erhebliche Verbesserung und Vereinfachung bedeuteten und die heute nach wie vor wichtig sind. Man kommt mit kleinen Spannungen aus und erzielt insbesondere bei Verwendung von Cadmiumsulfid-Photowiderständen sehr große Empfindlichkeiten. Dabei kann der eigentliche Steuerteil beliebig ausgebaut werden, beispielsweise als einfacher Schaltverstärker oder auch als Schwellverstärker.

Die integrierte Technik vereinfacht solche Schaltungen nicht unerheblich. Zunächst besprechen wir Abb. 55, die eine Lichtsteuerschaltung unter Verwendung des TAA861 (Siemens) zeigt. Dieser Schaltkreis ist uns ja bereits gut bekannt. Als lichtempfindliches Organ verwenden wir diesmal den Phototransistor F1, den Typ BPY62, ebenfalls von Siemens. Wie arbeitet nun die Schaltung?

Der invertierende Eingang 4 des integrierten Schaltkreises liegt an dem Spannungsteiler R1 und R2, dessen Widerstände gleich groß sind. Demnach ist bei einer Betriebsspannung von 20 V an dieser Stelle eine Spannung von 10 V vorhanden, die den Gesamt-Arbeitspunkt festlegt. Im Kreis des nicht invertierenden Einganges 3 liegt der Phototransistor F1, und an den gleichen Anschluß führt eine Rückkopplung über die Widerstände R3, R4 und R5. Letzterer ist, nebenbei bemerkt, der eigentliche Arbeitswiderstand, der beispielsweise aus einem Relais bestehen kann. Solange der Phototransistor nicht beleuchtet wird, wirkt sich vom Ausgang 7 im Rückkopplungszweig über die genannte Widerstandskette eine solche Spannung aus, daß der Verstärker nicht durchschaltet. Wird nun der Phototransistor beleuchtet, so wird der Punkt 3 etwas negativer. Infolgedessen wird auch der Punkt 7 negativer, und diese Änderung pflanzt sich über die Widerstandskette auf den nicht invertierenden Eingang fort.

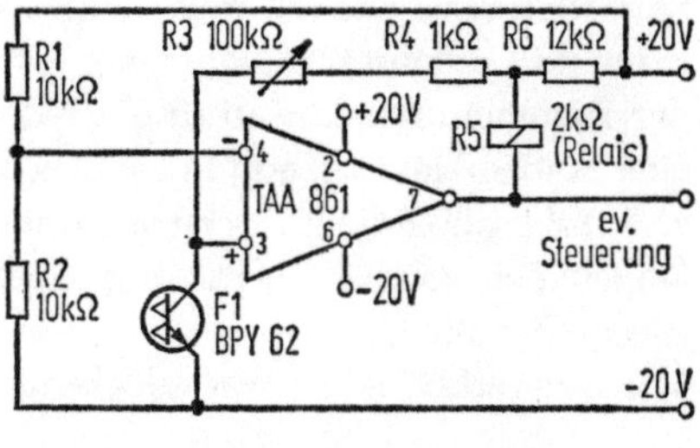

Abb. 55. Lichtsteuerschaltung mit IS

Dadurch wird dieser Anschluß noch negativer. Es besteht also eine Rückkopplung, die sehr schnell für die totale Durchsteuerung des Verstärkers sorgt. Wir haben einen gleichspannungsmäßig rückgekoppelten Verstärker vor uns, einen Schaltverstärker, der sehr exakt zu schalten vermag. Überschreitet also die Beleuchtungsstärke am Phototransistor einen bestimmten Wert, so wird das Relais sehr schnell und eindeutig anziehen.

Je schwächer die Rückkopplung ist, um so mehr muß der Phototransistor beleuchtet werden, um den Umschaltvorgang auszulösen. Man kann daher mit R3 die Einschaltempfindlichkeit einstellen; je größer man diesen Widerstand macht, um so stärker muß der Phototransistor beleuchtet werden, um den integrierten Schaltkreis zum Durchschalten zu bringen. Man kann damit einen Beleuchtungsstärken-Bereich zwischen 100 und 5000 Lux einstellen. Soll der Verstärker wieder in seine Ruhelage zurückkehren, so muß man den Phototransistor vollständig abdunkeln. Wenn wir die früheren Ausführungen über die Wirkungsweise von Differenzeingängen verstanden haben, so wissen wir, daß im nicht geschalteten Zustand zwischen den Klemmen 3 und 4 keine Spannung herrschen darf. Es genügen bereits etwa 5 mV, um den Verstärker zum Durchschalten zu bringen. Man erkennt daraus die große Empfindlichkeit. Ändert sich innerhalb des angegebenen Bereiches die Beleuchtungsstärke um nur 10 Lux, so schaltet der Verstärker bereits durch. Wenn man bedenkt, daß zum Aufbau Miniaturbauteile genügen, so ist leicht einzusehen, daß ein fertiges Gerät sehr klein ausfällt. Die Stromquelle muß allerdings außen sitzen. Diese Lichtsteuerung eignet sich vorzüglich als Dämmerungsschalter, die vielfach im Haus genutzt werden kann. Will man z. B. bei einer bestimmten, außen vorhandenen Beleuchtungsstärke das Licht einschalten lassen, so braucht man in den Starkstromkreis nur die Relaiskontakte zu legen und den Phototransistor dort aufzustellen, wo das Licht einfällt. Dann schaltet sich bei der Dämmerung automatisch die Wohnzimmerbeleuchtung ein. Auch eine Außen-Hausbeleuchtung läßt sich auf die Weise schalten, was z. B. sehr nützlich ist, wenn man allein in einem Haus wohnt und längere Zeit verreist. Das abends angehende Außenlicht schreckt dann Einbrecher ab.

Wir besprechen nun einen „denkenden" Licht-Steuerverstärker nach

Abb. 56. Ein richtungsempfindlicher Licht-Steuerverstärker

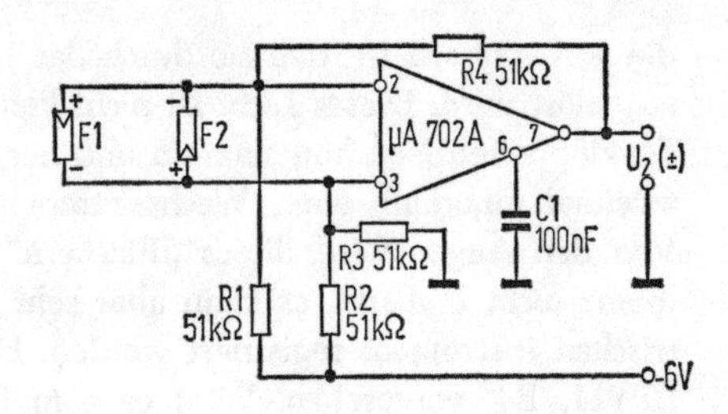

Abb. 56. Hier kommt der integrierte Schaltkreis µA702A (SGS) zur Anwendung. Der invertierende Eingang 2 des Schaltkreises wird über R4 mit dem Ausgang 7 verbunden, wodurch sich die bekannte Gegenkopplung ergibt. Mit R3, R1 und R2 wird der Arbeitspunkt zusätzlich eingestellt. Wir wissen, daß schon kleinste Spannungsdifferenzen zwischen 2 und 3 genügen, um den Verstärker durchschalten zu lassen. Nun sind mit den Eingängen zwei Photodioden F1 und F2 verbunden, die gegenpolig geschaltet sind. Denken wir sie uns zunächst fort, so wird der Arbeitspunkt des Verstärkers nur durch die Widerstände R1, R2 und R3 bestimmt. Der Verstärker befindet sich dann im Ruhezustand. Daran ändert sich auch nichts, wenn beide Photodioden *gleichmäßig* beleuchtet werden, weil sich dann zu der Vorspannung jeweils eine gleich große Spannung in entgegengesetzter Richtung addiert. Sobald jedoch die eine Photodiode schwächer als die andere beleuchtet wird, wird das Gleichgewicht gestört, und der Verstärker wird entweder in positiver oder in negativer Richtung ausgesteuert, je nachdem, auf welche Photodiode mehr bzw. weniger Licht trifft. Man kann daher mit solch einer Einrichtung eine Lichtquelle „anpeilen“, d. h. ihren Standpunkt genau bestimmen. Ebenso gut kann man aber auch Lichtstärkeänderungen von zwei Lichtquellen feststellen, von denen die eine F1, die andere F2 beleuchtet. Auch hierfür gibt es mancherlei nette Anwendungen im Heim. Mit C1 wird der Frequenzgang des Schaltkreises beeinflußt. An sich sind solche Schaltungen üblich, um z. B. einen Stellmotor zu regeln.
Sehr praktisch sind sogenannte Wechsellichtverstärker. Auf konstantes Licht, wie es z. B. das Tageslicht ist oder wie es von gleichstromgespeisten Glühlampen geliefert wird, spricht solch ein Verstärker überhaupt nicht an. Wir sehen in Abb. 57 eine praktische Schaltung,

die so bemessen ist, daß sie durch das Licht von Leuchtstofflampen ausgelöst wird. Dieses Licht ist nicht konstant, sondern schwankt mit der doppelten Netzfrequenz hin und her, da ja eine Leuchtstoffröhre zweimal innerhalb einer Wechselstromperiode zündet und erlöscht. Von den Augen wird dieses „Flackern" wegen der zu hohen Frequenz nicht bemerkt, es kann aber sehr wohl von einem photoelektrischen Instrument registriert werden. Hierfür ist das Photoelement BPY11, R4, vorgesehen. Wird es vom Licht einer Leuchtstoffröhre getroffen, so erzeugt es eine Wechselspannung, die über C2 auf den

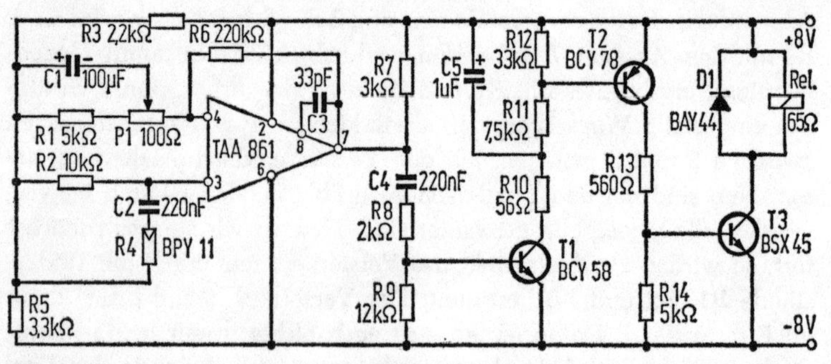

Abb. 57. Ein Wechsellichtverstärker

Eingang 3 des integrierten Schaltkreises TAA861 gelangt. Der Arbeitspunkt ist durch die Widerstände R5, R2, R1 und R3 bestimmt. Der Kondensator C1 kann mehr oder weniger parallel zu R2 (über das Potentiometer P1) gelegt werden. Dadurch läßt sich die Wechselstromverstärkung des integrierten Schaltkreises einstellen, denn diese ist vom Maß der Wechselstrom-Gegenkopplung abhängig, die durch den Widerstand R6 zwischen dem Ausgang 7 und dem Eingang 4 gegeben ist. Steht der Schleifer des Potentiometers P1 ganz rechts, so ist der Eingang 4 für Wechselspannungen kurzgeschlossen, und der Verstärker weist seine volle Verstärkung auf. Je weiter wir den Schleifer nach links schieben, um so mehr wird auch für Wechselspannung die Gegenkopplung wirksam, und die Verstärkung sinkt. Auf diese Weise läßt sich also die Empfindlichkeit der ganzen Anlage einregulieren.

Als Ausgangswiderstand des integrierten Schaltkreises dient der Widerstand R7. An ihm tritt eine Wechselspannung auf, die das verstärkte Abbild der Wechselspannung des Photoelementes ist. Diese Spannung wird über C4 und R8 der Basis des Transistors T1 zugeführt, der den Basiswiderstand R9 besitzt. Das verstärkte Signal tritt an den Collectorwiderständen R11, R12 auf und gelangt zum größten Teil auf die Basis des Transistors T2, der in Emitterschaltung arbeitet. Als Collectoraußenwiderstand dient R14, der gleichzeitig der Basiswiderstand des letzten Transistors T3 ist. In diesem Transistor erfolgt eine weitere Verstärkung, und in seinem Collectorkreis liegt das Relais, überbrückt mit einer Schutzdiode D1. Sobald nun das Photoelement vom Licht einer Leuchtstoffröhre getroffen wird, wird das Relais anziehen. Die Verstärkung durch die drei Transistoren ist sehr groß. Besonders vorteilhaft ist, daß irgendwelche störenden Streuspannungen, die gleichzeitig auf die Eingänge 3 und 4 treffen, den Verstärker nicht auslösen. Seine sogenannte „Gleichtaktverstärkung" ist nämlich, typisch für Differenzverstärker, sehr klein. Er spricht nur auf Spannungsänderungen zwischen 3 und 4, auf Differenzspannungen an, und diese werden von dem Photoelement geliefert. Wie schon eingangs gesagt, spielt eine Gleichlicht-Vorbeleuchtung des Photoelementes keine Rolle, denn eine Gleichspannung kann wegen C2 keine Wirkung auf den Verstärkereingang haben. Der Verstärker ist mit 84 dB Verstärkung sehr empfindlich. Das Relais zieht an, wenn am Ausgang des Verstärkers 500 mV überschritten werden. Von Siemens wird als geeignetes Relais der Siemens-Typ V23016-A0002-A201 angegeben.
Wir können uns mit dieser Schaltung eine vorzügliche Einbruchsicherung für ein Haus bauen, die Tag und Nacht wirksam ist. Zu diesem Zweck müssen wir außen eine geeignete Leuchtstofflampe installieren und uns eine Lichtschranke bauen, die z. B. darin besteht, daß das Licht der Glühlampe vor dem Auftreffen auf das Photoelement eine zu überwachende Tür passiert. Sobald nun ein Einbrecher die Tür öffnen will, wird der Lichtstrahl unterbrochen, und das Relais wird auslösen. Nicht nur eine Tür, sondern das ganze Haus einschließlich aller Fenster läßt sich auf diese Weise überwachen, wenn man mit Spiegelanordnungen dafür sorgt, daß das Leuchtstoffröhrenlicht rings um das Haus herumgeführt wird. Dann ist das ganze Haus von

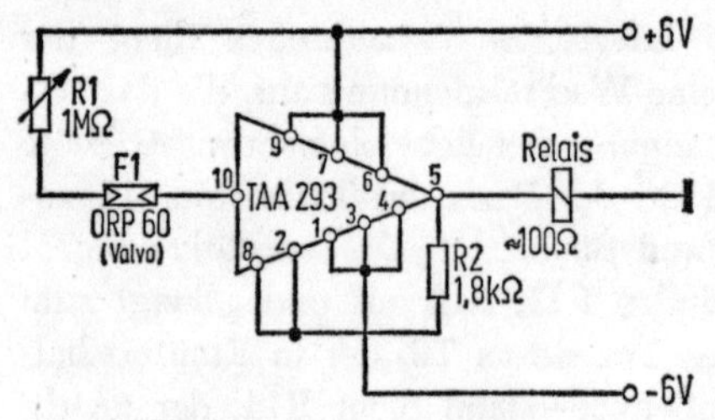

Abb. 58. Ein Licht-Schwellwertschalter

einem Lichtstrahl umgeben, der zuverlässig als Einbruchwarner seine Dienste tut. Zum Betrieb der Anlage braucht man nur 8 V. Sie ist Tag und Nacht dienstbereit, da die jeweilige Stärke des Tageslichtes ohne Einfluß bleibt.

Dieser Verstärker läßt sich auch für andere Zwecke einsetzen. Will man z. B. feststellen, ob irgendeine Lichtquelle von Gleichstrom oder Wechselstrom betrieben wird, so ist das mit dem Verstärker sofort ermittelt. Bei Gleichstrombetrieb erfolgt keine Reaktion, wohl aber bei Wechselstrombetrieb. Es genügen schon kleine Wechselstromreste im Betriebsstrom der Leuchtstofflampe, um den Verstärker zum Auslösen zu bringen.

Eine weitere, sehr interessante Licht-Schwellwertschaltung mit dem Valvo-Kreis TAA293 zeigt Abb. 58. Hier wird ein Photowiderstand verwendet, der einen möglichst hohen Widerstandswert haben soll; ein geeigneter Typ ist angegeben. Mit R1 kann man die Empfindlichkeit einstellen. Sobald auf den Photowiderstand Licht trifft, wird der Anschluß 10 etwa positiver. Da der Ausgang 5 über R2 mit den Anschlüssen 8 bzw. 2 verbunden ist, die zum Eingang des zweiten Transistorsystems im Innern des integrierten Schaltkreises führen, ergibt sich eine Rückkopplung, die dann wirksam wird, wenn die Spannung am Punkt 10 einen bestimmten Wert überschreitet. Ähnlich wie in der Schaltung Abb. 56 wird dann der Verstärker sehr schnell durchgesteuert, und das Relais im Ausgang zieht an. Fällt die Beleuchtung weg, so kippt der Verstärker wieder in den Ausgangszustand zurück.

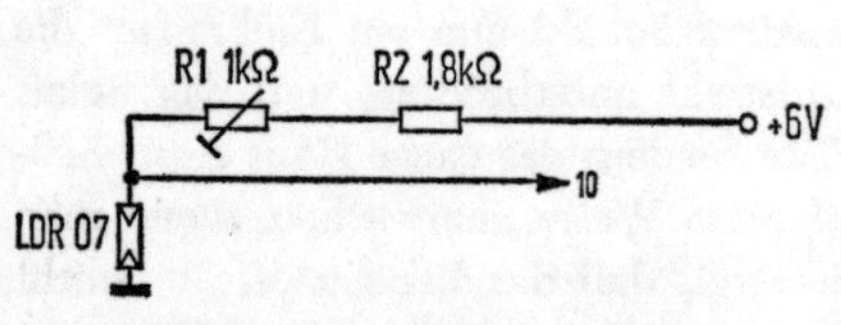

Abb. 59. Abart der Schaltung nach Abb. 58

Wie man sieht, enthält dieses Gerät außer dem integrierten Schaltkreis, dem Photowiderstand und dem Relais nur einen Fest- und einen Regelwiderstand. Es kann da-

her auf kleinstem Raum untergebracht werden, zumal die Betriebsspannung mit 6 V sehr gering ist.
Eine Variante dieser Schaltung ist in Abb. 59 wiedergegeben. Die Grundschaltung bleibt dieselbe, lediglich der Photowiderstand, für den sich jetzt ein anderer Typ, wie eingetragen, besser eignet, ist anders angeordnet. Übrigens müssen nun die Anschlüsse 1, 3 und 4 in Abb. 58 auf die elektrische Mitte der Spannungsquelle gelegt werden. Mit dem Regelwiderstand R1 kann man die Ansprechschwelle zwischen 300 und 1000 Lux einstellen. Wir erhalten also mit den beiden Schaltungen Abb. 58 und 59 ebenso wie mit Abb. 56 einen sehr wirksamen Schwellwertschalter, einen Dämmerungsschalter, der für viele Zwecke Anwendung finden kann. Darauf wurde schon bei Besprechung von Abb. 56 hingewiesen. Besonders die Schaltung Abb. 59 ist billig nachzubauen, weil der dort verwendete Photowiderstandstyp recht preiswert ist.
Die hier angegebenen Lichtsteuerschaltungen lassen sich in mancher Weise verändern. Eigenen Versuchen sind Tor und Tür geöffnet.

2. Auch für Zeitschalter sind IS geeignet

Zeitgeber sind für alle möglichen Zwecke sehr praktisch. Man kann damit bestimmte Zeiten einstellen und nach Ablauf dieser Zeit ein Relais auslösen, das seinerseits irgendeinen anderen Vorgang betätigt. Man findet z. B. solche Zeitgeber bei Photoarbeiten, kann sie aber auch als Selbstauslöser verwenden. Sie müssen dann den Kameraverschluß nach Ablauf einer bestimmten Zeit betätigen. Hier kann sich jeder selbst Anwendungsmöglichkeiten ausdenken. Bei Verwendung integrierter Schaltkreise ergeben sich besonders einfache Anordnungen, weil die damit mögliche hohe Verstärkung sehr vorteilhaft ist.
Für Zeitgeberzwecke ist vor allem ein Schaltkreis mit sehr hochohmigem Eingang nützlich. Dazu gehört z. B. die Schaltung TAA320 von Valvo, die einen Feldeffekttransistor-Eingang besitzt. Wir haben dieses System bereits besprochen. Eine damit ausgerüstete Zeitgeberschaltung zeigt Abb. 60. Es handelt sich um die sogenannte Miller-Schaltung, mit der sich besonders große Schaltzeiten verwirklichen lassen. Betrachten wir einmal die Wirkungsweise und denken wir uns

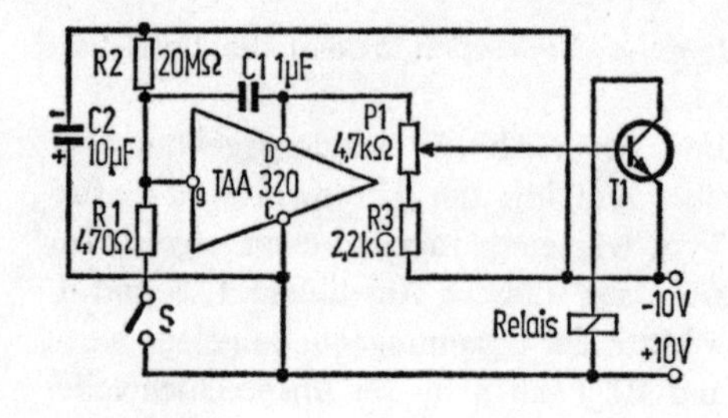

Abb. 60. Ein Langzeitgeber

zunächst den Schalter S geschlossen. Dann liegt der Eingang G des Schaltkreises auf dem gleichen Potential wie C, der Kreis ist stromlos, und C1, der Zeitkondensator, lädt sich auf die volle Betriebsspannung auf. Öffnen wir nun den Schalter S, so beginnt im TAA320 ein ganz langsam ansteigender Strom zu fließen, da sich jetzt C1 über den sehr hochohmigen Widerstand R2, den Zeitwiderstand, nach bestimmten Gesetzen entladen kann. Der Ausgangsstrom des integrierten Kreises fließt über das Potentiometer P1 und den Widerstand R3, so daß der Schleifer allmählich positiv gegenüber dem unteren Ende von R3 wird. Steuern wir mit der Spannung zwischen dem Schleifer und dem Minusanschluß einen npn-Transistor, so wird dieser so lange stromlos bleiben, wie seine Schwellenspannung, die etwa 0,7 V beträgt, noch nicht überschritten wird. Es vergeht viel Zeit, bis das der Fall ist, da der Stromanstieg durch P1 und R3 sehr langsam erfolgt. Sobald die Schwellenspannung überschritten wird, führt der Transistor Strom, und sein im Collectorkreis liegendes Relais wird anziehen. Das erfolgt nach Ablauf einer Zeit, die vor allem durch die Werte von R2 und C1 bestimmt ist. Die reine Zeitkonstante beträgt hier bereits 20 s, und durch den sogenannten Miller-Effekt, den wir nicht näher erläutern wollen, erhöht sich die Zeit noch zusätzlich. Sie hängt außerdem von den Gleichspannungen am Eingang der integrierten Schaltung ab.

Wir haben absichtlich keine Typenbezeichnung beim Transistor T1 angegeben, da hier grundsätzlich jeder Typ verwendet werden kann, vorausgesetzt, sein Collectorstrom reicht aus, um ein vorhandenes Relais zu betätigen. Dieses Relais muß für eine Höchstspannung von 10 V bemessen sein.

Ein gewisser Nachteil der Schaltung besteht darin, daß das Relais nicht exakt durchschaltet. Besser wäre ein Schwellwertschalter, wie wir ihn z. B. bei den Lichtsteuerschaltungen kennengelernt haben.

Dann allerdings wird der Aufwand wesentlich größer. Er lohnt sich auch kaum, weil für einfache Hobbyzwecke keine sehr genauen Schaltzeiten gefordert werden.
Die Schaltzeiten selbst liegen hier bei etwa 60 s, was bereits ausreicht, um mit der Einrichtung einen Selbstauslöser für photographische Zwecke zu bauen. Auch für andere praktische Zwecke braucht man solche Zeitwerte. Im übrigen können wir die Zeiten jederzeit durch andere Werte für R2 und C1 ändern. Der Kondensator C2 dient übrigens nur zur Beruhigung der Betriebsspannung, falls diese von Wechselspannungsresten überlagert sein sollte.
Auch mit anderen integrierten Schaltkreisen lassen sich ohne weiteres Zeitschalter aufbauen, beispielsweise wenn man in den Gegenkopplungszweig den Zeitkondensator legt. Je höher die Verstärkung ist, um so höher ist dann auch die einstellbare Zeit. Jeder Selbstbauinteressent kann sich hier, wenn er will, andere Lösungen ausdenken.

3. Wir messen und regeln Temperaturen mit IS

Wo überall gibt es nicht eine Temperaturautomatik! In Werbeprospekten für alle möglichen elektrischen Haushaltgeräte finden wir derartige Hinweise. Temperaturregler und Temperaturschalter sind heute z. B. in Waschmaschinen, in Geschirrspülern, in Bügeleisen, in Heizungen aller Art eine Selbstverständlichkeit. Es ist daher interessant und es lohnt sich auch, derartige Schaltungen zu untersuchen. Auch sie gibt es schon lange, und sie waren bereits vor der Erfindung des Transistors bekannt. Man verwendete seinerzeit im elektronischen Teil Röhren und benutzte als Temperaturfühler Eisenwasserstoffwiderstände oder die ebenfalls schon ziemlich alten NTC-

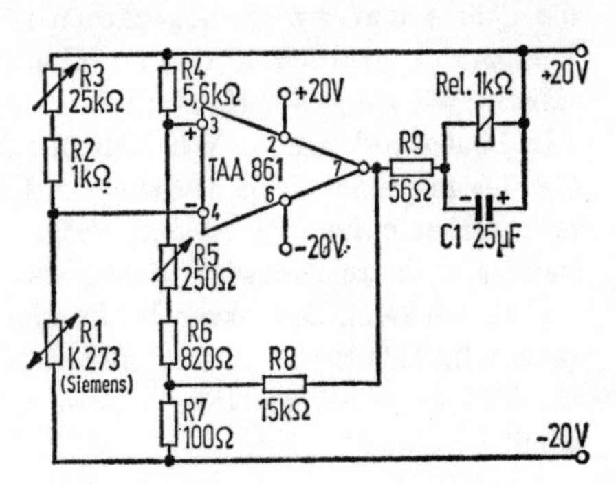

Abb. 61. Ein Temperaturschalter

Widerstände. Als dann der Transistor erfunden war, wurde die Elektronik besonders einfach. Der NTC-Widerstand behielt seine Bedeutung, die er bis heute hat, zusätzlich kamen die PTC-Widerstände als Temperaturfühler hinzu, die innerhalb eines bestimmten Temperaturbereiches ganz besonders empfindlich sind. Das nur als ungefährer Überblick.
Wir wollen uns zunächst mit der Schaltung Abb. 61 befassen, mit der man bei ganz bestimmten, vorwählbaren Temperaturen ein Relais betätigen kann. Den Aufbau zeigt Abb. 12, Tafel 6. Hier wird der schon oft verwendete integrierte Schaltkreis TAA861 von Siemens verwendet. Der Ausgangspunkt für alle Schaltungsbetrachtungen ist bei Differenzverstärkern immer wieder gleich: Der Verstärker liefert nur dann keinen Strom, wenn zwischen den beiden Eingängen 3 und 4 keine Spannung herrscht. Überlegen wir einmal, wann das der Fall ist. Wir müssen wissen, daß diese beiden Eingänge an einer aus Widerständen bestehenden Brückenschaltung liegen. Die beiden Brückenpunkte sind spannungslos, wenn die Brücke in sich abgeglichen ist. Sie besteht aus vier Brückenzweigen. Der obere linke ist die Reihenschaltung aus R3 und R2, der untere linke der Temperaturfühler R1, der obere rechte der Widerstand R4 und der untere linke die Reihenschaltung der Widerstände R5, R6 und R7. Diese Brücke ist abgeglichen, wenn sich die Summe aus R3 und R2 zu R1 ebenso verhält wie R4 zu der Summe aus R5, R6 und R7. Nun ist der Widerstand R1, wie schon erwähnt, ein Temperaturfühler, nämlich der Heißleitertyp K273 von Siemens. Der Widerstandswert von R3, der von 0 bis zum vollen Wert regelbar ist, ist so gewählt, daß die Brücke immer dann abgeglichen ist, wenn der Meßfühler einer Temperatur zwischen 35 und 95 °C ausgesetzt ist. Das sind Temperaturen, wie sie in der Haushaltelektronik, z. B. bei Waschmaschinen, sehr häufig vorkommen. Wir können R3 beim Bau eines praktischen Gerätes mit einer Skala versehen und diese unmittelbar in Temperaturwerten eichen. Es ist auch möglich, anstelle eines Regelwiderstandes mehrere Festwiderstände vorzusehen, die man wahlweise einschalten kann. Dann kann R2 fortbleiben. In diesem Fall bekommt man z. B. 2 kΩ für 95°, 5,1 kΩ für 60°, 11 kΩ für 40° und 22 kΩ für 25°. Diese Widerstände können mit einem Wahlschalter eingeschaltet werden.

Um die Brücke genau abgleichen zu können, ist außerdem der Widerstand R5 veränderlich gemacht. Er hat vor allem dann Bedeutung, wenn höhere Temperaturen sehr exakt geschaltet werden sollen. Interessant ist ferner die Bedeutung des Widerstandes R8. Er bewirkt eine Rückkopplung vom Ausgang 7 des integrierten Schaltkreises zum Eingang 3 über R6 und R5, wobei diese beiden Widerstände in Verbindung mit R7 noch eine Spannungsteilung bewirken. Die Rückkopplung ist daher ziemlich schwach; sie reicht jedoch aus, um das Umschalten bzw. das Durchschalten des integrierten Schaltkreises so zu beschleunigen, daß beim Erreichen einer bestimmten Temperatur das Relais sehr exakt schaltet. Es liegt im Ausgangskreis über R9 am Pluspol der Schaltung und ist mit C1 überbrückt, um ein einwandfreies Arbeiten des Relais zu gewährleisten. Da wir gehört haben, daß schon die geringsten Spannungsunterschiede zwischen den Eingängen 3 und 4 den Verstärker beeinflussen, so wird klar, daß auch die kleinsten Temperaturschwankungen an R1 sofort zum Durchschalten des Relais führen.

Die Genauigkeit, mit der diese Schaltung arbeitet, ist sehr groß. Die Ein- und Ausschaltdifferenz des Reglers liegt bei weniger als 1 °C. Ändert man den Widerstand R8 geringfügig, so wird damit die Ein- und Ausschaltdifferenz beeinflußt.

In der vorliegenden Dimensionierung kann man bei einer Batteriespannung von 20 V einen Temperaturbereich zwischen 25 und 95 °C erfassen. Er läßt sich jederzeit ändern, beispielsweise wenn man das Verhältnis zwischen den Widerständen R4 und der Summe aus R5, R6 und R7 ändert. Hier kann jeder dasjenige Verhältnis wählen, das für seine Zwecke am besten paßt. Der Temperaturfühler K273 hält maximal eine Temperatur von 100 °C aus. Die Betriebsspannung darf ruhig etwas schwanken; sinkt sie z. B. auf 18 V ab, so hat das nur einen Temperaturfehler von 0,1 °C zur Folge. Ändert sich die Umgebungstemperatur von 20° auf 70 °C, so beträgt der Temperaturfehler auch nur 1 °C.

Was kann man mit einem solchen Temperaturschalter im Haushalt alles anfangen? Das beginnt in beliebigen Räumen eines Hauses, deren Temperaturen überwacht oder auf einem konstanten Wert gehalten werden sollen. Man verwendet die Schaltung dann als Thermostat, wobei man über die Schaltkontakte des Relais eine elektrische Heizung betätigt. Der Temperaturfühler wird der Raumtemperatur ausgesetzt, und R3 wird so eingestellt, daß der Regler bei einer gewünschten Temperatur schaltet. Wird diese Temperatur überschritten, so schaltet das Relais ab und die Heizung damit aus. Die Zimmerluft kühlt nun ab, und die Temperatur am Meßfühler sinkt so weit ab, daß der Regler neuerdings einschaltet. Die Heizung kommt wieder in Betrieb, die Temperatur steigt an, und zwar so lange, bis der Regler wieder abschaltet. Seine hohe Genauigkeit sorgt dafür, daß die Temperatur im Zimmer sehr konstant bleibt.

In ähnlicher Weise kann man z. B. die Temperatur einer Flüssigkeit konstant halten. Der Meßfühler muß dann in die Flüssigkeit gebracht werden, die durch irgendeine Einrichtung aufgeheizt wird. Man kann die Schaltung aber auch zum Signalisieren von Temperaturen verwenden. Gartenfreunde z. B. werden daran interessiert sein, denn sie fürchten für ihre empfindlichen Pflanzen häufig das Unterschreiten der 0°-Grenze. Sie werden dann den Meßfühler im Freien anbringen und die Schalttemperatur so einstellen, daß bei Annäherung an den Nullpunkt das Relais anzieht. Dessen Kontakte können irgendeine Alarmvorrichtung, etwa eine Klingel, eine Lampe oder eine Hupe, auslösen. Dann wird man sofort gewarnt, wenn sich die Temperatur dem Gefrierpunkt nähert, und man ist in der Lage, besonders empfindliche Pflanzen in irgendeiner passenden Form abzudecken, worüber jeder Hobbygärtner am besten Bescheid weiß. Auch das Einfrieren von Wasser in Gefäßen kann auf diese Weise rechtzeitig vorsignalisiert werden. Beim Eintauchen des Meßfühlers in Flüssigkeit ist stets darauf zu achten, daß nicht ein galvanischer Nebenschluß auftritt und daß die Flüssigkeit den Meßfühler nicht zerstört. Diese Fühler sind im allgemeinen gegenüber Öl und neutralem Wasser relativ unempfindlich, werden aber von angesäuertem Wasser oder von laugenhaltigen Flüssigkeiten schnell angegriffen. Man kann sie daher in eine isolierende Umhüllung setzen, wofür häufig schon ein Tesastreifen genügt.

Wer besonders große Verbraucher schalten möchte, braucht kräftige Relais. Dann reicht das kleine, in Abb. 61 vorgesehene Relais, das schon bei kleinen Strömen anspricht, nicht mehr aus. In solchen Fällen muß man hinter die Anordnung eine Leistungs-Verstärkerstufe schalten, etwa so, wie das in Abb. 62, Seite 137 angegeben ist. Wir be-

Abb. 13. Aufbau der Schaltung Abb. 65 (Text)

Tafel 7

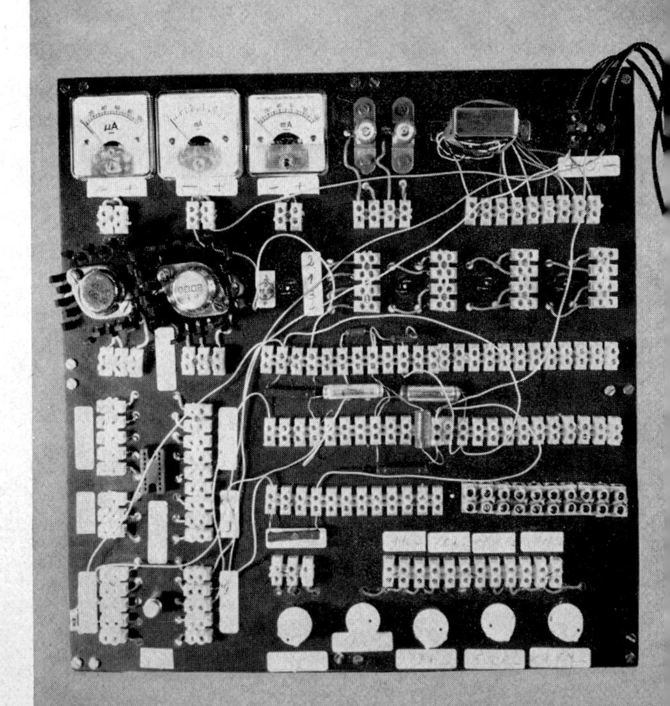

Abb. 14. Aufbau der Schaltung Abb. 73 (Text)

Abb. 15. Aufbau der Schaltung Abb. 86 (Text)

Tafel 8

Abb. 16. Aufbau der Schaltung Abb. 98 (Text)

Abb. 62. Ein Temperaturschalter mit Leistungsstufe

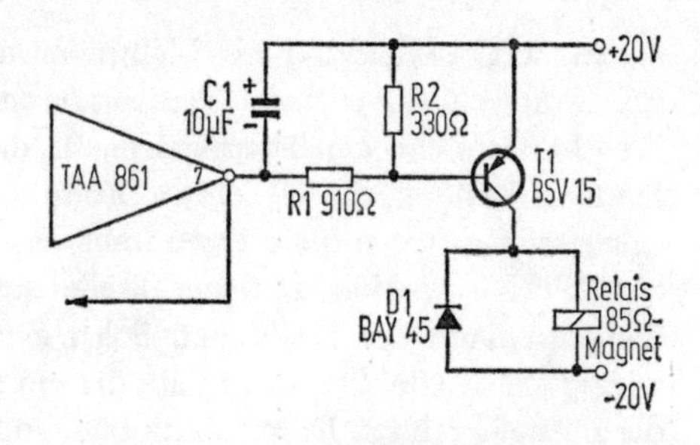

lassen die Schaltung nach Abb. 61 im alten Zustand, der integrierte Schaltkreis ist hier also nur angedeutet. Im Ausgang mit dem Anschluß 7 liegt jetzt eine weitere Transistor-Verstärkerstufe. Als Außenwiderstand für den TAA861 dient die Reihenschaltung aus R1 und R2, ein Teil der auftretenden Spannung dient zur Aussteuerung der Basis des Leistungstransistors T1. Sein Emitter liegt am Pluspol, in der Collectorleitung liegt das Relais, das mit einer Schutzdiode D1 überbrückt ist. Als Relais eignet sich eine Ausführung, die einen Widerstand von 85 Ω hat und die bei einem Strom von 100 ... 300 mA schaltet. Bei solchen Schaltleistungen erhält man Relais mit sehr kräftigen Kontakten, die auch große, viel Strom verbrauchende elektrische Einrichtungen schalten können. Wie man sieht, läßt sich eine Temperaturreglerschaltung leicht durch Zusatzeinrichtungen ergänzen.

Mitunter hat man den Wunsch, noch sehr hohe Temperaturen zu messen. Dieser Wunsch kann selbst im Haushalt auftreten, beispielsweise dann, wenn man gerne die Oberflächentemperatur eines Bügeleisens, eines Heizofens o. ä. messen möchte. Hier kommt man mit

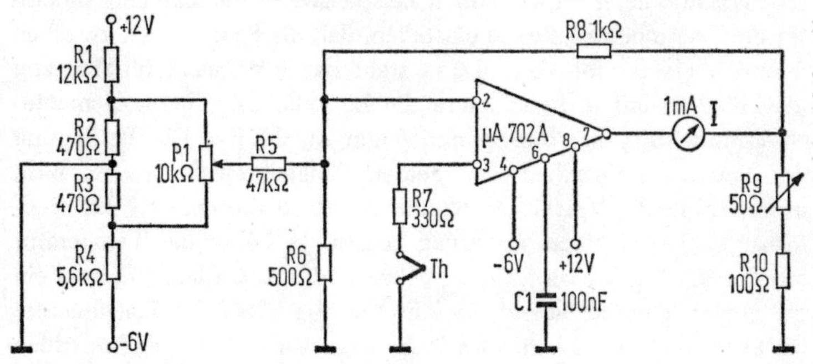

Abb. 63. Meßgerät für sehr hohe Temperaturen

einem NTC-Widerstand als Meßfühler nicht mehr aus, weil diese Einrichtungen für so hohe Temperaturen nicht geeignet sind. Man braucht vielmehr ein Thermoelement, das aus zwei verschiedenen Drähten besteht, die an einem Ende zusammengelötet sind (beispielsweise eignet sich ein Eisendraht und ein Draht aus Chromnickel hierfür). Sie werden an einer Stelle zusammengelötet, und diese Stelle ist dann der Meßpunkt. Solch ein Thermoelement gibt eine winzig kleine Gleichspannung ab, die um so höher ist, je stärker man die Lötstelle erhitzt. Diese Gleichspannung kann man nun auswerten, um damit die Temperatur zu messen. Eine geeignete Schaltung zeigt Abb. 63. Hier kommt der integrierte Schaltkreis µA702A (SGS) zur Anwendung. Auch diese Schaltung ist wieder einfach zu verstehen, wenn man davon ausgeht, daß zwischen den Anschlüssen 2 und 3 keine Spannungsdifferenz liegen darf, wenn der Ausgang des Verstärkers keinen Strom liefern soll. Dann muß die Spannung, die das Thermoelement Th über den Widerstand R7 an den Anschluß 3 liefert, ebenso groß sein wie die Spannung an 2. Das bedeutet eine entsprechende Einstellung des Potentiometers P1, an dem man die Gleichspannung in weiten Grenzen variieren kann. Zur Feineinstellung ist noch die Spannungsteilerkette R1, R2, R3 und R4 vorgesehen. Sie sorgt dafür, daß an P1 nur ein Bruchteil der Gesamtspannung wirksam wird. Diese Spannung wird über R5 an den Anschluß 2 des integrierten Schaltkreises geführt. Außerdem ist eine Gegenkopplung vorgesehen, die vom Anschluß 7 über das Meßinstrument und den Widerstand R8 zum Anschluß 2 führt.

Das Potentiometer P1 wird man beispielsweise bei Zimmertemperatur des Thermoelementes so einstellen, daß die Spannungen zwischen 2 und 3 gleich groß sind. Dann steht das Instrument im Ausgang (Anschluß 7) auf 0. Sobald nun die Lötstelle des Thermoelementes erwärmt wird, steigt die Spannung am Anschluß 3. Die Bedingung der Spannungsgleichheit der beiden Eingangsanschlüsse ist nicht mehr erfüllt, der Verstärker beginnt Strom zu führen, und das Meßinstrument wird einen Ausschlag zeigen. Je höher die Temperatur am Thermoelement wird, um so höher ist der Ausschlag. Hat man ein geeignetes Thermoelement, so läßt sich die Skala des Instrumentes bis etwa 1000 °C eichen. Das Instrument sollte einen Vollausschlag von 1 mA und einen Innenwiderstand von etwa 500 Ω haben. Die

Widerstände R9 und R10 sind vorgesehen, um den richtigen Wert der Gegenkopplung über R8 einstellen zu können. Die Einstellung von R9 beeinflußt also die Eichung des Instrumentes. Der Widerstand R7 macht das Gerät gegen Temperatureinflüsse unempfindlicher.

In Abb. 64 sehen wir einen anderen Temperaturschalter, der mit dem RCA-Schaltkreis CA3059 arbeitet. Er ist für Wechselstrombetrieb gedacht und geeignet, einen Thyristor unmittelbar durchzusteuern. Mit diesem kann man sehr erhebliche Wechselstromlasten schalten. Am Eingang verwendet man einen NTC-Widerstand, der einen Kaltwiderstand von etwa 5 kΩ haben soll. In Reihe damit liegt der Widerstand R1, die Teilspannung wird den Anschlüssen 14 und 13 zugeführt. Der Kondensator C1 überbrückt die Reihenschaltung der beiden Widerstände. Je nach Temperatur des Meßfühlers wird der Verstärker durchschalten und unmittelbar vom Ausgang 4 über die Zündelektrode den Thyristor Th1 zünden. Der Lastwiderstand ist angedeutet. Diese Schaltung ist nicht unmittelbar zum Nachbau gedacht, sondern sie soll andeuten, wie einfach man große Ströme mit einem relativ wenig leistungsfähigen integrierten Schaltkreis schalten kann. Die Leistungsfähigkeit des Thyristors Th1 bestimmt die Größe des möglichen Laststromes.

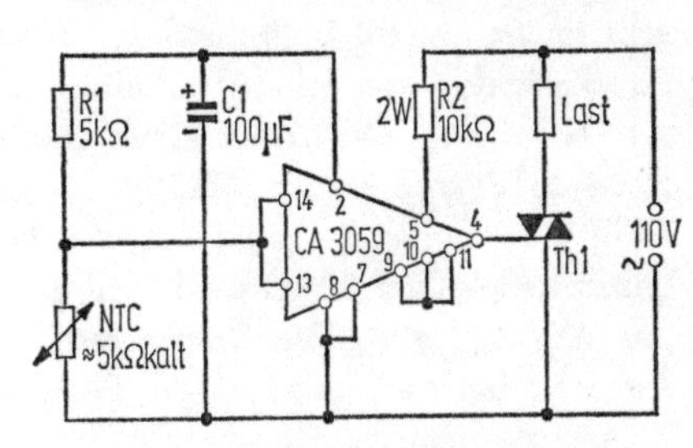

Abb. 64. Ein anderer Temperaturschalter

Es ließen sich noch viele Temperaturregel- und Meßschaltungen mit weiteren integrierten Schaltkreisen angeben. Im allgemeinen arbeiten sie immer nach demselben Prinzip, ebenso wie entsprechende Schaltungen, die mit einzelnen Transistoren aufgebaut sind. Es wird dem Leser auch keine Schwierigkeiten machen, eine Schaltung zu entwerfen, falls er einen anderen Typ als die angegebenen Typen für integrierte Schaltkreise hat. Deshalb nochmals kurz eine Wiederholung der wichtigsten Gesichtspunkte:

Am übersichtlichsten ist die Schaltung Abb. 61. Will man selber einmal Temperaturregel- und -steuerschaltungen entwerfen, so wird man immer davon ausgehen, daß am zweckmäßigsten eine elektrische Brücke ist, in deren einem Brückenzweig der Meßfühler liegt. In Abb. 61 ist das, wie wir gesehen haben, der Widerstand R1. Hier muß nicht unbedingt ein NTC-Widerstand verwendet werden; genauso gut wäre ein PTC, also ein Kaltleiter, möglich. Wer sich für diese Bauteile näher interessiert, findet in dem Buch „Neue Halbleiter-Praxis" vom gleichen Verfasser im gleichen Verlag alle Angaben. Nebenbei bemerkt: Wer die Ausgabe für einen Heiß- oder Kaltleiter scheut, kann auch die Emitter-Collector-Strecke eines Germanium-pnp-Transistors verwenden. Germanium-Transistoren sind bekanntlich stets sehr temperaturabhängig, und der Widerstand der Collector-Emitter-Strecke ändert sich schon bei relativ kleinen Temperaturänderungen sehr erheblich. Germanium-Transistoren hat man wohl sicher von früheren Versuchen her vorrätig, so daß man die Anschaffung eines Heißleiters umgehen kann. Aus diesem Heißleiter und aus anderen ohmschen Widerständen wird man immer eine Brücke bilden, so wie das Abb. 61 zeigt. Die Brücke muß so bemessen werden, daß ihr Ausgang bei der gewünschten Temperatur eine Spannung von 0 V liefert, die man dann den Differenzeingängen eines beliebigen integrierten Schaltkreises zuführen kann. Wir sehen, daß die Bemessung der Brücke selbst weitgehend unabhängig von dem eigentlichen integrierten Schaltkreis ist.

Bei Verwendung eines beliebigen Typs muß natürlich bekannt sein, welchen Ausgangsstrom der Schaltkreis liefern kann. Den Datenblättern kann man das jeweils entnehmen. Danach richtet sich dann die Wahl des Relais, und im allgemeinen ist es gar nicht schwer, das richtige zu finden, zumal heute im Handel Typen mit den unterschiedlichsten elektrischen Daten vorhanden sind.

Beim selbständigen Entwurf von Temperaturschaltern sollte man auch darauf achten, daß sie wirklich schnell und exakt durchschalten. Hierfür ist immer eine leichte Gleichstromrückkopplung vom Ausgang zum Eingang angebracht. Wir haben diese Methode in Abb. 61 kennengelernt, und es fällt nicht schwer, die darin enthaltenen Grundgedanken auch auf andere Schaltungen zu übertragen. Gegebenenfalls kann man durch eigene Versuche die Bestwerte dieser Rückkopplung ermitteln. Man muß natürlich unbedingt darauf achten,

daß man nicht statt einer Rückkopplung eine Gegenkopplung macht. Stets ist zu bedenken, daß eine Gegenkopplung immer dann zustande kommt, wenn man eine Rückführung vom Ausgang auf den *invertierenden* Eingang vorsieht, und daß eine Rückkopplung, eine Mitkopplung, dann zustande kommt, wenn die Rückführung zwischen dem Ausgang und dem *nicht invertierenden* Eingang liegt. Hält man sich nicht an diese stets gültige Regel, so wird man mit den Schaltungen Mißerfolge erleben. Im übrigen sei darauf hingewiesen, daß bei eigenen Entwürfen die Grenzdaten des integrierten Schaltkreises unbedingt eingehalten werden müssen. Die Schaltelemente sind gegen eine Überschreitung dieser Daten im allgemeinen recht empfindlich, und man muß vor allem im Ausgangskreis zu kleine ohmsche Widerstände vermeiden. Am gefährlichsten sind unmittelbare Verbindungen zwischen dem Ausgangsanschluß und dem Pluspol der Schaltung.
Auch die Eingänge der integrierten Schaltungen sind teilweise recht empfindlich. Man kann sich in bestimmten Fällen mit sogenannten Schutzdioden helfen, die bei Überschreiten einer bestimmten Mindestspannung leitend werden und so den Eingang kurzschließen. Dadurch ist dieser dann geschützt. Wir möchten das nur nebenbei erwähnen, da erfahrungsgemäß beim eigenen Entwurf von solchen Schaltungen große Fehler gemacht werden.
Hiermit wollen wir die Besprechung von Temperaturschaltungen beschließen und wünschen viel Spaß bei der Beschäftigung mit dieser interessanten Technik.

4. IS – dankbar in Schwingschaltungen aller Art

Jedes elektrische Bauelement, das eine Verstärkung aufweist, ist grundsätzlich in Verbindung mit anderen Schaltelementen zur Erzeugung von Schwingungen fähig. Das ist eine altbekannte Tatsache, und man kann auch umgekehrt sagen: Haben wir ein Bauteil, das Schwingungen erzeugen kann, so handelt es sich um einen Verstärker zunächst ganz beliebiger Art.
Diese Erkenntnis ist viele Jahrzehnte alt und wurde schon frühzeitig ausgenützt, als die ersten Röhren geschaffen wurden. Mit Röhren kann man Oszillatoren jeder nur denkbaren Art bauen, und zwar so-

wohl solche, die absolut „reine“ Spannungen, Sinusspannungen, erzeugen, als auch solche, bei denen der zeitliche Verlauf der Wechselspannungskurve beliebig sein kann. Hierher gehört das große Gebiet der Impulse und Sägezähne, das in unserer Zeit eine immer größere Rolle spielt. Man denke nur an die Fernsehempfänger, an die Radargeräte, an die telemetrischen Einrichtungen der Astronauten usw., ganz zu schweigen von der Computertechnik. Alle diese technischen Zweige brauchen Generatoren, die Wechselspannungen der unterschiedlichsten Form zu erzeugen vermögen.
An sich kann man mit Röhren und Transistoren alle nur denkbaren Schwingschaltungen aufbauen. Nachteilig ist nur der große Aufwand an einzelnen Bauteilen sowie die Tatsache, daß ein einziges Bauelement, z. B. ein Transistor, eine nicht sehr große Verstärkung hat. Man muß dann die sonstigen, für die Erzeugung von Schwingungen benötigten Bauelemente elektrisch sehr „eng“ mit dem Transistor verbinden, muß also den Transistor fest damit koppeln. Das hat verschiedene Nachteile, denn dann beeinflußt der Transistor die Bauelemente. Handelt es sich z. B. um Schwingkreise, so können diese gedämpft werden, und das hat Abweichungen von der Sinusform zur Folge, die normalerweise bei der Erregung eines Schwingkreises entstehen. Bei der Erzeugung von Sägezähnen und Impulsen reicht mitunter die Verstärkung nicht aus, um die Hinlauf- und Rücklaufflanken der Impulse, die meistens möglichst steil sein sollen, tatsächlich genügend kurz zu halten. Eine große Verstärkung ist also in vielen Fällen erwünscht, und das wiederum erfordert dann nicht nur einen, sondern mehrere Transistoren.
Die integrierten Schaltkreise kommen den Forderungen sehr entgegen; erstens sind sie klein, zweitens besitzen sie eine hohe Verstärkung. Es liegt daher nahe, solche Kreise auch in Oszillatoren anzuwenden und ihre Vorteile entsprechend auszunützen. So ist man in der Lage, Schwingkreise sehr lose an den integrierten Kreis anzukoppeln, wodurch der Kreis kaum beeinflußt wird, keine Zusatzdämpfung erfährt und daher eine sehr saubere Schwingungsform erzeugt. Bei Generatoren für Impulse und Sägezähne wiederum kommt die große Verstärkung dadurch vorteilhaft zur Wirkung, daß die Umkehr der Spannungskurve sehr steil erfolgt. Deshalb werden sich die IS sehr schnell auch in der Impulstechnik einführen.

Wir besprechen in diesem Kapitel Schwingungserzeuger der unterschiedlichsten Art, angefangen von Impulsgeneratoren über astabile Multivibratoren bis zu sinusförmigen Oszillatoren mit oder ohne Quarz. Alle diese Schaltungen haben für den Selbstbauinteressenten nicht etwa nur eine theoretische Bedeutung, sondern sie können vielfach für Hobbyzwecke verwendet werden. Impulsgeneratoren aller Art arbeiten meist im Niederfrequenzteil, liefern daher Töne, die man für Signalzwecke, zum Erlernen des Morsealphabetes, für Überwachungszwecke im Haushalt usw. verwenden kann. Kleine Schwingschaltungen sind beliebt bei Amateur-Fernsteuerschaltungen, zur Untersuchung von Radioempfängern, Fernsehern usw. Häufig legt man auch Wert auf Schwingungen sehr genau bekannter Frequenz. Dann verwendet man mit IS aufgebaute Quarzoszillatoren, die ein hervorragendes elektrisches Verhalten zeigen.
Wir beginnen nun mit der Besprechung der ersten Schaltung anhand von Abb. 65 (Aufbau siehe Abb. 13, Tafel 7). Es handelt sich hier um einen Impulsgenerator, der mit dem Schaltkreis TAA861 arbeitet. Die Anordnung liefert impulsförmige Spannungen sehr hoher Flankensteilheit; die Flanken dauern z. B. nicht länger als eine zehnmilliontel Sekunde. Zwar werden wir das für Hobbyzwecke kaum ausnützen können, wir bekommen jedoch einen sehr stabilen Tongenerator, mit dem wir z. B. das Morsealphabet erlernen können. Besprechen wir zunächst die Wirkungsweise der Schaltung. Ausgenützt wird der Differenzeingang des integrierten Schaltkreises, und zwar liegt der nicht invertierende Eingang 3 über R5 am Potentiometer P2. Fließt im Verstärker kein Strom, so ist die Spannung an 3 nur durch die Widerstandskette R8, R6, P2, R7, P1 und R2 bestimmt. Die Spannung hat also zunächst einen festliegenden Wert. Wenn nun kurz nach dem Einschalten der Kondensator

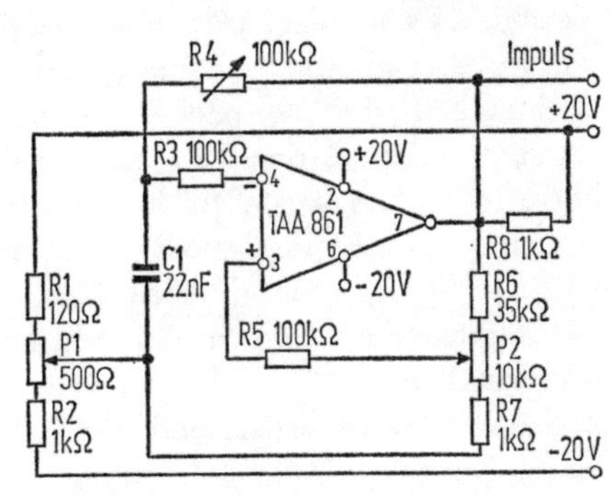

Abb. 65. Ein Impulsgenerator

C1 beginnt, sich über R8 und R4 sowie P1 und R2 aufzuladen, so steigt die Spannung am invertierenden Anschluß 4 über R3 langsam in positiver Richtung an. Es kommt der Augenblick, in dem die Spannung an 4 gleich der an 3 ist und diesen Spannungswert leicht überschreitet. Dann beginnt der Verstärker plötzlich Strom zu führen, an R8 tritt ein Spannungsabfall auf, und die Spannung am Punkt 7 wird sprunghaft negativer. Dieser negative Abfall gelangt über R6, P2 und R5 zum Anschlußpunkt 3, und gleichzeitig entlädt sich C1 über R4, weil sich ja die Spannung am Punkt 7 sprunghaft geändert hat. Durch diese Vorgänge verschiebt sich nun die Spannung zwischen 3 und 4 so, daß der Verstärker wieder sperrt. Nunmehr kann sich C1 neuerdings über R4 aufladen, die Spannung am Punkt 7 ist wieder positiv geworden und hat daher am Punkt 3 die alten Spannungsverhältnisse wiederhergestellt. Der Vorgang beginnt von neuem, und das Umkippen wiederholt sich, sobald die Spannung zwischen 3 und 4 ihr Vorzeichen wechselt.

Bei dieser Schaltung ist recht vorteilhaft, daß der Kondensator C1 immer nur geringfügig aufgeladen und entladen wird. Das führt zu einer sehr konstanten Frequenz der Schaltung. Das Umschalten erfolgt sehr schnell und exakt, weil ja über P2 und R5 eine Rückkopplung besteht, die den Verstärker zu schnellem Umkippen veranlaßt. Wir erhalten am Ausgang eine Spannung, deren Größe durch die Batteriespannung bestimmt ist. Durch Verändern der Stellungen der beiden Potentiometer P1 und P2 kann man nicht nur die Frequenz, sondern auch das Verhältnis zwischen Leitzeit und Sperrzeit des Verstärkers einstellen. Hätten wir einen Oszillographen, so würden wir sehen, daß sich Rechteckimpulse ergeben, wobei wir die einen Rechteckhälften größer oder kleiner als die anderen machen können. Zu diesem Zweck brauchen wir nur die Potentiometer P1 und P2 entsprechend zu verstellen. Wenn wir wollen, können wir an den Ausgang einen Kopfhörer oder — über einen Transformator — auch einen Lautsprecher anschließen. Legen wir in die Speiseleitung eine Morsetaste, so erhalten wir ein recht nützliches Gerät zum Üben von Morsezeichen.

Multivibratoren aller Art sind in der Praxis sehr beliebt. Man findet sie in Fernsehgeräten, in Computern und sonstigen modernen Einrichtungen. Auch wir können solche Multivibratoren gut brauchen,

Abb. 66. Ein astabiler Multivibrator

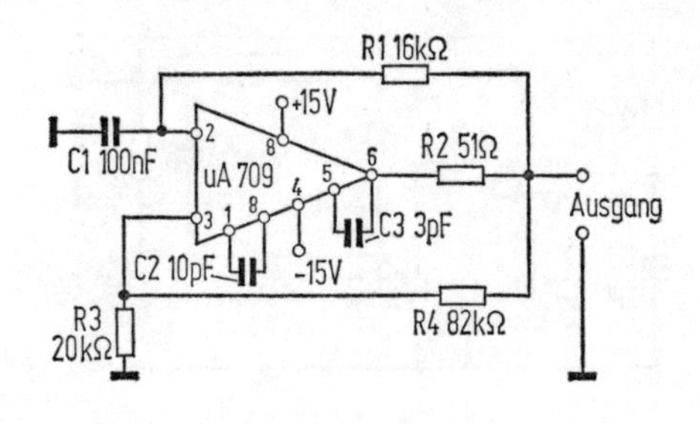

beispielsweise als Signalgeber. Abb. 66 zeigt eine sehr einfache Schaltung, die sich mit wenigen Bauteilen und absolut unkritisch aufbauen läßt. Sie arbeitet mit dem Schaltkreis µA709 von SGS. Der Ausgang 6 ist (über R2) einerseits über R1 mit dem Eingang 2 und andererseits über R4 mit dem Eingang 3 verbunden. Im Augenblick des Einschaltens möge der Verstärker so gesteuert sein, daß die Spannung an 6 positiv gegenüber dem Mittelpunkt der Spannungsquelle ist. Nunmehr lädt sich C1 über R1 in positiver Richtung auf, und die Spannung an 2 steigt entsprechend an. An 3 herrscht ein Spannungswert, der durch die Ausgangsspannung und den Spannungsteiler R4 R3 bestimmt ist. Die Spannung des langsam ansteigenden Kondensators bewirkt, daß 2 allmählich den Spannungswert von 3 erreicht und diesen überschreitet. Der Verstärker wird nunmehr durchgesteuert, und zwar so, daß Punkt 6 negativ gegenüber dem Batteriemittelpunkt wird. Diese Spannungsänderung kommt über R4 am Punkt 3 zur Auswirkung. Gleichzeitig lädt sich jetzt der Kondensator C1 in entgegengesetzter Richtung um, weil ja der rechte Anschluß von R1 stark negativ geworden ist. Die Spannung am Punkt 2 sinkt, und wenn zwischen 2 und 3 keine Spannung mehr besteht, kippt der Verstärker neuerdings um, so daß der Anschlußpunkt 6 positiv wird. Nun beginnt der Vorgang von neuem, d. h. C1 lädt sich über R1 in positiver Richtung um. Dieser Vorgang wiederholt sich dauernd, und zwar hängt die Frequenz des Hin- und Herkippens einerseits von dem Produkt aus C1 und R1, andererseits vom Verhältnis der Widerstände R3 und R4 sowie den Höchstspannungen ab, die beim Hin- und Hersteuern des Verstärkers am Punkt 6 auftreten. Dieser Multivibrator hat eine ausgezeichnete Frequenzkonstanz, die von Schwankungen der Speisespannung nur wenig abhängt; ändert sich diese z. B. um wenige Prozent, so ist die Frequenzgenauigkeit noch besser als 1‰. Der Ausgang ist ziemlich niederohmig, so daß wir

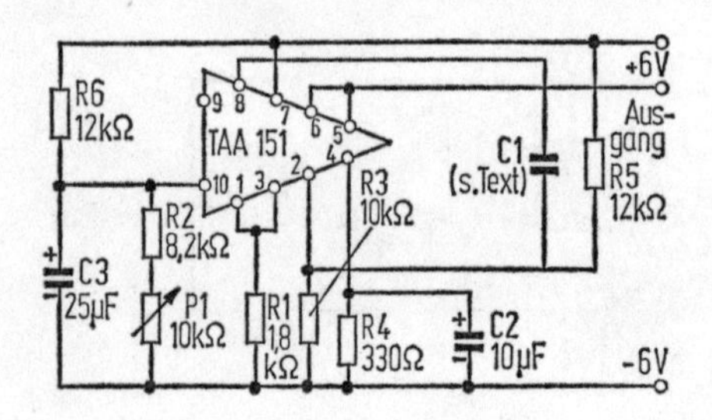

Abb. 67. Andere Form eines astabilen Multivibrators

dort ohne weiteres einen Kopfhörer anschließen können. Schaltet man eine Verstärkerstufe nach, z.B. einen Transistor in Collectorschaltung, so erhält man einen besonders niederohmigen Ausgang und kann damit auch einen Lautsprecher usw. steuern. Natürlich ist die Kurvenform dieser Spannung nicht sinusförmig, sondern sie hat Impulscharakter.

Sehr billig lassen sich solche Multivibratoren oder Tongeneratoren mit dem Schaltkreis TAA151 von Siemens aufbauen. Solch eine Schaltung zeigt Abb. 67. Man kann mit dieser Anordnung Rechteckimpulse mit einer Amplitude von 3,8 V und einem Tastverhältnis von 1 : 1 herstellen. Das bedeutet also, daß die positiven und die negativen Rechtecke gleich lang sind. Wie arbeitet die Schaltung?

Die zur Erzeugung von Schwingungen erforderliche Rückkopplung entsteht durch eine bestimmte Verkopplung zwischen den Transistoren im Inneren des integrierten Schaltkreises. Dabei wird der Kondensator C1 in einer Richtung aufgeladen und, wenn er einen bestimmten Spannungswert erreicht hat, schnell wieder entladen. Das erfolgt über eine Transistorstrecke im Inneren. Außerdem sind zwei Emitterstrecken im Inneren über den Widerstand R1 miteinander verkoppelt. Es kommt zur Erzeugung von selbständigen Schwingungen, deren Frequenz vom Kondensator C1 abhängt. Die Kurvenform dagegen bestimmt der Kondensator C2. Mit P1 läßt sich die Frequenz noch fein einstellen. Durch eine entsprechende Wahl von C1 kann man Frequenzen zwischen 10 Hz und 180 kHz erzeu-

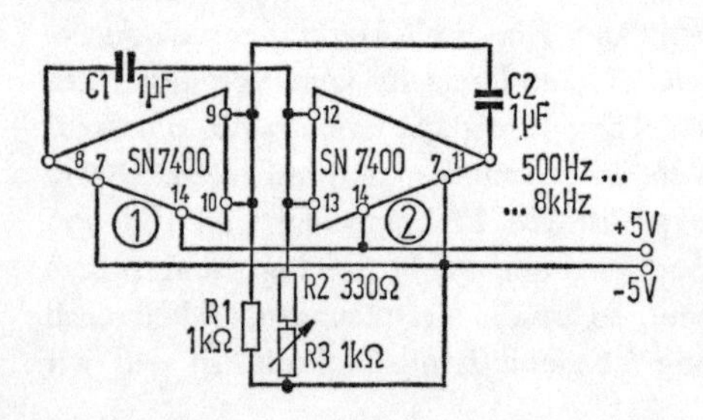

Abb. 68. Ein Multivibrator mit Digitalkreis

gen, hat also einen sehr weiten Spielraum. Dieser Multivibrator eignet sich z. B. auch zur Prüfung von Rundfunkempfängern u. ä. Geräten. Der Kondensator C2 kann Werte zwischen 1 und 10 µF haben. Auch diese Schaltung ist recht schnell aufgebaut, ihr praktischer Aufbau ist unkritisch.
Die Industrie liefert heute winzig kleine Signalgeber, die beispielsweise im Raum einer Füllhalterhülle untergebracht werden können. Sie sind sehr praktisch zum Prüfen von Rundfunkempfängern und wirken gewissermaßen als Signalspritze. Die integrierte Technik ermöglicht auch den Selbstbau solcher Schaltungen, von denen wir eine in Abb. 68 sehen. Hier kommt ein digitaler integrierter Schaltkreis vom Typ SN7400 zur Anwendung. Auf die komplizierte Digitaltechnik wollen wir nicht eingehen, sondern nur darauf hinweisen, daß sich ein Multivibrator ergibt, wenn zwei der in diesem Schaltkreis vorhandenen vier Einheiten (sogenannter Gatter) in passender Weise miteinander verbunden werden. Zur rohen Vorstellung genügt es, wenn man sich diese Gatter einfach als Transistoren vorstellt. Wir erkennen dann bereits aus Abb. 68 den grundsätzlichen Aufbau eines symmetrischen Multivibrators, wobei das eine Zeitkonstantenglied aus C2 R1, das zweite Zeitkonstantenglied aus C1 (R2 + R3) besteht. Außer dem integrierten Schaltkreis brauchen wir also nur zwei Kondensatoren und drei Widerstände, von denen der dritte zweckmäßigerweise als Regelwiderstand ausgebildet wird, um die Frequenz beeinflussen zu können. Leider hängt die Frequenz ziemlich stark von der Speisespannung ab, was jedoch keinen Nachteil bedeutet, wenn man den Multivibrator nur für Prüfzwecke einfacher Art verwenden will. Wählt man für C1 einen Wert von 1 µF, so kann man mit R3 die Frequenz zwischen 500 Hz und 8 kHz ändern. Dieser Wert genügt für alle in Frage kommenden Prüfzwecke. Die Speisespannung beträgt nur 5 V. Baut man die Anordnung in ein winzig kleines Gehäuse ein, so wird sich die erforderliche Batterie darin nicht mehr unterbringen lassen. Man muß dann eventuell einen Kompromiß schließen und ein so großes Gehäuse wählen, daß die Batterie noch Platz hat. Der Stromverbrauch ist sehr gering, so daß Kleinstzellen genügen. Zweckmäßigerweise legt man in eine der Speiseleitungen einen Ausschalter, um die Batterie im Ruhezustand nicht zu belasten. Wenn man will, kann man auch die beiden jetzt

noch freien Einheiten im Schaltkreis SN7400 ausnützen. Dann bekommt man zwei Multivibratoren, die man mit verschiedenen Frequenzen arbeiten lassen kann. In der Reparaturpraxis ist so etwas mitunter recht interessant.
Einfacher geht es nicht mehr, wird man sagen, wenn man die Schaltung nach Abb. 69 betrachtet. Sie arbeitet mit dem schon gelegentlich erwähnten RCA-Schaltkreis CA3052, und zwar braucht man nur eine einzige Einheit. Zusätzlich sind noch ein Kondensator C1 und ein Widerstand R1 nötig. Man versteht die Wirkungsweise der Schaltung am besten, wenn man das Schaltbild des CA3052 in Abb. 30 betrachtet. In Betrieb sei derjenige Teil der Schaltung, der links unten zu sehen ist (Transistoren T20, 21, 13, 14, 17). Verfolgen wir nun die Wirkungsweise: Wie aus Abb. 69 hervorgeht, ist der Ausgang 11 über R1 mit dem Eingang 9 gekoppelt, und da dieser Eingang nicht invertiert, handelt es sich um eine Rückkopplung. Zunächst sei T17 gesperrt, die Folge davon ist eine sehr hohe Ausgangsspannung. Sie gelangt über R1 zur Basis von T19, und wegen der Mitkopplung stellt sich dieser Zustand sehr schnell ein. Während dieses Vorganges kann sich der Kondensator C1 in Abb. 69 über die im Inneren des Transistors angeordneten Widerstände R41 und R42 laden. Die Spannung an C steigt an, und schließlich wird T21 leitend. Die Folge davon ist, daß nunmehr ein Teilstrom durch T20 von T21 übernommen wird. Das wiederum bewirkt, daß die Transistoren T13, 14 und 17 leitend werden. Infolgedessen sinkt die Ausgangsspannung ab, was sich über R1 in Abb. 69 auf den Eingang 9 auswirkt und zu einem schnellen Absinken der Ausgangsspannung führt. Hat sich C1 so weit über R46 und D7 (Abb. 30) entladen, daß T21 wieder sperrt, so beginnt T20 sich wieder zu öffnen. Nunmehr ist der Ausgangszustand erreicht, und der Vorgang wiederholt sich neuerlich. Durch dieses Hin- und Herkippen erhält man am Ausgang eine Rechteckspannung, die etwa 7 V bei einer Betriebsspannung von 12 V beträgt. Am invertierenden Eingang bekommen wir eine Sägezahnspannung von einigen 100 mV Amplitude. Damit die Schaltung sicher arbeitet, sollten mindestens 6 V vorhanden sein. Wollen wir Frequenzen im Niederfrequenzbereich erzeugen, so wählen wir für C1 einen Wert zwischen etwa 0,02 μF und 1 μF. Der Widerstand R1 ist sehr groß, was für die einwandfreie Wirkungsweise wichtig ist.

Abb. 69. Ein Einfachst-Multivibrator

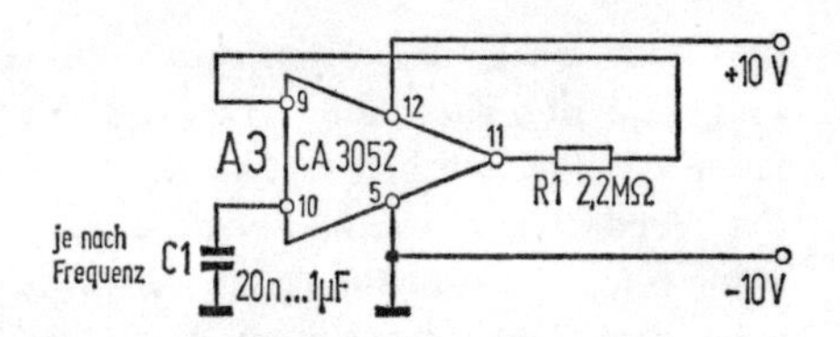

So klein die Schaltung aussieht, so verwickelt sind die sich in ihrem Inneren abspielenden Vorgänge. Wir brauchen sie nicht genau zu kennen, denn beim Nachbau der Schaltung gibt es keine Komplikationen. Wir können die Spannung entweder am Punkt 11 oder auch an 10 abgreifen. Allerdings sind diese Anschlüsse gegenüber einer starken Zusatzbelastung ziemlich empfindlich, so daß sich unter Umständen das Nachschalten eines Transistors in Collectorschaltung (als sogenannter Emitterfolger) empfiehlt. Bei Verwendung von Miniaturbatterien ergibt sich ein sehr kleiner Geräteaufbau.

Auch Sinusschwingungen kann man mit integrierten Schaltungen erzeugen, wenn man als frequenzbestimmendes Glied einen LC-Schwingkreis verwendet. Abb. 70 zeigt uns einen besonders einfachen Hartley-Sender, der ebenfalls mit dem RCA-Schaltkreis CA3052 arbeitet. Der die Frequenz bestimmende Kreis ist C1 L1, er kann nach der bekannten Thomsonschen Formel bemessen werden. Der obere Anschlußpunkt des Schwingkreises liegt über C3 am Eingangsanschluß 9, die Anzapfung der Spule (etwa nach ²/₃ der Windungszahl von oben) liegt am Anschluß 10. Der Ausgang 11 ist völlig frei. Wir verstehen die Schaltung wieder am besten, wenn wir Abb. 30 zu Hilfe nehmen, wobei die Teilschaltung links unten gilt. Aus Abb. 70 ist nämlich das Vorhandensein einer Rückkopplung, die ja für die Erzeugung von Schwingungen wichtig ist, nicht zu erkennen. Sie ist jedoch im Inneren des Schaltkreises vorhanden, und zwar verläuft sie vom Collector des Transistors T17 über R42 und R41 zum Eingang 10

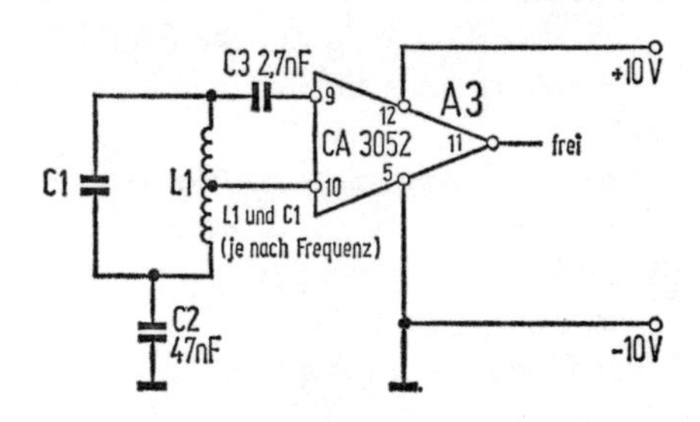

Abb. 70. Ein Hartley-Sender

bzw. zur Basis des Transistors T21. Diese Rückführung bewirkt nun, daß der Kreis auf seiner Eigenfrequenz infolge der Verstärkung angeregt wird. Dabei wird — je nach Lage der Anzapfung — der Verstärker teilweise übersteuert, so daß man am Ausgang 11 keine reine Sinusspannung, sondern eine Rechteckspannung (Spitzenwert etwa 3,5 V) entnehmen kann. Die Rechteckform rührt von der Verstärkerübersteuerung her. Wenn wir einen Oszillographen an den invertierenden Eingang anschließen, so erhalten wir dort eine sägezahnförmig verlaufende Spannung von etwa 0,3 V. Eine Sinusspannung ist am Kreis selbst abzunehmen, da ja dieser Kreis nur für die Grundfrequenz einen hohen Widerstand hat. Infolgedessen entsteht z. B. an der Spule die Grundfrequenz in reiner Sinusform. Man kann sie, wenn man will, induktiv auskoppeln und eventuell einem Verstärker zuführen.

Natürlich läßt sich an die Auskoppelspule von L1 auch eine Antenne anschließen. Dann haben wir einen kleinen Sender, den wir jedoch nur in Betrieb nehmen dürfen, wenn wir eine Amateurlizenz haben. Und auch nur dann darf in den vorgeschriebenen Amateurbändern gesendet werden. Natürlich ist die Ausgangsleistung nicht groß, sie genügt aber immerhin bei geschickter Bemessung der Antenne, je nach Frequenz, zum Überbrücken von einigen 100 Metern. Es ist nicht schwer, einen ausgesprochenen Taschensender zu bauen, denn wenn wir für die Kondensatoren und die Schwingkreisspule Miniaturteile verwenden, so läßt sich das ganze Senderchen auf Zündholzschachtelformat zusammendrängen. Machen wir das Gehäuse etwas größer, so bringen wir auch noch die Batterie unter. Es werden nur einige wenige Milliampere entnommen, so daß der schwächste und damit der kleinste Batterietyp genügt. Auch für Fernsteuerzwecke auf kleine Entfernungen eignet sich solch ein Sender. Interessant ist übrigens, daß für die Anschlüsse 9 und 10 keine äußeren Widerstände erforderlich sind; sie sind bereits im Inneren des Schaltkreises enthalten.

Diese Senderschaltung läßt sich noch in mancherlei Hinsicht verwenden. Man findet sie z. B. auch in elektronischen Orgeln, denn man kann die zusätzlichen Systeme ausnutzen, um die Spannungskurvenform beliebig zu verzerren. Die restlichen Systeme des CA3052 kann man ferner zur Entkopplung des Senderausgangs verwenden, eventuell auch als Verstärker; man kann bei geschickter Bemessung eine der Stufen als Modulator einsetzen usw. Noch eine weitere Möglichkeit gibt es: Wenn man mit der zweiten Stufe des integrierten Schaltkreises nochmals einen Sender baut, so bekommt man zwei Hochfrequenzsender, und wenn deren Frequenzdifferenz gering ist, entsteht eine resultierende, im Niederfrequenzgebiet liegende Schwingung. Auf diese Weise kommt man zu einem Miniatur-Schwebungssummer, und macht man C1 in geringen Grenzen veränderlich, so läßt sich der ganze Niederfrequenzteil bequem durchstimmen. Führt man noch dazu eine der Spulen großflächig aus, so erhält man einen Metallsucher, wenn man die große Spule in die Nähe von Metall bringt. Stellt man vorher die Frequenzen so ein, daß sich ein bestimmter Niederfrequenzton (etwa 1 kHz) ergibt, so verändert sich die Frequenz des Senders mit der großen Spule bei Annäherung an Eisenteile usw. so weit, daß sich auch der Niederfrequenzton ändert. Allerdings muß man dann die beiden Hochfrequenzen mischen, wofür man leicht das dritte System des CA3052 verwenden kann. Es genügt, wenn man die Eingänge leicht mit den Ausgängen der beiden Sender steuert. Dann tritt ein Demodulatoreffekt auf, und wir können dem Ausgang des dritten Kreises die Niederfrequenz entnehmen. Sie kann mit einem Kopfhörer abgehört werden.

Wie man sieht, gibt es zahlreiche Möglichkeiten für die praktische Verwendung eines Hochfrequenzsenders. Will man einen Metall-

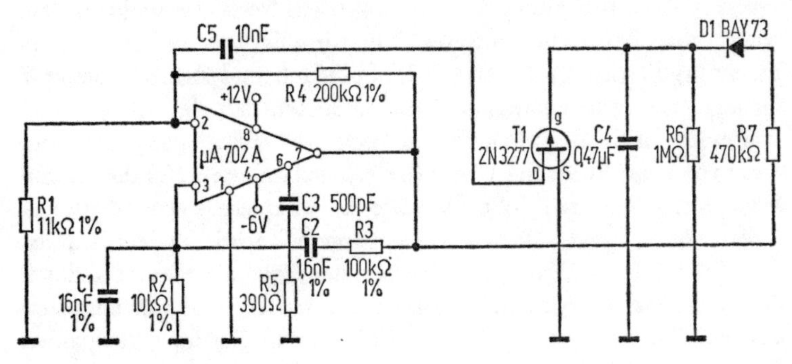

Abb. 71. Ein Oszillator für 1 kHz

sucher bauen, so wählt man C1 L1 so, daß eine Frequenz von etwa 100 kHz entsteht. Eigenen Versuchen ist keine Grenze gesetzt.
Seit einiger Zeit haben sich in der Elektronik die sogenannten RC-Oszillatoren stark durchsetzen können. Wir wissen, daß wir Schwingungen im allgemeinen unter Zuhilfenahme von Schwingkreisen erzeugen. Es geht aber auch mit RC-Gliedern, und zwar deshalb, weil die Phasenlage zwischen Ein- und Ausgang solch einer RC-Schaltung nur bei einer ganz bestimmten Frequenz 0 wird. Bei welchem Wert das der Fall ist, hängt von der Bemessung der verschiedenen RC-Glieder ab. Für diese Glieder selbst wiederum gibt es die verschiedenartigsten Schaltungen, die in anderen Büchern des Verfassers ausführlich besprochen sind. Aber auch ohne Kenntnis dieser Einzelheiten können wir die in Abb. 71, Seite 151, dargestellte Schaltung verstehen, die den SGS-Schaltkreis µA702A verwendet. Verfolgen wir einmal, wie die Schaltung wirkt.
Zunächst führt vom Ausgang 7 die uns schon bekannte Gegenkopplung zum Eingang 2, wobei der Widerstand R4 verwendet wird. Da 2 der invertierende Eingang ist, verringert sich die Verstärkung, gleichzeitig verbessert sich die Linearität, was man vor allem dann begrüßt, wenn man auf das Erzeugen möglichst unverzerrter Schwingungen Wert legt. Weiterhin besteht vom Ausgang 7 zum nicht invertierenden Eingang 3 eine Rückkopplung, und diese verläuft nun über das die Frequenz bestimmende Netzwerk. Es besteht aus R3 C2 sowie R2 C1. Wir sehen, daß bei dem einen RC-Glied Kondensator und Widerstand in Reihe liegen, während es sich beim zweiten Glied um eine Parallelschaltung handelt. Solch ein Netzwerk wirkt in dem weiter oben besprochenen Sinne. Nur für eine ganz bestimmte Frequenz ergibt sich zwischen Anschlußpunkt 3 und Anschlußpunkt 7 keine Phasenverschiebung, und das bedeutet, daß die Mitkopplung voll wirksam wird. Infolgedessen setzt eine Schwingung ein, und zwar von einer durch die Werte der Widerstände und Kondensatoren bestimmten Frequenz. Wir können diese Frequenz sogar berechnen, indem wir 1 durch 6,28 teilen. Das Ergebnis wird wiederum durch den Wert R1 (in Ohm) und dieses neue Ergebnis nochmals durch den Wert von C1 geteilt, wobei wir C1 jedoch in Farad einsetzen müssen. Dann bekommen wir die Frequenz in Hz, im vorliegenden Fall ist das ziemlich genau 1 kHz.

Würden wir nun keine weiteren Maßnahmen ergreifen, so wäre die Kurvenform der Spannung ziemlich verzerrt. Die Verstärkung des Schaltkreises ist nämlich trotz der Gegenkopplung sehr hoch, und die Amplitude der Schwingung würde sich immer mehr aufschaukeln, was schließlich zu einer Übersteuerung führen würde. Wir bekämen eine „beschnittene" Sinusform. Deshalb müssen wir eine Einrichtung schaffen, die die Verstärkung automatisch um so mehr reduziert, je höher die Spannung bestrebt ist anzusteigen. Wir können das in Abb. 71 mit dem Feldeffekttransistor T1 machen. Zunächst richten wir die am Anschluß 7 des Schaltkreises auftretende Niederfrequenzspannung gleich, wofür wir sie über R7 der Diode D1 zuführen. Diese Diode wirkt als normaler Einweggleichrichter, und an R6 entsteht eine Gleichspannung. Die restliche Niederfrequenz hinter dem Gleichrichter wird durch C4 unterdrückt, die reine Gleichspannung wird nun der Steuerelektrode G des Feldeffekttransistors, dem sogenannten Gate, zugeführt. Dessen Nullelektrode S liegt an Masse. Die Ausgangselektrode D, die man mit dem Collector eines Transistors vergleichen kann, liegt über C5 am Eingang 2.
Ein Feldeffekttransistor kann zwischen D und S je nach Steuerung von G als veränderlicher ohmscher Widerstand aufgefaßt werden (Näheres siehe z. B. „Neue Halbleiter-Praxis" vom gleichen Verfasser im gleichen Verlag). Wir bekommen bei entsprechender Steuerung von G zwischen D und S also einen in weiten Grenzen veränderlichen ohmschen Widerstand, und dieser wirkt sich nun über C5 mehr oder weniger stark auf den Anschluß 2 aus, was zur Folge hat, daß sich die Ausgangsspannung des integrierten Schaltkreises von selbst richtig einreguliert. Hat z. B. die Ausgangsspannung das Bestreben anzusteigen, so wird der Widerstand der Strecke S–D größer und der Kondensator immer unwirksamer, weil er jetzt nur über einen großen Widerstand an Masse liegt. Das bedeutet, daß die Gegenkopplung über R4 jetzt auch für Niederfrequenz mehr und mehr wirksam wird, so daß die Verstärkung automatisch zurückgeht. Hat dagegen die Ausgangsspannung die Tendenz zu fallen, so tritt das Umgekehrte ein, die Gegenkopplung wird für Niederfrequenz immer unwirksamer, und die Verstärkung steigt entsprechend an. Durch diesen selbsttätigen Regelvorgang erhalten wir tatsächlich eine in weiten Grenzen stabile und unverzerrte Schwingung. Wollen wir andere

Frequenzwerte haben, so müssen wir nicht nur C1 und C2, sondern auch C4 und C5 entsprechend anders bemessen. Wir erhalten eine Ausgangsspannung von etwa 8 V, was für die meisten Zwecke vollauf genügt. Aus rein elektrischen Gründen ist es interessant, diese Schaltung in unserem Versuchsgerät aufzubauen und näher zu untersuchen. Wer einen Oszillographen hat, ist von vornherein dabei im Vorteil.

Wir bemerkten schon, daß man auch Quarzoszillatoren mit integrierten Schaltungen verwirklichen kann. Solch eine Anordnung sehen wir in Abb. 72, und zwar kommt hier der Schaltkreis μA710 zur Anwendung. Die Schaltung ist leicht zu verstehen: Zunächst haben wir eine Gleichstrom-Gegenkopplung vom Ausgang 7 über R2 zum invertierenden Eingang 3. Diese Gleichstrom-Gegenkopplung stabilisiert die Schaltung gegen Schwankungen, ist jedoch für die erzeugte Schwingfrequenz unwirksam, weil dafür der Kondensator C1 als Kurzschluß wirkt. Über R1 wird der Arbeitspunkt des integrierten Schaltkreises eingestellt. Der Quarz selbst liegt in der Verbindung des Ausganges 7 zum nicht invertierenden Eingang 2, wodurch sich bekanntlich eine Rückkopplung ergibt. Auch der Widerstand R3 dient zur Einstellung des Arbeitspunktes. Ausgenützt wird die sogenannte Serien-Resonanzfrequenz des Quarzes. Sie hängt von der Dicke des Kristallplättchens ab und ist dadurch gekennzeichnet, daß der Quarzkristall für diese Frequenz praktisch keinen Widerstand aufweist. Das bedeutet, daß dann optimale Rückkopplung vorliegt. Sobald die Frequenz auch nur etwas kleiner oder größer werden möchte, wächst der Widerstand des Quarzkristalles so stark an, daß die Schwingung abreißen würde. Daraus folgt, daß sich nur eine einzige, unmittelbar vom Quarz bestimmte Frequenz ausbilden kann; wenn wir z. B. einen Quarz mit einer Frequenz von 1 MHz verwenden, so wird eine Schwingung mit dieser Frequenz, und sonst keine, auftreten.

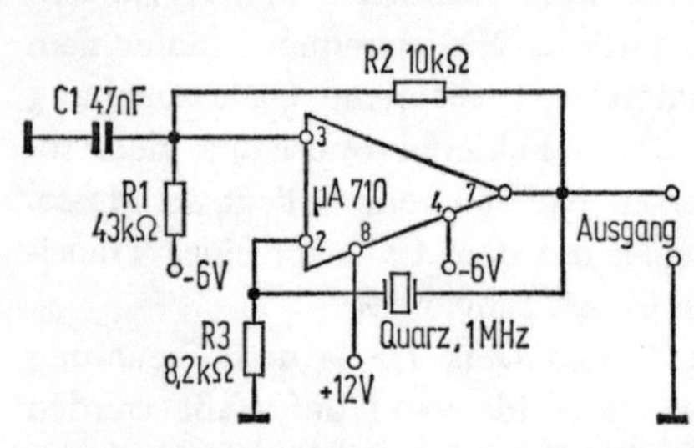

Abb. 72. Ein Quarzoszillator

Die Spannung selbst können wir dem Ausgang 7 unmittelbar entnehmen; gegebenenfalls schalten wir noch irgendeinen Hochfrequenztransformator oder einen Trenntransistor dazwischen, je nachdem, was wir mit der Spannung machen wollen. Die verschiedenen Widerstände und damit der Gleichstrom-Arbeitspunkt sind so gewählt, daß die Schaltung sofort nach dem Einschalten anschwingt und daß sich stabile Schwingungen ergeben. Sie reichen nicht aus, um den integrierten Schaltkreis zu übersteuern, so daß auch die Kurvenform einwandfrei ist. Will man die Schaltung selbst abändern, so sollte man die Widerstände R2, R1 und R3 so bemessen, daß R3 denselben Wert hat wie die Parallelschaltung der Widerstände R1 und R2. Dann ist die Schaltung gegenüber Temperaturschwankungen besonders stabil.

Selbstverständlich kann man auch Quarze mit anderen Resonanzfrequenzen in die Schaltung einsetzen. Da praktisch nur ohmsche Widerstände vorkommen und da die integrierte Schaltung auch noch für wesentlich höhere Frequenzen arbeitsfähig ist, braucht man an den Daten nichts weiter zu ändern. Es ist nur darauf zu achten, daß der Kondensator C1 einen für jede Frequenz genügend kleinen kapazitiven Widerstand hat, damit keine Gegenkopplung für Hochfrequenz auftreten kann. Der kapazitive Widerstand sollte jedenfalls kleiner sein als ein 500stel des Widerstandes R2. Im vorliegenden Fall wären das z. B. 0,02 Ω. Wollen wir nun C1 immer richtig bei anderen Frequenzen bemessen, so müssen wir die Zahl 1 zunächst durch 6,28 teilen und das Ergebnis wiederum durch die gewünschte Frequenz dividieren. Dann ergibt sich ein Resultat, das wir noch durch 0,02 teilen müssen. Was dann herauskommt, ist die Kapazität C1 in Farad; wir erhalten sie in µF, wenn wir sie mit der Zahl 1 000 000 multiplizieren.

Selbstverständlich hat auch ein Quarzsender für Hobbyzwecke mancherlei Verwendung. Man kann damit (Amateurlizenz Voraussetzung) einen Kleinstsender aufbauen, kann die Spannung eventuell noch weiter verstärken, kann den Oszillator als Frequenznormal zur Eichung von Rundfunkempfängern benützen usw. Auch hier ist der Aufwand denkbar gering. Quarze mit geeigneten Frequenzen gibt es heute in den Versandgeschäften auch als Sonderangebote, die teilweise recht billig sind.

Mit der vorstehenden Besprechung von Schwingschaltungen aller Art möchten wir es bewenden lassen. Wir haben das breite Gebiet der Impulsspannungen, Sägezahnspannungen, Sinusspannungen usw. gestreift und werden erkannt haben, daß integrierte Schaltkreise zu sehr einfachen Schaltungen führen. Baut man sich selbst solche Geräte, so ist der Aufbau weitgehend unkritisch.

5. Hochaktuell: Filter mit Integrierten Schaltungen

Wer sich einmal ein wenig mit der Herstellungstechnik integrierter Schaltungen befaßt, der wird erkennen, daß das Einbeziehen von Induktivitäten aller Art, also von Spulen, in den integrierten Schaltkreis auf erhebliche Schwierigkeiten stößt, wenn nicht sogar gänzlich unmöglich ist. Damit muß man sich abfinden. Nun enthält aber eine integrierte Schaltung meistens zahlreiche hintereinander geschaltete Verstärkerstufen. Will man beispielsweise einen selektiven Empfänger bauen, so würde man in Transistor- oder Röhrentechnik nach bewährtem Schema vorgehen: Man würde jeder Stufe einen selektiven Kreis, z. B. einen Schwingkreis oder ein Bandfilter, zuordnen, und hätte dann einen Verstärker, der die gewünschte Frequenzkurve aufweist, wobei jede Stufe an der Formung dieser Kurve mit beteiligt ist. Bei integrierten Schaltungen ist das, wie gesagt, nicht möglich. Man muß daher sämtliche, sonst in allen Transistorstufen erforderlichen Filter entweder vor oder nach dem integrierten Kreis anordnen. Hinzu kommt das Bestreben, Spulen auch außerhalb der integrierten Schaltung nach Möglichkeit zu vermeiden, weil sie bei Seriengeräten stets eines individuellen Abgleiches bedürfen. In Anbetracht der Lohnkosten ist das jedoch eine sehr unrentable Sache, und man zielt darauf ab, ganze Geräte für bestimmte Frequenzgebiete usw. im Rahmen der Automation herzustellen.
Aus den vorstehend geschilderten Gründen sind alle Filterarten, die bestimmte Frequenzbereiche anheben, durchlassen oder sperren, heute von ganz besonderem Interesse. Sie sollen ohne Spulen arbeiten. Daß das möglich ist, zeigte uns bereits der RC-Generator von Abb. 71, der vom Prinzip der RC-Schaltungstechnik Gebrauch machte. RC-Glieder kann man nicht nur in Oszillatorschaltungen, sondern auch in Filtern verwenden, wo sie sich ebenso bewähren. Baut man

solche RC-Filter in Verbindung mit integrierten Schaltkreisen, so kommt man zu einem Gesamtorgan, das nicht nur Filtereigenschaften, sondern auch Verstärkereigenschaften aufweist. Man spricht von den sogenannten aktiven Filtern, die bei richtiger Bemessung ebenso gute, wenn nicht bessere Eigenschaften haben als LC-Kreise in Verbindung mit mehreren Transistorstufen.

Neben den RC-Filtern gibt es noch weitere Methoden, die jedoch erst in Zukunft Bedeutung haben werden. Hierher gehören z. B. die sogenannten Schalterfilter. Alle diese Fragen sind in dem Buch „Praxis der integrierten Schaltungen" vom gleichen Verfasser im gleichen Verlag besprochen worden. Wir wollen uns hier mit den relativ einfach nachzubauenden RC-Filterschaltungen befassen, die interessante Versuche erlauben.

Zunächst besprechen wir anhand von Abb. 73 einen selektiven Verstärker, der eine Frequenz von 1 kHz bei einer Bandbreite von 1,5 kHz selektiv verstärkt. Abb. 14 Tafel 7 zeigt den Aufbau. Verwendet wird wieder der Schaltkreis TAA861. Der nicht invertierende Eingangsanschluß 3 liegt über den Widerstand R1 an Masse, wodurch der Arbeitspunkt festliegt. Dieser Anschluß wird mit der zu verstärkenden Spannung gesteuert. Zwischen dem Ausgang 7 und dem invertierenden Eingang 4 liegt nun eine frequenzabhängige Gegenkopplung, die aus einem RC-Filter mit den Bauelementen R2, C3, R3, C2, R5 und C4 besteht. Der Arbeitswiderstand des integrierten Schaltkreises ist R4. Wir haben schon bei Abb. 71 gehört, daß es RC-Schaltungen gibt, die bei einer ganz bestimmten Frequenz keine Phasenverschiebung aufweisen. Es gibt auch Anordnungen, die bei einer

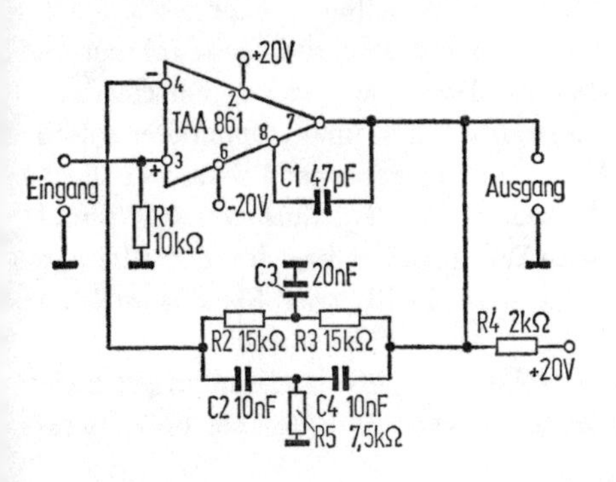

Abb. 73. Ein aktives Filter

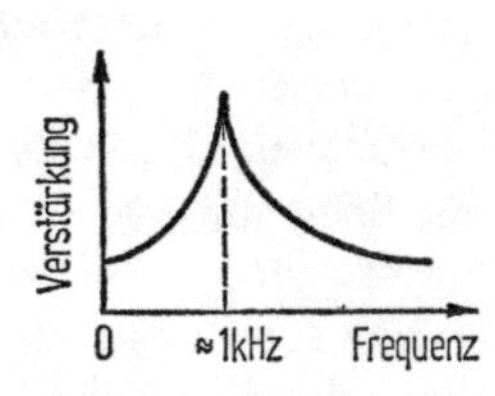

Abb. 74. Die Filterkurve zu Abb. 73

bestimmten Frequenz einen sehr kleinen (oder einen sehr großen) Widerstand haben. Im vorliegenden Fall wird der Widerstand bei der Resonanzfrequenz sehr hoch. Das bedeutet, daß die Gegenkopplung zwischen 7 und 4 praktisch unwirksam wird. Die Folge davon ist, daß der Verstärker dann mit voller Verstärkung arbeitet, daß er also die zugehörige Frequenz maximal wiedergibt. Sobald man diese kleiner oder größer macht, wird der Widerstand des Filters zunehmend kleiner, und die Gegenkopplung wirkt sich über R2 und R3 sehr schnell aus, was zu einer rapiden Abnahme der Verstärkung führt. Wir bekommen also einen Verstärker, der nur bei der typischen Frequenz des Filters eine Verstärkung aufweist.
Abb. 74, Seite 157, zeigt uns die so zustande kommende Kurve der Verstärkung in Abhängigkeit von der Frequenz. Die Bauteile des Filters sind so bemessen, daß die Schaltung bei 1 kHz maximale Verstärkung aufweist. Aus dem Widerstand R3 und dem Kondensator C4 kann man übrigens die zustande kommende Durchlaßfrequenz berechnen. Man teilt die Zahl 0,5 durch den Widerstand R3 und teilt das Resultat nochmals durch den Wert des Kondensators C4, den man in Farad einsetzen muß. Dann bekommt man die Frequenz in Hz. Wichtig für die Funktion des Filters ist ferner, daß R3 immer doppelt so groß wie R5, C4 dagegen halb so groß wie C3 sein muß. Nach diesen einfachen Rechenvorschriften — Formeln brauchen wir nicht — kann man sich selbst solche Filter berechnen. Übrigens nennt man das in Abb. 73 angewendete Filter ein sogenanntes Doppel-T-Glied, weil es rein äußerlich die Form eines doppelten T hat.
Schaltungen dieser Art sind hinsichtlich Bauteiletoleranzen recht kritisch. Wollen wir sie einwandfrei zum Arbeiten bringen, so müssen wir Widerstände und Kondensatoren mit sehr geringen Toleranzen kaufen, was leider etwas teuer ist. Haben wir jedoch verschiedene gleichartige Widerstände, so können wir mit einem Ohmmeter solche zusammensuchen, die innerhalb der angegebenen Toleranzen übereinstimmen. Die Widerstände sollten eine Toleranz von 0,1% und die Kondensatoren 1% haben. Wir erzielen bei der betreffenden Filterfrequenz eine Verstärkung von 50 dB, was für die meisten Zwecke ausreicht.
Wer sich selber Filter bauen will, benutzt die vorstehend angegebene kleine Rechenvorschrift. Erwähnt sei, daß die Filter bei höher wer-

denden Frequenzen immer schlechter arbeiten, weil dann schädliche Kapazitäten oder Widerstandskomponenten wirksam werden, die nicht leicht zu überblicken sind. Im Rundfunkbereich wird es bereits schwierig; indessen könnte man sich z. B. einen selektiven Verstärker für einen fest eingestellten Sender im Langwellenbereich, beispielsweise den Deutschlandfunk, bauen. Am Eingang wäre dann über einen kleinen Kondensator die Antenne anzuschließen, der Minuspol käme an Erde. Werte von etwa 150 kHz kann man gerade noch mit diesen aktiven Verstärkern brauchbar verarbeiten. Allerdings ist die Bandbreite unbefriedigend. Die einschlägige Technik wird jedoch dauernd weiterentwickelt, und eines Tages werden wir sicher einmal Rundfunkempfänger und Fernsehgeräte ohne Spulen haben. Es ist daher gut, wenn man sich durch eigene Versuche mit diesen Methoden vertraut macht.

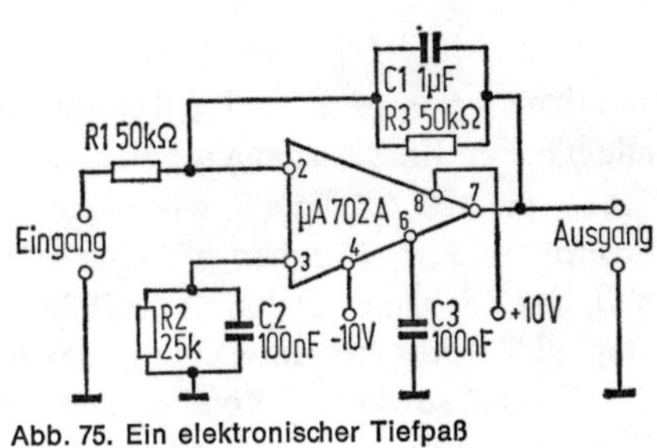

Abb. 75. Ein elektronischer Tiefpaß

Man kann nicht nur selektive Verstärker, sondern auch Tiefpässe, Hochpässe, Bandpässe usw. verwirklichen. Als Beispiel untersuchen wir die Schaltung nach Abb. 75, die gewissermaßen einen elektronischen Tiefpaß darstellt. Sie läßt nur Gleichspannungen und tiefe Frequenzen, höhere Frequenzen jedoch nicht oder nur schlecht hindurch. Der nicht invertierende Eingang liegt über R2 C2 an Masse, ist also an den Steuervorgängen nicht beteiligt. Dem invertierenden Eingang 2 wird über R1 das Eingangssignal zugeführt. Gleichzeitig wird auf diesen Eingang eine Gegenkopplung geführt, die vom Ausgang (Anschluß 7) über die Parallelschaltung von R3 C1 zu dem Anschlußpunkt 2 verläuft. Die Wirkungsweise kann man sich bereits vorstellen: Bei tiefen Frequenzen ist der kapazitive Widerstand von C1 sehr groß, für die Gegenkopplung wirkt nur R3. Bei wachsender Frequenz wird der kapazitive Widerstand von C1 immer kleiner, die Gegenkopplung also immer stärker, so daß höhere Frequenzen praktisch nicht übertragen werden. Man kann z. B. solch ein Filter an-

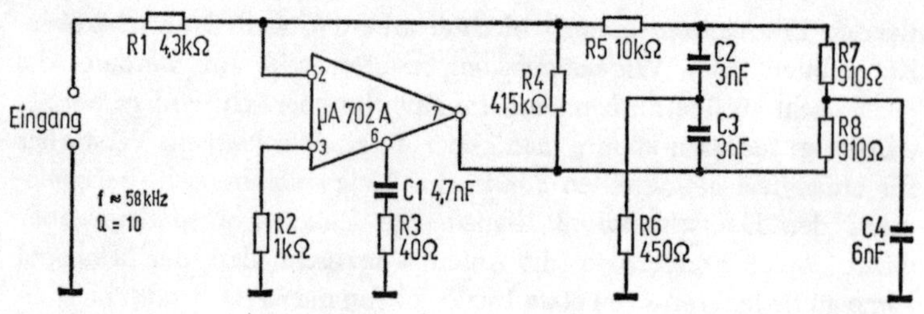

Abb. 76. Ein elektronischer Bandpaß

wenden, wenn es darauf ankommt, aus einem Spannungsgemisch alle höheren Frequenzen auszusieben.

Schon in Abb. 73 haben wir einen selektiven Verstärker kennengelernt. In Abb. 76 sehen wir eine andere Ausführung, einen Bandpaß, der mit dem Schaltkreis μA702A arbeitet. Auch hier kommt ein Doppel-T-Filter zur Anwendung, das mit den Widerständen R4, R5, R7, R8, R6 sowie den Kondensatoren C2, C3 und C4 arbeitet. Die Wirkungsweise ist prinzipiell ebenso wie bei Abb. 73 beschrieben, so daß wir darauf verweisen möchten. Bei der hier angegebenen Dimensionierung ergibt sich eine Durchlaßfrequenz von etwa 60 kHz, wobei die Bandbreite etwa 6 kHz ist. Bis zu einer Ausgangsspannung von 2 V arbeitet die Anlage mit kleinem Klirrfaktor. C1 R3 sind Frequenzkompensationsglieder. Der Aufbau solch einer Schaltung ist denkbar unkritisch, was auch für die Abb. 73 gilt.

Da sich aktive Filter auch für selektive Empfänger gut eignen, zeigen wir in Abb. 77 nochmals solch eine Schaltung, die prinzipiell ebenso wie Abb. 76 bzw. 73 wirkt, die jedoch bei einer Frequenz

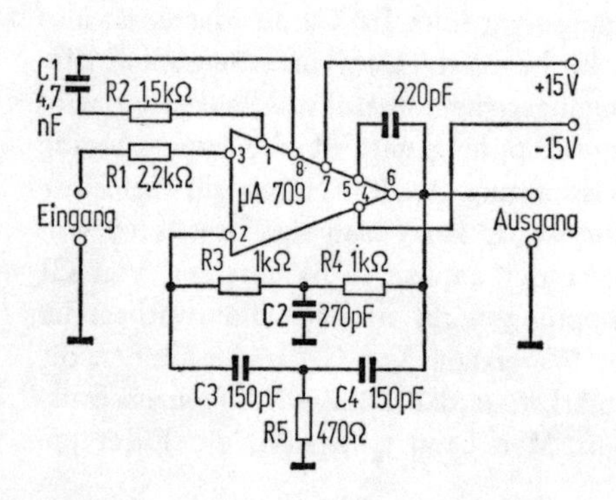

Abb. 77. Ein aktives Bandfilter

von 1 MHz ihre höchste Verstärkung hat. Die beste Trennschärfe ergibt sich, wenn R5 halb so groß wie R3 bzw. R4 ist und wenn man C2 doppelt so groß wie C3 bzw. C4 macht. Wie man sieht, kann man mit diesem Filter im Rundfunkbereich arbeiten, wobei man die Resonanzfrequenz so bemißt, daß sie mit der Frequenz des dauernd gewünschten Senders übereinstimmt.

6. Viele sonstige Möglichkeiten

Der Schlußabschnitt dieses Kapitels soll einen bunten Querschnitt durch die vielerlei Möglichkeiten geben, die die integrierte Technik bietet. Autofreunde werden z. B. einen Drehzahlmesser mit inte-

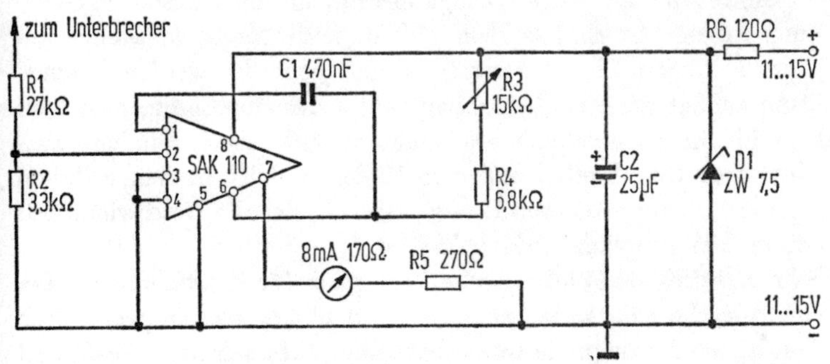

Abb. 78. Ein Drehzahlmesser für Kraftfahrzeuge

grierten Schaltungen zu schätzen wissen, desgleichen einen Blinkgeber. Häufig braucht man in seiner Selbstbaupraxis einen hochohmigen Verstärker oder einen Schmitt-Trigger. Schwellwertschalter sind immer von großer praktischer Bedeutung, desgleichen Differenzverstärker. Musikfreunde werden an einer Tremoloschaltung mit einer integrierten Schaltung interessiert sein. Die vorstehend kurz angedeuteten Geräte wollen wir hier beschreiben.
Den Drehzahlmesser für Kraftfahrzeuge zeigt zunächst das Schaltbild Abb. 78. Es arbeitet mit einem speziell für diesen Zweck entwickelten Schaltkreis, dem SAK110 von Intermetall. Die Schaltung

eignet sich vorzugsweise für den Einsatz von Drehzahlmessern, die Betriebsspannung beträgt 12 V und die maximale Steuerfrequenz 10 kHz. Das Instrument im Ausgang soll bei 8 mA Vollausschlag haben. Dem Widerstand R1 werden die am Unterbrecher auftretenden Impulse zugeführt, die über R1 zum Anschluß 2 gelangen. Der Anschluß 1 ist über C1 mit dem Anschluß 6 verbunden, und die Frequenzabhängigkeit dieses Kondensators bestimmt die Funktion des Drehzahlmessers. Das in der Leitung zum Anschluß 7 liegende Instrument (in Reihe mit R5) kann unmittelbar in Drehzahlen geeicht werden. Betrieb aus der Starterbatterie ist ohne weiteres möglich, die Spannung muß allerdings stabilisiert werden. Hierfür sind der Vorwiderstand R6 und die Zenerdiode D1 vorgesehen. Zur weiteren Beruhigung schaltet man noch C2 parallel zur Zenerdiode. Mit R3 kann man die richtige Eichung des Instrumentes einstellen. Schaltungen dieser Art sind so klein, daß sie leicht im Gehäuse eines genügend großen Milliamperemeters untergebracht werden können. Dann genügt der einfache Einbau in das Armaturenbrett, man muß lediglich die Speiseleitungen anschließen und eine Verbindung zwischen dem Unterbrecher und dem Widerstand R1 herstellen. Schon hat man einen praktischen Drehzahlmesser, der die Geschwindigkeit unseres VW sicherlich verdoppeln wird.
Sehr praktisch sind elektronische Blinkgeber für Kraftfahrzeuge. Bevor es solche gab, waren andere Typen üblich, beispielsweise nach dem Bimetallprinzip. Sie waren bzw. sind nicht sehr zuverlässig und in der Blinkzeitdauer und Blinkzeitpause nicht konstant. Wendet man einen elektronischen Blinkgeber an, so ergeben sich wesentlich bessere Verhältnisse. Von AEG/Telefunken wurde ein spezieller integrierter Schaltkreis SAJ1120 geschaffen, der diesem Zweck genau angepaßt ist. Wir ersehen aus Abb. 79 die einfache Schaltung, die im wesentlichen aus einem Multivibrator besteht. Es handelt sich also um eine Rückkopplungsschaltung über Kondensatoren und Widerstände (C1, C2, R1 und R2). Im Ausgangskreis (Anschlußpunkt 4) liegt ein Relais für die Betriebsspannung des Wagens, also meistens für 12 V. Nach dem Einschalten spielt sich in dem integrierten Schwingkreis ein Rückkopplungsvorgang ab, und er liefert Impulse, die die verschiedenen Lampen zum Leuchten bringen. Sie sind in Abb. 79 in ihrer Funktion angedeutet. Die Schaltung ist sowohl als

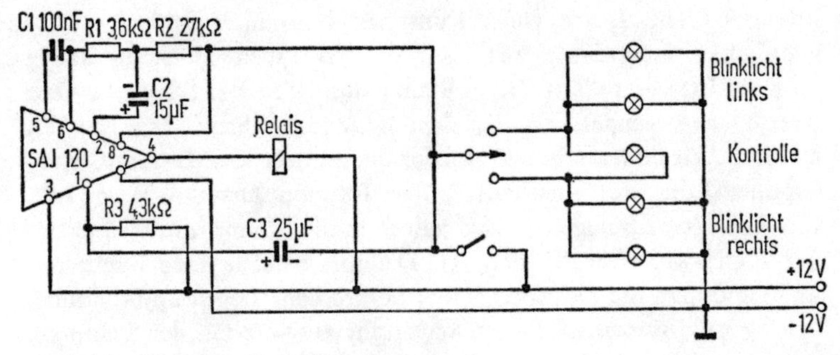

Abb. 79. Ein Blinkgeber für Kraftfahrzeuge

Richtungs- als auch als Warnblinker verwendbar, beim Ausfall einer Blinklampe wird dem Fahrer beim Richtungsblinken durch Verdoppelung der Blinkfrequenz der Fehler angezeigt. Die Folgefrequenz sowie das Hell-Dunkelzeit-Verhältnis werden durch die Widerstände R1 und R2 und durch C2 festgelegt. Mit C1 wird verhindert, daß sich Störimpulse, die über Versorgungsleitungen an den Blinkgeber gelangen könnten, auswirken. Die Lampen-Ausfallkontrolle erfolgt über eine Messung des Lampenwiderstandes während der Dunkelphase. Hierfür ist der Meßwiderstand R3 vorgesehen. Bei Ausfall einer Lampe wird der Spannungsabfall am Meßwiderstand kleiner, und ein Spannungsvergleicher im Inneren der integrierten Schaltung bewirkt das Verdoppeln der Blinkfrequenz. Die Schaltung arbeitet innerhalb des Temperaturbereiches von −25 °C bis +80 °C betriebssicher, die Blinkfrequenz beträgt 75 ... 95 Impulse je Minute, das Hell-Dunkelzeit-Verhältnis ist 1 : 1.

Sehr oft braucht man einen möglichst hochohmigen Verstärker, beispielsweise, wenn es um den Betrieb hochohmiger Tonabnehmer, Quarzge-

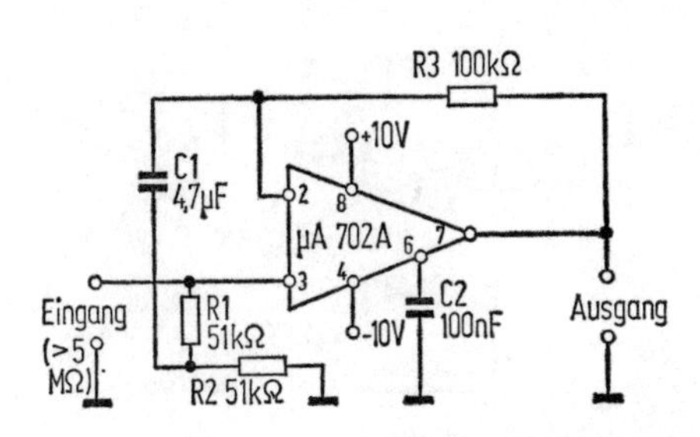

Abb. 80. Ein hochohmiger Verstärker

ber usw. geht. Durch einen Kunstgriff kann man dann den Eingang einer integrierten Schaltung, dessen Innenwiderstand häufig zu klein ist, vergrößern. Diese Maßnahme ist in der Schaltung nach Abb. 80 angewendet, die mit dem integrierten Schaltkreis µA702A arbeitet. Wir finden zunächst wieder die normale Gleichstrom-Gegenkopplung, die vom Anschluß 7 über R3 zum Anschluß 2 verläuft. Ein Teil dieser Spannung wird jedoch auch auf Anschluß 3 übertragen, und zwar über C1 und R1. Dadurch entsteht eine Rückkopplung, und man hat die schon früher besprochene Bootstrap-Schaltung, bei der gewissermaßen die Spannung am Ausgang mit der Spannung am Eingang mitläuft. Der dadurch bewirkte Rückkopplungseffekt bedeutet letzten Endes, daß der in den Anschluß 3 hineinfließende Strom von der Eingangs-Spannungsquelle wesentlich kleiner wird. Das entspricht einer starken Erhöhung des Eingangswiderstandes. Infolgedessen können wir am Eingang Spannungsquellen anschließen, die Widerstände von mehr als 5 MΩ haben dürfen. Der Widerstand R1 bedeutet gleichzeitig eine Verbesserung der thermischen Stabilität, was für manche Anwendungen wichtig ist. Dieser Widerstand sollte nach Möglichkeit ungefähr der Differenz aus R3 und R2 entsprechen; der Eingangswiderstand wird dann besonders hoch. Die im Schaltbild eingetragenen Werte sind erprobt. Die untere Grenzfrequenz, bis zu der der Verstärker noch brauchbar ist, beträgt 1 Hz. Es ergibt sich eine Spannungsverstärkung von etwa 3. Am Ausgang (Anschluß 7) tritt die verstärkte Spannung auf.

Immer wieder braucht man auch in der elektronischen Selbstbaupraxis elektronische Schalter, die schnell und definiert schalten. Dafür eignet sich ein Schmitt-Trigger, dessen Wirkungsweise in verschiedenen Büchern des Verfassers genau beschrieben ist. Auch mit integrierten Schaltkreisen läßt sich solch ein Trigger aufbauen, z. B. mit dem Bauelement TAA861. Solch eine Schaltung zeigt Abb. 81. Sie sollte mit

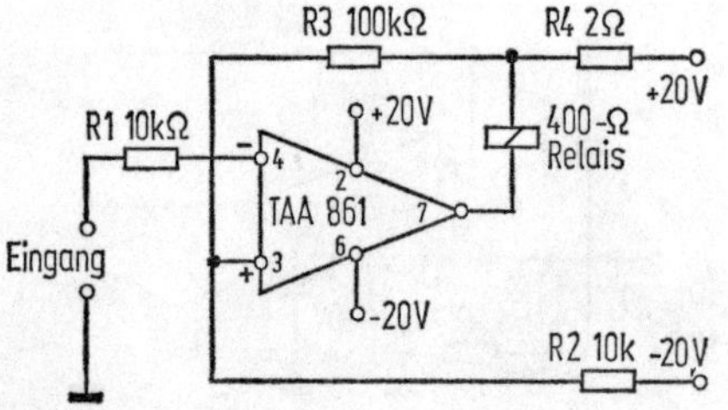

Abb. 81. Ein Schmitt-Trigger

einem stabilisierten Netzgerät verwendet werden, weil die sich ergebende Schaltschwelle stark von der Batteriespannung abhängt. Die Anordnung arbeitet folgendermaßen: Die Eingangsspannung wird über R1 an den Anschluß 4 (invertierend) angelegt. Zwischen dem Ausgang 7 besteht eine Rückkopplung über die Relaiswicklung und den Widerstand R3 auf den nicht invertierenden Eingang. Solange keine Eingangsspannung anliegt, arbeitet der Verstärker nicht, was durch den Arbeitspunkt bedingt ist (dieser wird durch R2 noch mitbestimmt). Sobald nun die Spannung langsam ansteigt und die Spannungsdifferenz zwischen den Punkten 4 und 3 immer kleiner wird, beginnt der Verstärker zu arbeiten. Infolge der Rückkopplung über R3 wird der Stromanstieg stark unterstützt, und der Trigger schaltet in kürzester Zeit und sehr definiert um. Dann zieht das Relais im Ausgangskreis an, die Relaiskontakte können zur Betätigung einer anderen Einrichtung verwendet werden. Wegen der hohen Verstärkung des integrierten Schaltkreises ergibt sich eine große Empfindlichkeit. Beispielsweise beträgt der Spannungsunterschied am Differenzeingang, der notwendig ist, um einen Kippvorgang auszulösen, nur 5 mV. Die Schaltschwelle der Eingangsspannung ist im Arbeitsbereich des Differenzeinganges von 2 bis 18 Volt durch das Verhältnis der Widerstände R3 und R2 einstellbar. Der Widerstand des Relais sollte nach Möglichkeit nicht unter 400 Ω liegen, um eine Überlastung des TAA861 zu vermeiden. Bei Schmitt-Triggern mit Transistoren wird eine etwas andere Schalttechnik angewendet; man arbeitet gewöhnlich mit einem gemeinsamen Emitterwiderstand. Hier jedoch wird die Rückkopplung durch eine Verbindung zwischen Ausgang und Eingang hervorgerufen. Wegen der hohen Verstärkung des integrierten Schaltkreises verläuft der Umschaltvorgang viel exakter, als es beispielsweise mit zwei Transistoren zu erzielen ist. Im Haushalt kann solch ein Trigger vielseitige Anwendung finden. Wenn wir z. B. an irgendeiner Stelle eine Spannung überwachen wollen, die einen bestimmten Wert nicht überschreiten darf, so können wir den Schmitt-Trigger verwenden. Nehmen wir an, wir haben ein Notstromaggregat mit schlecht ausgeregelter Spannung. Wird diese zu hoch, so schaltet der Schmitt-Trigger um, und die Kontakte des Relais unterbrechen das Aggregat. Auch für Schutzzwecke ist solch eine Schaltung stets nützlich.

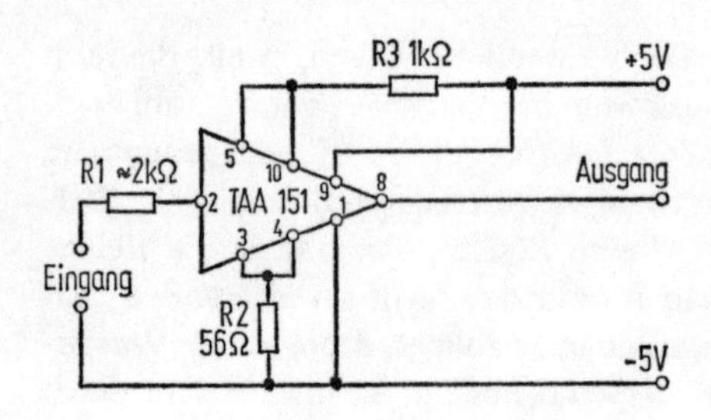

Abb. 82. Andere Form eines Schmitt-Triggers

Abb. 82 zeigt eine weitere Ausführung eines Schmitt-Triggers unter Verwendung des Schaltkreises TAA151, der recht preiswert auf dem Markt zu haben ist. Wir können die Schaltung verstehen, wenn wir uns das Schaltbild dieses integrierten Kreises anhand von Abb. 29 nochmals ansehen. Am Eingang 2, der der Basis des zweiten Transistorsystems entspricht, liegen über den Widerstand R1 die Eingangsklemmen. Die Anschlüsse 3 und 4 stellen die Emitteranschlüsse des zweiten und dritten Transistorsystems dar, die miteinander verbunden sind und zu dem gemeinsamen Emitterwiderstand R2 führen. Schließlich sind die Anschlüsse 5 und 10 miteinander verbunden, was einer Verbindung zwischen dem Collector des letzten Transistorsystems und der Basis des ersten Systems entspricht. Das ist die Rückkopplungsschleife, zu der auch der gemeinsame Emitterwiderstand gehört. Als Collectoraußenwiderstand des dritten Transistorsystems ist der Widerstand R3 vorgesehen. Sobald nun die Spannung über R1 ansteigt, wird die Basis des zweiten Transistorsystems allmählich positiver. Der Collectorstrom steigt, und es setzt nun ein Rückkopplungsvorgang ein, der einerseits durch den gemeinsamen Emitterwiderstand und andererseits durch die Verbindung des Collectors des letzten Systems mit der Basis des ersten Systems ermöglicht wird. Nunmehr entsteht am Ausgang 8 ein Ausgangsimpuls, den man zum Schalten einer anderen Einrichtung verwenden kann. Den Ausgang kann man mit einem Strom von maximal 15 mA belasten. Die Schaltung ist recht trägheitsarm und kann Schaltfrequenzen bis 1 MHz verarbeiten. Der Widerstand der Steuerstromquelle, der sogenannte Generatorwiderstand, sollte nicht größer als 6 kΩ sein. Bei einer Betriebsspannung von 5 V nimmt die Schaltung einen Strom von 7,5 mA im Auszustand und von 9 mA im Einzustand ein. Die

Schwellspannung beträgt im Einzustand 1 V und im Auszustand 0,82 V. Das gilt für einen Generatorwiderstand von 75 Ω.
Mit dem Schaltkreis TAA151 können wir uns nach Abb. 83 einen sehr wirksamen Schwellwertschalter bauen. Er wird photoelektronisch gesteuert, und zwar von dem Photoelement BPY11. Auch hier kommt das Prinzip des Schmitt-Triggers zur Anwendung, was man an dem gemeinsamen Emitterwiderstand R4 erkennt. Sobald unter dem Einfluß der Spannung des Photoelementes die Spannung zwischen den Anschlüssen 9 und 10 einen ausreichenden Wert hat, kippt der Trigger um, und das Relais im Ausgangskreis (Anschlußpunkt 5) zieht an. Die parallel liegende Diode D1 dient zum Schutz der Schaltung. Schon bei einer Beleuchtungsstärke von 100 Lux schaltet der Verstärker direkt ein Relais mit einem Stromverbrauch von maximal 50 mA ein. Fällt die Helligkeit bis auf 50 Lux, so wird das Relais wieder abgeschaltet. Damit die Schaltung definiert umschaltet, ist eine Zenerdiode D2 vorgesehen, die die Spannung am Anschlußpunkt 9 stabilisiert. Die Spannung des Photoelementes wirkt sich also auf den Anschluß 10 aus. Ohne Relais beträgt die Stromaufnahme der Einrichtung 25 mA.
Wir wollen nun einen Differenzverstärker besprechen. Bevor wir das anhand des Schaltbildes machen, seien einige grundsätzliche Bemerkungen vorausgeschickt, denn Differenzverstärker sind in der modernen Elektronik sehr wichtig geworden.
Jeder, der schon einmal einen Niederfrequenzverstärker aufgebaut hat, wird wissen, daß der Eingang sehr empfindlich gegenüber Brummstörungen ist. Schon wenn man sich mit der Hand den Eingangsklemmen nähert, ertönt im Lautsprecher ein lautes Brummen. Das ist vor allem dann störend, wenn man gezwungen ist, an den Eingang des Verstärkers lange Leitun-

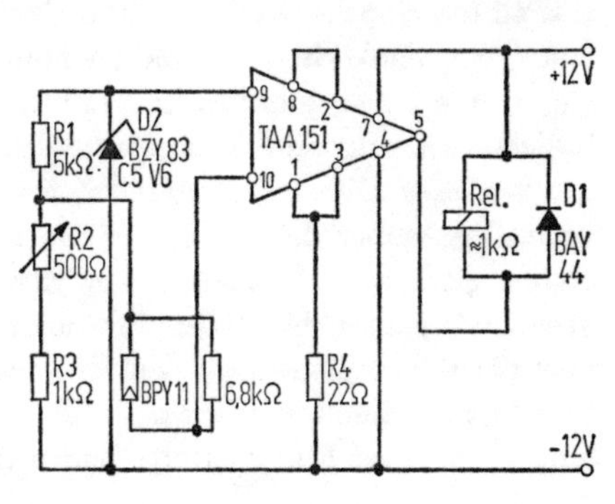

Abb. 83. Ein Schwellwertschalter

gen anzuschließen, die dann vielleicht noch zu einer sehr hochohmigen Steuerspannungsquelle führen. Wer noch mit Röhren gearbeitet hat, wird z. B. wissen, daß der Gitteranschluß eines Audions in dieser Beziehung besonders kritisch ist. Die Gitterableitwiderstände sind sehr hochohmig, und das Audion ist zusätzlich ein empfindlicher Verstärker. Kommt man in die Nähe dieser „Audionkombination", so brummt es ganz gewaltig im Lautsprecher.

Die moderne Elektronik kann diese Erscheinung nicht brauchen. Oft wird die Aufgabe gestellt, eine recht kleine Nutzspannung aus einem hochohmigen Spannungserzeuger zu verstärken, wobei die Steuerspannungsquelle unter Umständen weit entfernt vom eigentlichen Verstärker sein kann. Man denke z. B. an die Meßfühler, die die Temperatur in einem Hochofen messen, während die Temperatur selbst an einer Überwachungsstelle angezeigt werden soll. Würde man nun einen gewöhnlichen Verstärker nehmen und dessen Eingang mit dem Meßfühler verbinden, so würde keineswegs die kleine Meßspannung verstärkt, sondern die auf den langen Leitungen entstehende Netzwechselspannung, die überall im Raum vorhanden ist. Ein anderes Beispiel: Unser Herz ist eine elektronische Spannungsquelle, die Spannungen von etwa 1 mV abgibt. Der Körper selbst ist verhältnismäßig hochohmig. Würde man nun z. B. den Körper einerseits an den Nullpunkt des Verstärkers und andererseits an den Eingang legen, so würde die sehr kleine Herzaktionsspannung von der überlagerten Brummspannung aus dem benachbarten Lichtnetz vollkommen überdeckt. Der Bau einwandfreier Kardiographen wäre daher unmöglich gemacht.

Aus all diesen Schwierigkeiten hilft der Differenzverstärker. Wir können uns gedanklich einen solchen immer als zwei Transistoren vorstellen, die einen gemeinsamen Emitterwiderstand, jedoch getrennte Collectorwiderstände haben. Die beiden Basisanschlüsse sind die Eingänge dieses Differenzverstärkers. Steuern wir nun jede Basis getrennt gegenüber dem Nullpunkt, so erhalten wir jeweils einen der vorhin erwähnten Verstärker mit den unliebsamen Eigenschaften. Wenn wir jedoch die beiden Basisanschlüsse miteinander verbinden und diese nun gegenüber dem Nullpunkt steuern, so bewirkt der gemeinsame Emitterwiderstand eine äußerst kräftige Gegenkopplung, denn beide Emitterströme haben die gleiche Richtung, addieren sich also und rufen am Emitterwiderstand einen kräftigen Spannungsabfall hervor. Ganz anders jedoch wird die Sache, wenn wir die Steuerstromquelle *zwischen* die beiden Basisanschlüsse schalten. Wird dann der eine Anschluß beispielsweise positiv, während der andere negativ wird, so nimmt der Strom des einen Transistors zu, während der Strom des anderen in gleichem Maße abnimmt. Die Folge davon ist, daß der Emitterstrom im Mittelwert konstant ist, also am Emitterwiderstand nur einen konstanten Spannungsabfall, nicht aber einen Wechselspannungsabfall hervorruft, der zu der Gegenkopplung führt. Steuern wir also zwischen den beiden Eingangsanschlüssen, so ist der Verstärker außerordentlich empfindlich, während alle Spannungen, die gleichzeitig auf die beiden Anschlüsse wirken, eine kräftige Gegenkopplung bedeuten, den Verstärker daher unempfindlich werden lassen. Und nun sehen wir, was das für einen Zweck hat: Wir können solch einen Differenzverstärker z. B. ohne weiteres an zwei lange Leitungen anschließen, an deren anderem Ende ein Meßgeber hängt, der nur wenig Spannung liefert. Dann wird zwar längs den Leitungen durch Beeinflussung vom Lichtnetz her eine ziemlich große Spannung entstehen; da sie aber gleichzeitig auf die beiden Leitungen wirkt, trifft sie auf einen stark gegengekoppelten Verstärker, der dafür praktisch keine Verstärkung aufweist. Dagegen liegt die Spannung des Meßfühlers nunmehr unmittelbar zwischen den beiden Eingangsanschlüssen. Nur diese wird jetzt verstärkt, weil jede gegenkoppelnde Wirkung fehlt. Dasselbe gilt, wenn wir einen solchen Differenzverstärker — sein Name rührt daher, daß er immer nur die Differenz zwischen den beiden Anschlüssen verstärkt — zur Verstärkung der Herzaktionsströme einsetzen. Dann liegt die Meßspannung, die man z. B. von zwei Armelektroden abgreift, zwischen den Anschlüssen des Differenzverstärkers, während die auf dem Körper oder auf den Zuleitungen befindlichen, oft recht störenden Netzspannungen gemeinsam auf die beiden Anschlüsse wirken, so daß sie nicht oder nur noch sehr abgeschwächt zur Auswirkung gelangen.

Damit solch ein Verstärker einwandfrei arbeitet, ist es wichtig, daß der gemeinsame Emitterwiderstand so groß wie nur irgend möglich ist. Dem sind Grenzen gesetzt, denn bei der beschränkten, zur Verfügung stehenden Betriebsspannung würde schließlich viel zu wenig

Strom in den Transistorstromkreisen fließen. Man macht daher insbesondere in den integrierten Schaltungen, die ja am Eingang meistens Differenzverstärker haben, folgenden Kunstgriff: Man schaltet anstelle eines gewöhnlichen ohmschen Emitterwiderstandes die Collector-Emitter-Strecke eines dritten Transistors. Er wird in geeigneter Weise vorgespannt. Aus der Transistortechnik wissen wir, daß der Wechselstromwiderstand der Collector-Emitter-Strecke sehr groß ist. Denken wir nur an die Collectorstrom-Collectorspannungs-Kennlinie, die außerordentlich flach verläuft; auch bei stark schwankender Spannung ändert sich der Strom praktisch nicht, und das bedeutet einen hohen Widerstand. Er ist aber nur für Wechselspannung wirksam, nicht jedoch für Gleichspannung; hierfür ergibt sich ein recht kleiner Widerstand, so daß wir ohne weiteres mit den kleinen Betriebsspannungen arbeiten können. Dieser elegante Kunstgriff verhilft uns zu außerordentlich wirksamen Differenzverstärkern, die zwar Spannungen *zwischen* ihren Eingangsanschlüssen ausgezeichnet verstärken, jedoch unempfindlich bleiben gegenüber Spannungen, die *gleichzeitig* am Eingang wirksam sind. Man unterscheidet bei solchen Verstärkern zwischen der Differenzverstärkung und der sogenannten Gleichtaktverstärkung. Die Differenzverstärkung ergibt sich dann, wenn zwischen den Anschlüssen gesteuert wird, die Gleichtaktverstärkung gilt jedoch, wenn beide Anschlüsse gleichzeitig mit einer Steuerspannung versehen werden. Das Verhältnis zwischen beiden Werten nennt man, nebenbei bemerkt, Gleichtaktunterdrückung.
Wir haben nun wieder etwas Neues hinzugelernt, was in der Praxis sehr wichtig ist. Deshalb können wir gleich mit Verständnis die Schaltung des Differenzverstärkers Abb. 84 verfolgen, die mit dem Schaltkreis TAA521 arbeitet. Die beiden Differenzeingänge 2 und 3 liegen jeweils über die Widerstände R1 und R2 an den Eingangsanschlüssen. Zwischen diese Anschlüsse ist also die Meßspannung zu legen. Der invertierende Anschluß 2 erhält über R4 wieder eine Gegenkopplung vom Ausgang 6, ferner ist für den Anschluß 3 ein Widerstand R3 vorgesehen, der denselben Wert wie R4 haben muß, damit beide Eingänge nach außen gleichwertig werden. Der Kondensator C2 dient zur Frequenzkompensation, als Außenwiderstand ist der Widerstand R6 vorgesehen. Auch das Glied C1 R5 beeinflußt den Frequenzgang. Wichtig ist nun, daß der Arbeitspunkt genau stimmt,

weil der Verstärker sonst nicht einwandfrei arbeitet. Er wird dadurch korrigiert, daß man eine Hilfsspannung dem Anschluß 1 im Inneren der integrierten Schaltung zuführt. Diese Hilfsspannung greifen wir am Potentiometer P1 in Reihe mit R7 ab. Sie gelangt über R8 zum Anschluß 1. Das Potentiometer wird so eingestellt, daß die Spannung am Ausgang, bezogen auf den Mittelabgriff der Spannungsquelle, gerade 0 ist.

Legen wir nun an den Eingang eine Spannung, so liegt diese zwischen den beiden Eingangsanschlüssen, und sie wird wirksam ver-

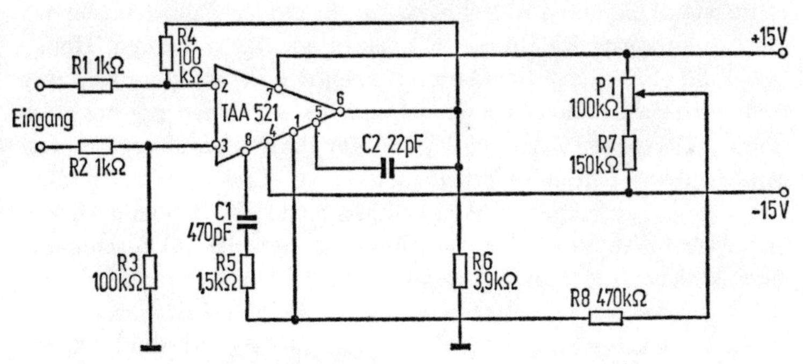

Abb. 84. Ein empfindlicher Differenzverstärker

stärkt. Wir können nun eine hochohmige Spannungsquelle (z. B. einen Tonabnehmer) verwenden und brauchen überhaupt keine abgeschirmte Leitung mehr. Die Störungen nämlich, die sonst von der Abschirmung ferngehalten werden, machen nichts mehr aus, weil sie gleichzeitig auf die beiden Anschlüsse wirken, vom Differenzeingang daher praktisch nicht oder nur sehr wenig verstärkt werden. Da das Verhältnis zwischen Gleichtakt- und Differenzverstärkung, die Gleichtaktunterdrückung, aber nicht nur von den Schaltorganen im Inneren des integrierten Schaltkreises, sondern auch von den äußeren Elementen abhängt, sollten die Widerstände R1 und R2 einerseits sowie R3 und R4 andererseits möglichst gleich groß sein. Die Toleranz sollte nicht mehr als 0,5% betragen.

Mit dieser Schaltung erzielt man bei einer Betriebsspannung von

15 V eine Differenzverstärkung von 40 dB, am Ausgang tritt eine Wechselspannung von 14 V auf, wenn man den Eingang mit 140 mV aussteuert. Die Gleichtaktunterdrückung ist mit 89 dB sehr hoch. Sie bedeutet, daß z. B. eine Gleichtaktspannung weit mehr als zehntausendmal größer als die Differenzspannung sein darf, um gleich stark am Ausgang zur Auswirkung zu kommen. Umgekehrt bedeutet das, daß bei Vorliegen einer gleich großen Differenzspannung und Gleichtaktspannung die letztgenannte zehntausendmal weniger als die erstgenannte verstärkt wird.

Anwendungsmöglichkeiten für solch einen Differenzverstärker gibt es im Haushalt und für Hobbyzwecke in großer Zahl. Denken wir nur an die vielen Meßfühler, mit denen wir Temperaturen, Helligkeiten, Schallimpulse usw. messen können und die meistens weit weg vom eigentlichen Anzeigegerät aufgestellt sind. Bauen wir uns solch einen Differenzverstärker, so können wir diese Meßfühler über fast beliebig lange Leitungen mit dem Eingang des Verstärkers verbinden. Ein Netzbrummen wird uns nicht stören. Wir können auch versuchsweise den Verstärker zur Registrierung der Aktionsimpulse unseres eigenen Herzens verwenden. Zu diesem Zweck wickeln wir beispielsweise um die Unterarme jeweils ein mit Salzwasser angefeuchtetes Taschentuch, legen darüber ein Metallband und schließen die beiden Metallbänder an die Verstärkereingänge an. Wenn wir nun ganz ruhig sitzen oder noch besser ruhig liegen, wird der Ausgangsstrom im Rhythmus unseres Herzschlages größer und kleiner werden. Man kann das z. B. durch einen Kopfhörer beobachten, den man parallel zu R6 legt. Der Versuch ist ganz ungefährlich, weil wir ja nur eine kleine Betriebsspannung zur Verfügung haben. Wir müssen nur ganz sicher sein, daß weder der Verstärker noch das Netzgerät an irgendeiner Stelle unmittelbar, also galvanisch, mit dem Lichtnetz verbunden ist. Auch sollte der Verstärker vollkommen erdfrei sein. Das also ist genau zu überprüfen, bevor man mit dem eigenen Körper Experimente unternimmt.

Zum Schluß dieses Kapitels beschreiben wir noch anhand von Abb. 85 eine Tremoloschaltung. Unter Tremolo versteht der Musiker bekanntlich einen vibrierenden Ton, der, physikalisch gesehen, durch eine Amplitudenmodulation von Niederfrequenzsignalen zustande kommt. Mit anderen Worten bedeutet das, daß die Stärke des Tones in einem

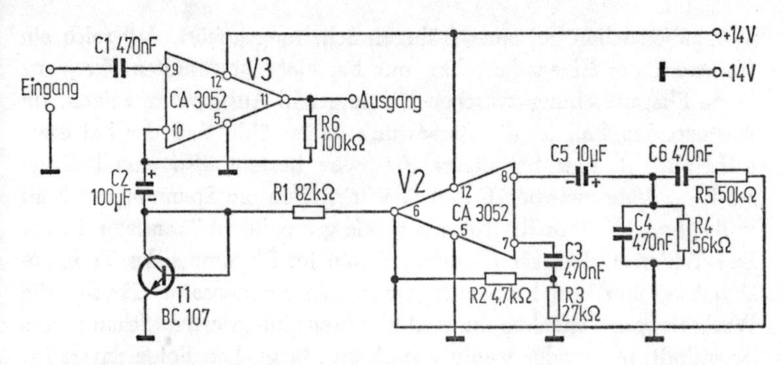

Abb. 85. Eine Tremoloschaltung

bestimmten Rhythmus schwanken muß. Ein richtiger Tremoloeffekt ergibt sich, wenn die Schwankungsfrequenz etwa 6 Hz beträgt.
Eine geeignete Schaltung zur Erzielung dieses Effektes zeigt Abb. 85. Zur Verwendung kommen zwei Einheiten des integrierten RCA-Schaltkreises CA3052. Die Einheit V3 arbeitet als gewöhnlicher Verstärker, dem man z. B. ein konstantes Signal am Eingang über C1 zuführt. Wir finden zwischen dem Ausgang 11 und dem Eingang 10 (invertierend) den schon oft erwähnten Gegenkopplungswiderstand R6, der zunächst die Gleichstromverstärkung des ersten Kreises festlegt. Würde die sonstige Schaltung fehlen, so würden wir den konstanten, auf den Eingang gegebenen Ton ebenso konstant am Ausgang hören. Nun wird jedoch der Gegenkopplungsgrad für Wechselspannungen beeinflußt, und zwar durch eine Hilfsschaltung, die mit dem Transistor T1 und dem zweiten integrierten Schaltkreis arbeitet. Dieser Kreis erzeugt die eigentliche Tremolospannung. Für diesen Zweck wird er als RC-Generator mit sehr tiefer Frequenz (etwa 6 Hz) geschaltet. Dafür ist zunächst eine nur für Wechselspannung wirksame Gegenkopplung vorgesehen, die vom Ausgang 6 über R2 und C3 zum invertierenden Eingang 7 führt. Die Gegenkopplungsspannung wird außerdem durch R3 noch geteilt. Der nicht invertierende Eingang wird zur Rückkopplung vom Ausgang auf den Eingang benützt, und zwar unter Zuhilfenahme des Netzwerkes C5, C6, C4, R5, R4.

Wir haben schon bei einer früheren Schaltung gehört, daß solch ein Netzwerk die Eigenschaft hat, nur bei einer bestimmten Frequenz keine Phasendrehung zwischen Eingang und Ausgang zu zeigen. Im vorliegenden Fall ist die Bemessung so gewählt, daß das bei etwa 6 Hz zutrifft. Nur bei dieser Frequenz besteht also eine kräftige Rückkopplung zwischen 6 und 8. Wir greifen die Spannung an 6 ab und führen sie über R1 dem als Diode geschalteten Transistor T1 zu. Der Widerstand dieser Diode wird nun im Rhythmus des Tremolosignals größer und kleiner, legt also den Kondensator C2, der die Wechselstrom-Gegenkopplung des ersten integrierten Schaltkreises beeinflußt, mehr oder weniger stark an Masse. Die Folge davon ist, daß die Verstärkung des ersten Verstärkersystems im Rhythmus der Tremolospannung schwankt, und demnach schwankt auch die Tonstärke am Ausgang in diesem Rhythmus. Damit haben wir unser Ziel erreicht. Das Gerät läßt sich leicht aufbauen und auf engem Raum unterbringen; es kann z. B. jederzeit noch in einem elektronischen Musikgerät vorgesehen werden.
Damit wollen wir unsere Auswahl beschließen. Der Aufbau der einen oder anderen Schaltung als kleines Gerät lohnt sich bestimmt für den Selbstbaufreund.

Sechstes Kapitel: Integrierte Schaltungen helfen uns bei einfachen Messungen

Die Vielzahl der bis jetzt besprochenen Schaltungen mit integrierten Schaltkreisen wird uns bereits überrascht haben. Im folgenden letzten Kapitel zeigen wir nun, daß auch die Meßtechnik stark von diesen neuartigen Bauelementen profitiert hat. Wir beschreiben keineswegs komplizierte Anordnungen, sondern nur solche, die in unserer Hobbywerkstatt bedeutsam sein können. Dazu gehören beispielsweise stabilisierte Netzgeräte in verschiedenen Ausführungen. Zwar haben wir bereits in Abb. 24 ein sehr leistungsfähiges stabilisiertes Netzgerät kennengelernt; es schadet jedoch nichts, wenn man auch andere Anordnungen untersucht, denn diese Technik ist heute besonders interessant und wichtig geworden. Wir werden sehen, wie man Netzgeräte mit verschiedenen Leistungen bauen kann. Anschließend besprechen wir einige Meßgeräte für kleinste Ströme und Spannungen, wie sie bei verschiedenen Versuchen immer wieder gebraucht werden. Mit normalen Anordnungen ergeben sich bei der Messung sehr kleiner Ströme und Spannungen häufig Komplikationen; hier offenbart sich die Stabilität integrierter Schaltungen besonders gut. Der letzte Abschnitt schließlich bringt einige meßtechnische Sonderschaltungen, die für unsere Zwecke ebenfalls brauchbar sind.

1. Netzgeräte aller Art

Das in Abb. 24 gezeigte Netzgerät war, da es universell verwendbar sein muß, für eine große Leistung ausgelegt. Häufig braucht man jedoch bei Versuchen für kleine Geräte ein stabilisiertes Netzgerät recht kleiner Leistung, dessen äußere Abmessungen auch nicht groß sein sollen. Man kommt dann mit einem einzigen integrierten Schaltkreis aus, wie das z. B. Abb. 86 zeigt (Abb. 15, Tafel 8 stellt den Aufbau dar). Hier kommt der Schaltkreis TAA861 zur Verwendung, ferner brauchen wir zwei Zenerdioden für 12 und 6 V. Die Typenbezeichnungen sind in Abb. 86 angegeben. Zunächst benötigen wir,

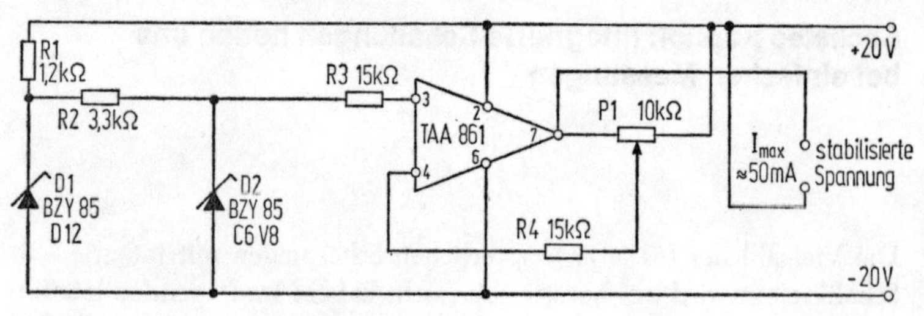

Abb. 86. Ein stabilisiertes Klein-Netzgerät

wie auch in Abb. 24, eine Vergleichsspannung, die mit den beiden Zenerdioden D1 D2 in Verbindung mit den Widerständen R1 und R2 hergestellt wird. Es handelt sich um dieselbe Schaltung wie in Abb. 24. Die hochkonstante, an D2 auftretende Vergleichsspannung gelangt über R3 auf den Eingangsanschluß 3 des integrierten Schaltkreises. In dessen Ausgang liegt das Potentiometer P1 als Ausgangswiderstand. Greifen wir davon die Spannung ab und führen sie über R4 dem anderen Eingangsanschluß 4 zu, so ist der Regelkreis geschlossen. Sinkt z. B. die Spannung am Anschluß 7 ein wenig ab, so wird auch die Spannung am Anschluß 4 etwas negativer. Da dieser Anschluß invertiert, erhöht sich die Spannung am Anschluß 7 neuerdings, d. h. die Schwankung wird ausgeglichen. An diesem Punkt können wir daher die stabilisierte Spannung abgreifen. Je nach Stellung des Potentiometers liegt sie etwa zwischen 6 und 15 V, maximal können wir rund 50 mA Strom entnehmen, müssen uns jedoch vor einem Kurzschluß des Ausgangs hüten, um den Schaltkreis nicht zu zerstören.

In Abb. 24 arbeiteten wir stets mit Siliziumtransistoren hinter dem integrierten Schaltkreis, die auch auf alle Fälle die besten Ergebnisse liefern. Aus früheren Versuchen stehen jedoch sicher auch Germaniumtransistoren bei uns zur Verfügung, ganz abgesehen davon, daß man heute im Handel Germaniumtypen besonders preiswert bekommt. Es liegt daher nahe, der Schaltung nach Abb. 86 einen Verstärker mit Germaniumtransistor (pnp) nachzuschalten. Die pnp-Transistoren erfordern bekanntlich eine umgekehrte Polarität gegenüber npn-Transistoren. Wir müssen daher die Schaltung gegenüber

Abb. 24 ändern, und wenn wir die Schaltung des TAA861 nebst Vergleichsstromquelle belassen wollen, kommen wir von der sogenannten Längsstabilisierung zur Querstabilisierung. Längsstabilisierung hatten wir in Abb. 24, weil der Transistor T1 in Reihe mit dem Belastungsstromkreis lag. In Abb. 87, die nun die Schaltung mit einem pnp-Germaniumtransistor zeigt, liegt der Regeltransistor T1 jedoch parallel zur Belastung.

Verfolgen wir einmal die Wirkungsweise dieser Schaltung: Der eingangsseitige Zenerdiodenkreis sowie der integrierte Schaltkreis sind uns bereits bekannt. Der Transistor T1 als Germanium-pnp-Transistor muß so geschaltet werden, wie das aus der Abbildung hervorgeht. Wie wir sehen, liegt jetzt das Potentiometer P1, an dem wir die Regelspannung abgreifen, parallel zur Emitter-Collectorstrecke von T1. Das jedoch bedeutet, daß die Spannung an dieser Strecke konstant gehalten wird (über R5 beeinflußt die Spannung den Eingang 4). Unsere stabilisierte Spannung liegt also jetzt an der Collector-Emitter-Strecke des Transistors, die positive Spannung wird über den Widerstand R6 zugeführt. Es drängt sich der Vergleich mit einer Zenerdiode auf, wobei R6 der zugehörige Vorwiderstand (z. B. R1 für D1) und die Emitter-Collector-Strecke von T1 die Zenerdiode selbst ist (z. B. D1). Gegenüber normalen Zenerdioden hat sie den Vorzug, eine „veränderliche Zenerspannung“ zu liefern, die man an P1 einstellen kann.

Schaltungen dieser Art sind nicht so wirtschaftlich wie solche mit Längstransistoren, denn gerade dann, wenn man dem Netzgerät

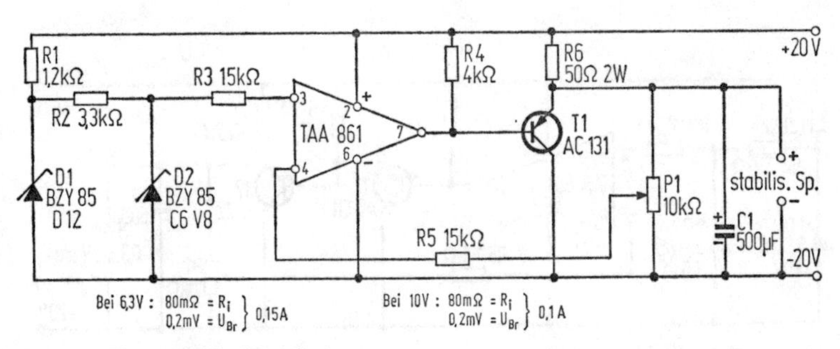

Abb. 87. Eine variable Zenerdiode

wenig Leistung entnimmt, ist T1 besonders stark belastet. Der durch R6 fließende Strom verteilt sich nämlich nach Maßgabe des Belastungswiderstandes auf den Transistor und auf die Last. Hat diese einen kleinen ohmschen Widerstand, so nimmt sie den meisten Strom auf, während der Strom durch T1 zurückgeht und umgekehrt. Immerhin ist die Schaltung empfehlenswert, wenn wir mit schon vorhandenen Germaniumtransistoren arbeiten wollen. Bei 6,3 V und einem Belastungsstrom von 0,15 A ergibt sich für diese Schaltung ein Innenwiderstand von etwa 80 mΩ und eine Brummspannung von 0,2 mV. Stellen wir mit P1 eine Spannung von 10 V am Ausgang ein, so erhalten wir bei 0,1 A Belastung noch dieselben Werte für den Innenwiderstand und die Brummspannung. Das kleine Netzgerät ist also sehr leistungsfähig und läßt sich, abgesehen vom integrierten Schaltkreis, aus vorhandenen Einzelteilen leicht zusammenbauen. Die Verdrahtung ist völlig unkritisch.

Reicht uns die Leistung der Schaltung Abb. 87 nicht aus, so können wir einen weiteren pnp-Leistungstransistor dem ersten Transistor nachschalten. Dieser zweite Transistor arbeitet in Collectorschaltung, so daß sich am Regelvorgang nichts ändert. Abb. 88 zeigt solch eine Anordnung. Der Eingangsteil der Schaltung einschließlich des Transistors T1 entspricht genau der von Abb. 87. Mit R6 stellen wir den Arbeitspunkt des neuen Transistors T2 richtig ein. Dieser Transistor verstärkt den Emitterstrom von T1 und wirkt wie in Abb. 87 als Zenerdiode mit dem Vorwiderstand R7. Parallel zu seiner Emitter-Collector-Strecke liegt das Potentiometer P1, an dem wir die Regelspannung abgreifen, die über R5 zum Anschlußpunkt 4 des inte-

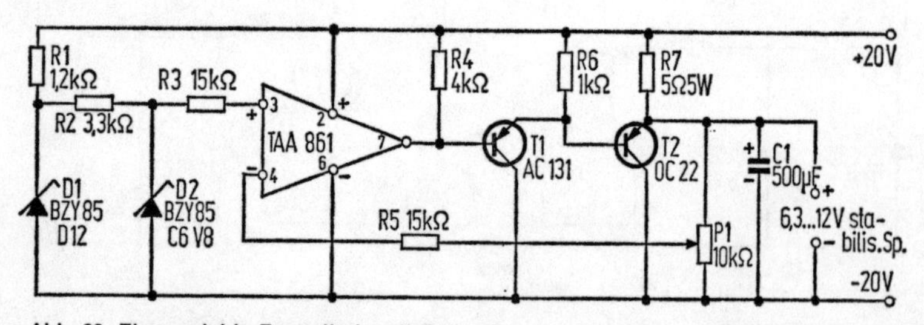

Abb. 88. Eine variable Zenerdiode mit Endstufe

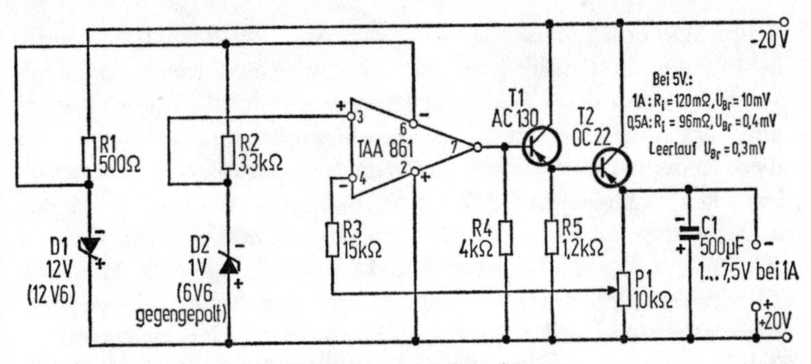

Abb. 89. Stabilisiertes Netzgerät mit IS und pnp-Transistoren

grierten Schaltkreises führt. Die stabilisierte Spannung entspricht der Spannung an der Emitter-Collector-Strecke. Die Schaltung nach Abb. 87 ist hier also um eine Stufe in Collectorschaltung erweitert. Bei einer eingestellten Spannung von etwa 6 V und einem Belastungsstrom von 0,5 A erhalten wir einen Innenwiderstand von 24 mΩ bei einer Brummspannung von 1 mV. Bei 10 V und einer Belastung mit 0,45 A steigt der Innenwiderstand auf 26 mΩ, während die Brummspannung auf 0,5 mV absinkt. Auch das sind sehr gute Werte. Je nach Leistungsfähigkeit unseres Netzgerätes (hierfür eignet sich das bei Abb. 24 beschriebene Netzgerät sehr gut) kann man Ströme bis 1 A entnehmen.

Wollen wir aus irgendeinem Grunde auch mit pnp-Germaniumtransistoren eine Längsstabilisierung herstellen, so ist das auf einem Umweg möglich. Das zeigt Abb. 89. Wir kommen mit dieser Schaltung im Prinzip zur gleichen Anordnung wie Abb. 24, nur mit dem Unterschied, daß als Bezugsspannung der Pluspol des Netzgerätes dient, während es in Abb. 24 der Minuspol war. Dadurch ergibt sich an der Basis von T1 ein anderes Gleichspannungspotential gegenüber Abb. 24. Um es wieder an das Ausgangspotential des integrierten Kreises anzupassen, müssen wir eine umgepolte Vergleichsspannung verwenden. Das bedeutet eine Änderung der Zenerdiodenschaltung. Die Zenerdiode D1 wird jetzt vom Minuspol über R1 gespeist, die so vorstabilisierte negative Spannung gelangt über R2 zur zweiten Zenerdiode D2. Dort brauchen wir jedoch nur eine sehr kleine Span-

nung. Wir erhalten sie dadurch, daß wir die Zenerdiode „umgekehrt“, also in Durchlaßrichtung, schalten. Dann treten dort etwa −1 V auf, und diese Spannung ist gerade recht als Vergleichsspannung am Anschlußpunkt 3 des integrierten Schaltkreises. Wenn wir diese Änderung durchführen, so können wir den Ausgang 7 unmittelbar mit der Basis von T1 koppeln, wobei der Widerstand R4 den Außenwiderstand des TAA861 darstellt. Nunmehr entspricht die Schaltung weitgehend der von Abb. 24 bzw. 25: Der erste Transistor T1 verstärkt den Ausgangsstrom des integrierten Schaltkreises, sein Emitterstrom speist die Basis des Transistors T2, der der eigentliche stabilisierende Längstransistor ist. Mit R5 wird die richtige Basisspannung für T2 eingestellt. In der Emitterleitung dieses Transistors liegt das Potentiometer P1, an dem wir die Regelspannung für den integrierten Schaltkreis über R3 abgreifen. Am Ausgang bzw. parallel zu P1 liegt unser Verbraucher. Wir sehen jetzt auch, warum wir die Zenerdiode umpolen mußten, so daß eine negative Spannung entsteht: Auch der Abgriff von P1 ist jetzt gegenüber dem Bezugspol negativ, während er in Abb. 24 positiv war.
Dieses Netzgerät arbeitet nun genauso wirtschaftlich wie Abb. 24, obwohl pnp-Transistoren vorhanden sind; lediglich die Temperaturabhängigkeit ist etwas größer. Bei einer Stromentnahme von 1 A erhalten wir einen Innenwiderstand von 120 mΩ bei einer Brummspannung von 10 mV. Entnehmen wir nur 0,5 A, so beträgt der Innenwiderstand 96 mΩ und die Brummspannung 0,4 mV. Im Leerlauf hat die Brummspannung nur einen Wert von 300 µV.
Abschließend beschreiben wir noch zwei andere stabilisierte Netzgeräte mit anderen integrierten Kreisen. Abb. 90 arbeitet mit dem Schaltkreis µA709 und verfügt über eine elektronische Sicherung, die wir noch beschreiben werden. Dem Anschluß 3 wird eine stabilisierte Gleichspannung zugeführt, die wir von der Zenerdiode D6 abgreifen; diese wird über R1 vom Pluspol gespeist. Sie gelangt über R2 zum Anschluß 3. Die Werte C2, C1 und R7 dienen nur zur Verhinderung unerwünschter Schwingungen. Der Ausgang 6 des integrierten Kreises speist über R5 die Basis des Transistors T2, der den eigentlichen Regeltransistor darstellt. Über R6 (dessen Bedeutung wir noch besprechen) gelangt die Regelspannung über R4 und P1 auf den Anschluß 2, wo sie hinsichtlich Stabilisierung ebenso wirkt, wie wir das

schon bei den anderen Schaltungen beschrieben haben. R3 ist nur ein Ergänzungswiderstand, um die Spannung an P1 nicht zu hoch werden zu lassen. Die Ausgangsspannung wird zwischen dem gemeinsamen Minuspunkt und dem Emitter von T2 abgegriffen.
Neu ist der Transistor T1. Wir sehen, daß seine Basis-Emitter-Strecke parallel zum Widerstand R6 liegt, und dieser Widerstand wird vom Verbraucherstrom durchflossen. Steigt dieser so weit an, daß an R6 ein Spannungsabfall auftritt, der die Schwellspannung der Basis-Emitter-Strecke von T1 überschreitet, so öffnet der Transistor, und die Strecke Collector–Emitter erhält einen kleinen Widerstand. Da-

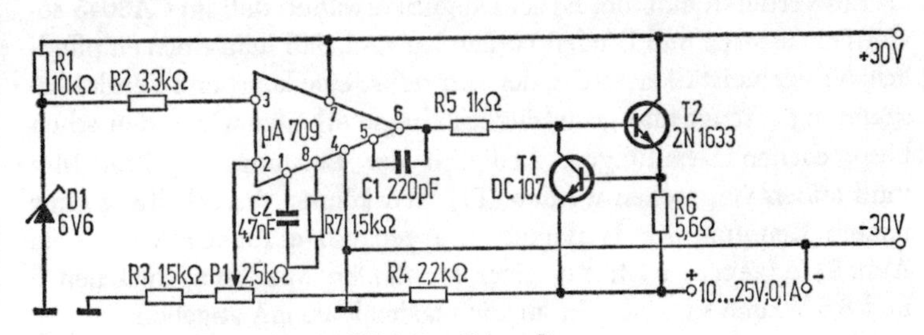

Abb. 90. Andere Form eines stabilisierten Netzgerätes

durch fließt nun ein Teil des Ausgangsstromes der integrierten Schaltung zum Pluspol ab, also nicht mehr über die Basis von T2. Deshalb kann sich auch der Emitterstrom dieses Transistors, der mit dem Belastungsstrom identisch ist, nicht mehr vergrößern. Selbst wenn wir die Ausgangsklemmen kurzschließen würden, könnte der Transistor T2 nicht defekt werden. Dafür sorgt der Spannungsabfall an R6, der den Schutztransistor rechtzeitig öffnet. Mit P1 kann man den Wert der Ausgangsspannung einstellen. Diese ist zwischen 10 und 25 V regelbar, die Belastbarkeit liegt bei etwa 100 mA. Reicht die durch eine einzige Zenerdiode gegebene Stabilisierung der Vergleichsspannung nicht aus, so kann man auch eine Reihenschaltung von zwei Zenerdioden vorsehen, wie wir das in den vorhergehenden Anordnungen bereits besprochen haben.
Abb. 91, Seite 182, schließlich zeigt noch ein stabilisiertes Netzgerät mit

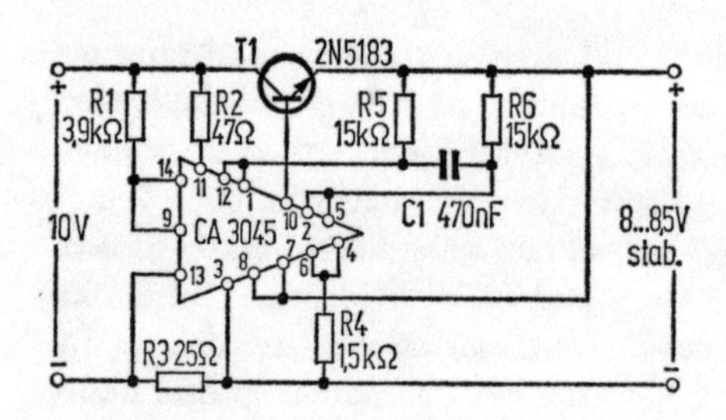

Abb. 91. Stabilisiertes Netzgerät für 8 V

dem Schaltkreis CA3045. Dieser Schaltkreis enthält nur Transistoren und Dioden, also keine Widerstände, so daß diese von außen angebracht werden müssen. Die Wirkungsweise wollen wir im einzelnen nicht besprechen, da wir uns sonst in das Innere des Schaltkreises vertiefen müßten. Es sei lediglich erwähnt, daß im CA3045 soviel Transistoren und Dioden vorhanden sind, daß man einen empfindlichen Regelverstärker erhält, der sich selbst eine konstante Vergleichsspannung erzeugt und grundsätzlich ebenso arbeitet wie in den schon besprochenen Schaltungen. Lediglich der Leistungs-Regeltransistor muß außen vorgesehen werden (T1). Wir können die Schaltung ohne nähere Kenntnis der Wirkungsweise genauso aufbauen, wie sie in Abb. 91 angegeben ist. Bei einer konstanten Spannung zwischen 8 und 8,5 V kann sie einen Strom von maximal 500 mA abgeben.

Zum Schluß dieses Abschnittes noch eine kleine Schaltung, die dann Bedeutung hat, wenn wir eine sehr kleine Spannung verstärken wollen, die bereits mit Brummspannungen überlagert ist. Beispielsweise tritt so etwas bei hochohmigen Mikrophonen oder Tonabnehmern mit nicht ausreichender Abschirmung auf. Wir können dann zwischen die Leitung und den Eingang des Verstärkers eine sogenannte Netzsperre einschalten, mit deren Hilfe man die Netzspannungsreste sehr wirksam beseitigen kann. Die Schaltung zeigt Abb. 92. Wir erkennen zunächst am Eingang die eigentliche Netzsperre, bestehend aus einem RC-Netzwerk mit den Widerständen R1, R2, R3 und den Kondensatoren C1,

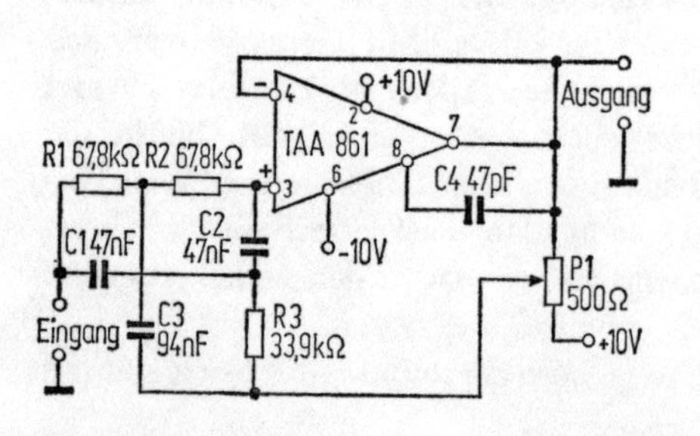

Abb. 92. Eine Netzsperre

C2, C3. Der Ausgang dieses RC-Netzwerkes, das bei genau 50 Hz sehr wirksam sperrt, liegt am Anschluß 3 des TAA861. Der integrierte Schaltkreis hat hier nicht die Aufgabe zu verstärken, sondern nur das Netzwerk mit einem sehr hohen ohmschen Widerstand abzuschließen. Wir sehen, daß der Verstärker 100⁰/₀ig gegengekoppelt ist (direkte Verbindung von 7 mit 4). Dadurch wird zwar die Verstärkung 1, aber der Widerstand an der Klemme 3 liegt bei etwa 10 MΩ. Nur dadurch kommt das Netzwerk wirklich wirksam zur Geltung. Am Ausgang, Anschluß 7, können wir die von den Netzspannungsresten befreite Nutzspannung abnehmen, die in derselben Größe wie am Eingang erscheint. Der Abgriff am Potentiometer P1 bedeutet eine kleine Rückkopplung auf den nicht invertierenden Eingang 3; man kann damit die Bandbreite der Sperrkurve beeinflussen. Je weiter wir den Schleifer nach links rücken, also zum Anschluß 7, um so größer wird die Filtergüte, um so kleiner die Bandbreite. Steht der Schleifer ganz rechts, so ist die Bandbreite am größten. Wichtig ist, daß die angegebenen Werte genau eingehalten werden; sie sind teilweise „krumm“, d. h. nicht handelsüblich. Man muß sich daher durch Reihen- oder Parallelschaltung vorhandener Widerstände helfen und die richtigen Widerstandswerte mit einem Ohmmeter genau bestimmen. C4 dient nur zur Vermeidung von Schwingungen. Die Anordnung läßt sich sehr klein zusammenbauen und in einen eventuell schon vorhandenen Verstärker mit einsetzen, so daß dieser dann gegenüber der 50-Hz-Netzfrequenz weitgehend unempfindlich wird.

2. Wir messen kleinste Ströme und Spannungen

Die vorzügliche Konstanz und die geringe Temperaturabhängigkeit integrierter analoger Schaltkreise ermöglichen heute den Aufbau von Millivoltmetern und Mikroamperemetern sowohl für Gleich- als auch für Wechselspannungen bzw. Wechselströme. Beim Aufbau mit getrennten Einzelteilen erzielt man lange nicht so gute Ergebnisse. Zunächst besprechen wir Abb. 93, Seite 184, die Schaltung eines Gleichspannungs-Millivoltmeters mit dem Schaltkreis TAA861. Das Messen kleiner Gleichspannungen ist immer interessant, beispielsweise wenn man in der Experimentierpraxis Spannungsabfälle auf Leitungen feststellen will, Übergangswiderstände prüfen möchte usw. Die Schaltung

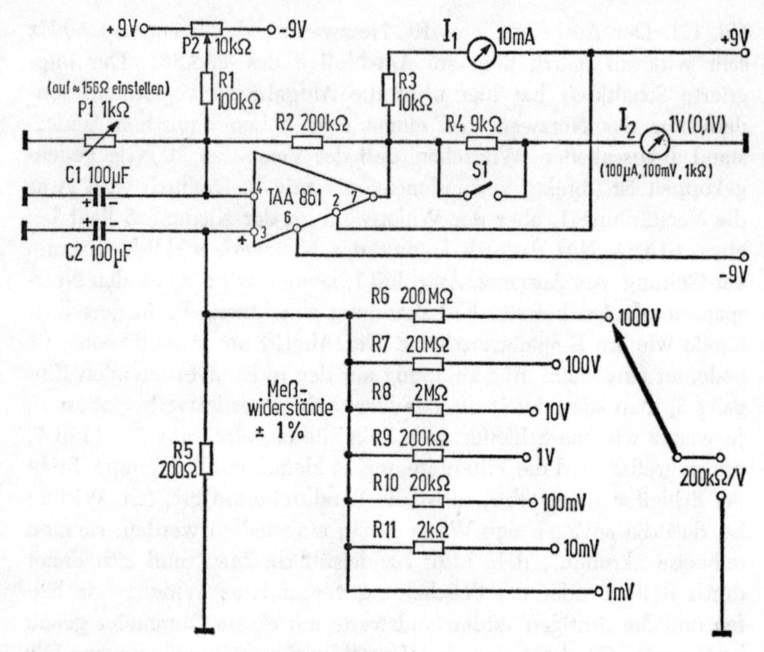

Abb. 93. Ein Gleichspannungs-Millivoltmeter

ermöglicht noch die Messung einer Gleichspannung von 1 mV bei Vollausschlag des Instrumentes. Der Schaltkreis ist mit R2 gegengekoppelt, um eine definierte Verstärkung einzustellen; diese kann mit P1 noch fein einreguliert werden (man stellt diesen Wert auf etwa 150 Ω ein). Am Anschluß 3 wird die Meßspannung zugeführt, und zwar über einen stufenweise einstellbaren Spannungsteiler, der aus den Widerständen R5 bis R11 besteht. Die sich ergebenden Meßbereiche sind eingetragen. Lassen sich die Widerstände von 20 und 200 MΩ nicht beschaffen, so muß man sich durch Reihenschaltung entsprechender kleinerer Werte behelfen. Der Eingangswiderstand unseres Meßinstrumentes beträgt 200 kΩ je V.

Im Ausgang liegt der Widerstand R3, dessen Strom wir — wenn wir wollen — mit dem Instrument I1 messen können. Die Spannung am Ausgangswiderstand wird mit dem Instrument I2 gemessen, wofür wir das 100-µA-Instrument in unserem Versuchsaufbau verwenden können. Soll es bei 1 V Vollausschlag haben, so müssen wir den Vorwiderstand R4 vorschalten. Schließen wir ihn mit dem Schalter S1 kurz, so beträgt der Meßbereich 0,1 V.

Vor Inbetriebnahme gleichen wir die Anordnung ab, indem wir zunächst den 1-mV-Anschluß kurzschließen und den Abgleich mit P1 und P2 (auf 0) vornehmen. Nun können wir bereits messen, wenn wir vorher das Instrument mit einem Vergleichsinstrument eichen.

Auch als Mikroamperemeter ist diese Schaltung verwendbar, wenn wir sie nach Abb. 94 ergänzen. Die Gesamtschaltung bleibt erhalten, geändert wird nur der Eingangs-Spannungsteiler. Hier sind die Widerstände R1 bis R6 vorgesehen, die jeweils von dem zu messenden Eingangsstrom durchflossen werden. Benutzen wir den obersten Eingang, so können wir Ströme von 0,1 µA noch einwandfrei messen! Übrigens verdoppelt sich die Empfindlichkeit der Schaltung nach Abb. 93 und 94, wenn wir den Vorwiderstand R4 mit S1 überbrücken. Wir können sogar noch weitergehen und können die Gegenkopplung (Widerstand R2) gänzlich unterbrechen. Dann arbeitet der Verstärker mit voller Verstärkung, und es ergibt sich als kleinster Meßbereich der unwahrscheinlich geringe Wert von 0,01 µA. Allerdings ist in diesen kleinen Meßbereichen der Zeigerausschlag nicht mehr stabil, sondern er schwankt etwas. Hier machen sich schon die immer vorhandenen Störspannungen bemerkbar. Auch dieses Mikroampere-

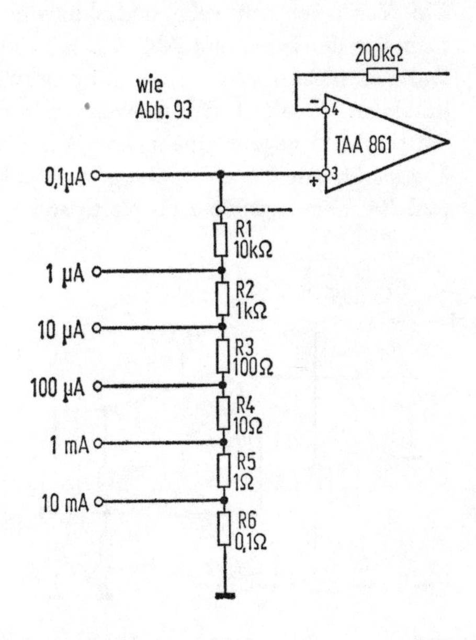

Abb. 94. Ergänzung von Abb. 93 zu einem Mikroamperemeter

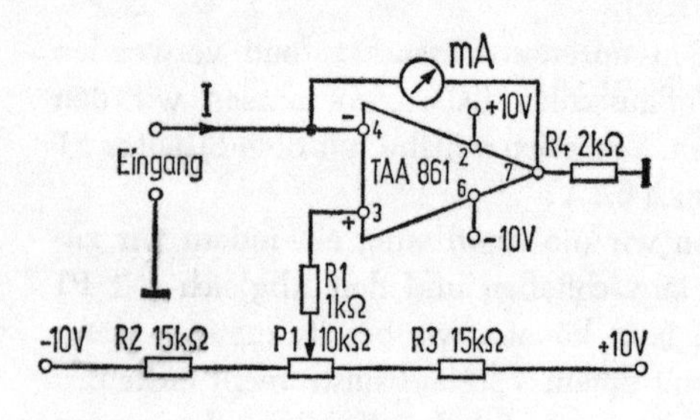

Abb. 95. Ein Amperemeter mit sehr kleinem Innenwiderstand

meter wird man zweckmäßigerweise mit einem Vergleichsinstrument eichen.

Mit der Schaltung nach Abb. 95 erhalten wir ein Amperemeter mit einem sehr kleinen Innenwiderstand. Es handelt sich um einen total gegengekoppelten Verstärker, wobei der Nullpunkt mit P1 eingestellt wird. Wir wissen von früheren Beschreibungen her, daß der Eingang eines gegengekoppelten Verstärkers praktisch auf dem Nullpotential liegt („virtuelle Erde"). Infolgedessen fließt der Meßstrom I durch den Widerstand O. Den Strom können wir direkt mit einem zwischen dem Eingang und dem Ausgang liegenden Milliamperemeter messen, R4 ist der Außenwiderstand des integrierten Schaltkreises.

Ein Voltmeter mit sehr hochohmigem Eingangswiderstand erhält man mit der Schaltung Abb. 96. Hier nutzen wir die Tatsache aus, daß der nicht invertierende Eingangswiderstand eines integrierten Schaltkreises sehr hoch ist, wenn wir den invertierenden Eingang entsprechend gegenkoppeln. Der Arbeitspunkt wird mit P1 über R1 eingestellt, zur Gegenkopplung verwenden wir die Widerstände R3 und R4. Die angegebenen Werte stellen nur ein Beispiel dar. Man kann sie je nach Bedarf anders wählen. Über C1 wird die zu messende Wechselspannung angekoppelt, C2 ist nur ein Schutzkondensator gegen-

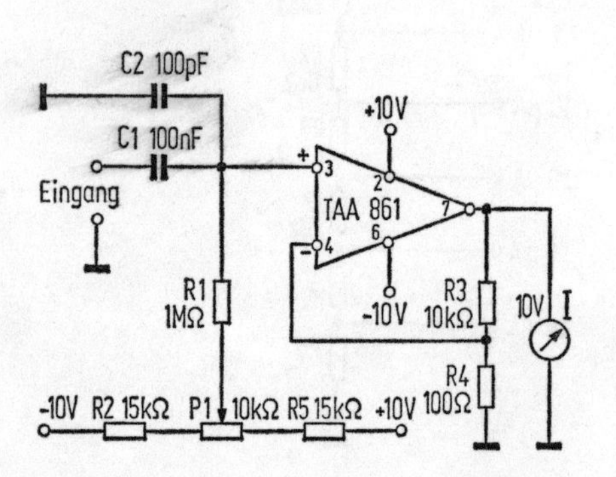

Abb. 96. Ein Voltmeter mit hohem Innenwiderstand

über Störspannungen. Gemessen wird die Spannung am Ausgang mit dem Instrument I. Dieses Voltmeter muß sich für Wechselspannungen bei den in Frage kommenden Frequenzen eignen (z. B. Wechselspannungs-Vielfachmeßgerät). Eingangswiderstände von 5 MΩ sind leicht zu erreichen.

Zum Schluß besprechen wir noch die Abb. 97. Hier handelt es sich um ein Wechselspannungs-Millivoltmeter mit dem kleinsten Meßbereich von 1 mV. Der integrierte Schaltkreis ist wie üblich geschal-

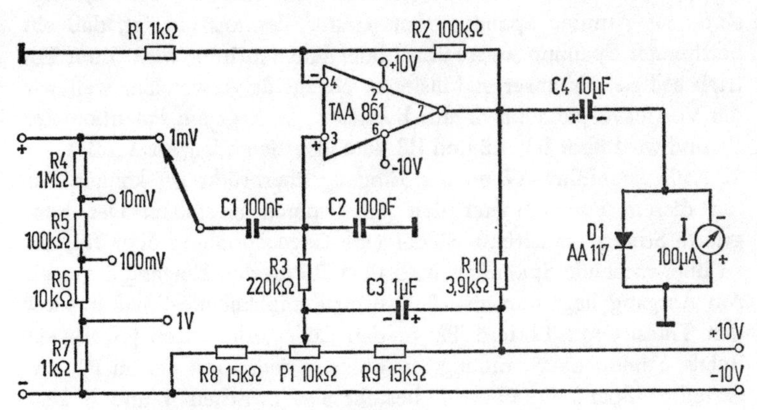

Abb. 97. Ein Wechselspannungs-Millivoltmeter

tet, wobei die Gegenkopplung durch R1 und R2 bestimmt ist. Die Meßspannung wird am Eingang 3 angeschlossen, über R3 führen wir wieder die Einstellspannung für den Arbeitspunkt zu, die an P1 abgegriffen wird. Die zu messende Wechselspannung kommt an den Spannungsteiler R4 bis R7 und kann dort abgegriffen werden. Von den Abgriffen führt eine Leitung über C1 zum Eingangsanschluß 3. Wir sehen, daß Meßbereiche zwischen 1 mV und 1 V möglich sind. C2 und C3 sind lediglich zur Vermeidung von Störspannungen vorgesehen.

Am Außenwiderstand R10 tritt die verstärkte Wechselspannung auf, die nun über C4 der Gleichrichterdiode D1 zugeführt wird. Parallel dazu liegt das Meßinstrument I mit 100 µA Vollausschlag. Es kann in

Wechselspannungswerten geeicht werden. Der Frequenzbereich reicht von 20 Hz bis 100 kHz, maximal bis 500 kHz, wenn man für diese Frequenz eine andere Eichung vorsieht. Mit P1 stellen wir bei fehlender Meßspannung den Nullpunkt ein.

3. Weitere interessante Meßschaltungen

Zum Abschluß noch drei Schaltungen, die uns in mancherlei Hinsicht nützlich sein können. Abb. 98 (Aufbau siehe Abb. 16, Tafel 8) zeigt einen sogenannten Spannungskomparator, der uns anzeigt, daß ein bestimmter Spannungswert über- oder unterschritten wird. Zum Betrieb sollten wir unser stabilisiertes Netzgerät verwenden, weil wir die Vergleichsspannung daraus beziehen. Sie liegt am Potentiometer P1 und wird über R1, R2 und R3 dem invertierenden Anschluß 4 des TAA861 zugeführt. Wenn der Eingang überbrückt ist, können wir mit diesem Potentiometer den Arbeitspunkt einstellen. Der integrierte Schaltkreis enthält wieder eine Gegenkopplung über R4, die zu überwachende Spannung wird über R5 an den Eingang 3 gelegt. Am Ausgang liegt nun eine Transistor-Komplementär-Schaltung mit den Transistoren T1 und T2, in den Collectorleitungen jeweils ein Relais. Stimmt die Spannung am Eingang genau mit der an P1 eingestellten Spannung überein, besteht also zwischen 4 und 3 kein Spannungsunterschied, so ist der Verstärker stromlos, und beide Relais sind abgefallen. Ändert sich die Eingangsspannung ein wenig in der einen oder anderen Richtung, so zieht entweder das erste oder das zweite Relais an. Mit den Relaiskontakten kann man die Abweichung anzeigen und ersieht sofort, ob die Spannung unter einen Normalwert gesunken oder darüber angestiegen ist. Die Schaltung

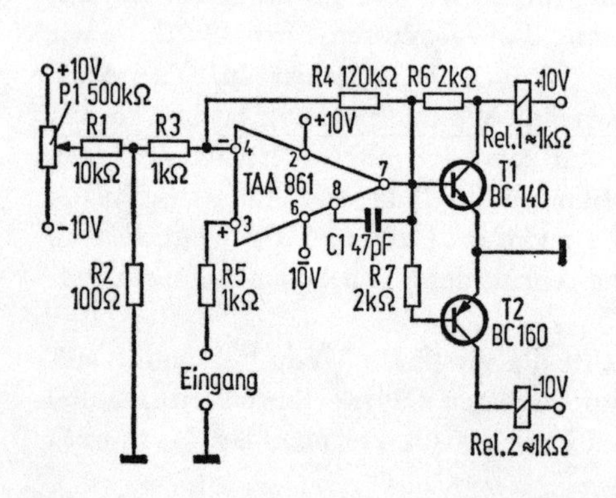

Abb. 98. Ein Spannungskomparator

Abb. 99. Brückenschaltung mit Differenzverstärker

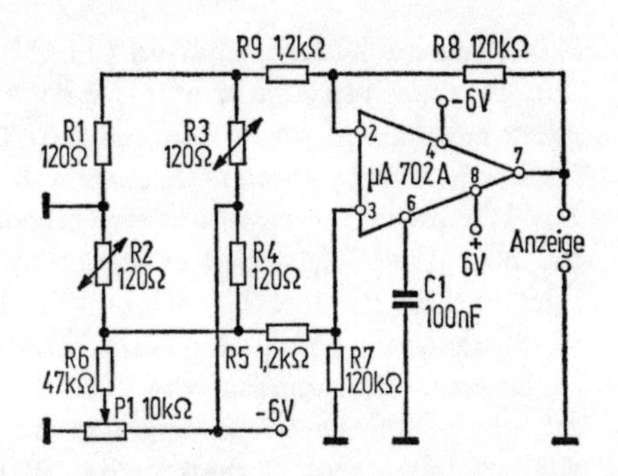

ist so empfindlich, daß bereits eine Abweichung um 7 mV von den Relais registriert wird.

Abb. 99 zeigt eine praktische Anwendung des Differenzverstärkers; er dient hier als Verstärker für eine Widerstands-Meßbrücke, die mit den beiden Kaltleitern R2 und R3 sowie den Festwiderständen R1 und R4 arbeitet. Der Arbeitspunkt wird an P1 über R6 eingestellt. Auch die Widerstände R5 und R7 bestimmen den Arbeitspunkt mit. Sobald Brückengleichgewicht herrscht, ist die Spannung zwischen den Anschlüssen 2 und 3 0, und der Ausgang zeigt keine Spannung. Ist die Brücke verstimmt, so ergibt sich eine Ausgangsspannung, die positiv oder negativ gegenüber dem Nullpunkt sein kann, je nachdem, in welcher Richtung die Brücke verstimmt ist (je nachdem, ob 2 gegen 3 oder 3 gegen 2 positiv ist). Der Widerstand R8 stellt die übliche Gegenkopplung dar. Mit solch einer Schaltung sind sehr genaue Temperaturmessungen möglich, wenn man einen der beiden Kaltleiter der zu messenden Temperatur aussetzt. Mit C1 werden Störschwingungen vermieden. Vorteilhaft bei dieser Schaltung ist, daß die Meßbrücke gleichphasig mit ziemlich großen Störspannungen beaufschlagt werden darf. Diese Störspannungen werden wegen der Gleichtaktunterdrückung (siehe Seite 171) praktisch nicht mitverstärkt.

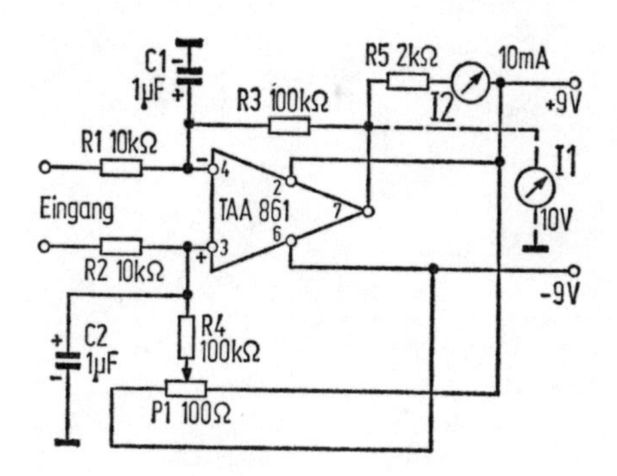

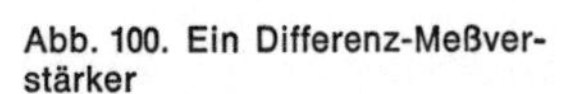
Abb. 100. Ein Differenz-Meßverstärker

Zum Abschluß nochmals anhand von Abb. 100 die Beschreibung eines Differenz-Meßverstärkers. Wir haben zwar solch einen Verstärker schon besprochen; wer jedoch den Typ TAA861 hat, der in unserem Buch sehr häufig vorkommt, kann sich dieser Schaltung bedienen. Die Wirkungsweise entspricht weitgehend der nach Abb. 84, auf die wir bei dieser Gelegenheit verweisen möchten. Der Nullabgleich erfolgt hier an P1 über R4; C1 und C2 haben den Zweck, störende Wechselspannungen des Eingangs kurzzuschließen. Die zu messende Differenz-Gleichspannung wird über R1 und R2 zugeführt. Über R3 erfolgt die übliche Gegenkopplung, die Ausgangsspannung können wir am Instrument I1 messen; mit I2 messen wir den Ruhestrom des Verstärkers durch den Außenwiderstand R5. Auch dieser Verstärker ist bestens geeignet, wenn es darauf ankommt, nur kleine Spannungsdifferenzen zu messen, denen hohe Gleichtaktspannungen überlagert sind.
Wir sind nun am Ende der Beschreibung unserer Versuchsschaltungen und hoffen, daß sich für den Selbstbau viele nützliche Anregungen ergeben haben.

Bezugsquellenverzeichnis

Die Hersteller elektronischer Bauteile beliefern Privatleute nicht unmittelbar; diesbezügliche Anfragen bleiben daher unbeantwortet. Eine Belieferung ist nur über die Versandgeschäfte möglich, von denen wir nachstehend ein Verzeichnis angeben. Zweckmäßigerweise verlangt man von diesen Firmen zunächst einen Katalog oder sonstige Bestellungsunterlagen. Die Erledigung von Anfragen dauert mitunter eine geraume Zeit.

Arlt-Radio-Elektronik, 1 Berlin-Charlottenburg, Kaiser-Friedrich-Str. 18
Arlt-Radio-Elektronik, Walter Arlt, 1 Berlin-Neukölln, Karl-Marx-Straße 27
Arlt-Radio-Elektronik, 4 Düsseldorf, Friedrichstraße 61 a
Arlt-Radio-Elektronik, 6 Frankfurt-Main, Münchener Straße 4 – 6
Arlt-Radio-Elektronik, 5 Köln, Hansaring 93
Arlt-Radio-Elektronik, 7 Stuttgart-W, Rotebühlstraße 93
Atzert-Radio, 1 Berlin SW 61, Stresemannstraße 100
Gebr. Baderle, 2 Hamburg 1, Spitaler Straße 7
Baly-Electronic, 2 Hamburg 1, Burchardplatz 1
Hannes Bauer, 86 Bamberg 2, Horntaler Straße 8
Gustav Beck KG, 8 München 19, Waisenhausstraße 33
Bühler-Elektronik, 757 Baden-Baden, Guntzenbachstraße 33
Conrad, 8452 Hirschau/Bayern, Postfach 13
Radio-Dahms Elektronik, 68 Mannheim, M 1, 6-Pf. 1907
Digitron-Studiotechnik, 8 München 13, Bauerstraße 37
Dimeg, Schmitz KG, 406 Viersen 1, Löhstraße 4—6
Radio-Draeger, 7 Stuttgart-S, Sophienstraße 21 b
ECA-Electronic und Acustic GmbH, 8 München 23, Rheinstraße 9
Elektronische Bauelemente, 2 Hamburg 20, Eppendorfer Weg 231
Radio-Fern-Elektronik GmbH, 43 Essen, Kettwiger Straße 56
Jürgen Höke, 2051 Stemwarde ü. Hamburg-Bergedorf, Am Stüp 10
Modellbau Weßling, 8031 Weßling/Obb., Bognerweg 23

Haro-Electronic, 507 Bergisch-Gladbach, Postfach 163
Heinze & Bolek, 8630 Coburg, Postfach 507
IBS-Elektronik, 46 Dortmund, Postfach 821
Janus-Elektronik, 4019 Monheim, Schumannstraße 3
G. A. Kimmerle, 741 Reutlingen, Aispachstraße 24 a
Kroha, Elektronische Geräte, 731 Plochingen, Wilhelmstraße 31
Mainfunk-Elektronik, H. Wenzel, 6 Frankfurt-Main, Elbestraße 29
Merkur-Radio-Versand, 1 Berlin 41, Schützenstraße 42
A. Meyer, 46 Dortmund, Solbenstraße 14
Meyer-Elektronik, 757 Baden-Baden, Postfach 604
Nadler Radio-Elektronik GmbH, 4 Düsseldorf, Friedrich-Ebert-Straße 41
Nadler Radio-Elektronik GmbH, 3 Hannover, Hamburger Allee 55
NSE-Electronic, 289 Nordenham, Hansingstraße 50
H. A. Oppermann, 4966 Sachsenhagen, Dühlfeld 29
Radio-Pöschmann, 5 Köln, Friesenplatz 13
E. Queck, 85 Nürnberg, Augustenstraße 6
Rael-Nord-Großhandelshaus, 285 Bremerhaven 21, Bei der Franzosenbrücke 5—7
Reeh, 6 Frankfurt 1, Schäfergasse 17
Radio-Rim, 8 München, Bayerstraße 25
Justus Schäfer, 435 Recklinghausen, Oerweg 85—87
E. Scheicher & Co. OHG, 8013 Gronsdorf
G. Schimmel, Elektronik, 4401 Wolbeck, Hiltruper Straße 39, Postfach 1
H. G. Schukat-Elektronik, 4019 Monheim
Süss & Co., 2 Hamburg 62, Ochleckerring 10
Technik-Versand, 28 Bremen, Außer der Schleifmühle 68
Thomsen, Elektronische Bauteile, 6349 Nenderoth, Schulstraße 73
G. Völkner, 33 Braunschweig, Ernst-Amme-Straße 11
A. Weistroffer, Elektronische Bauteile, 5501 Wasserbilligerbrück
Wiepking & Co., 2 Hamburg 6, Schanzenstraße 115
van Winssen, 46 Dortmund, Brückstraße 52
Radio-Wolf, 82 Rosenheim, Münchener Straße 25

Die vorstehend aufgeführten Versandfirmen — die Liste ist keineswegs vollständig — führen die üblichen elektronischen Bauteile einschließlich der Halbleiterbauteile. Trotzdem hat man mitunter bei der Beschaffung bestimmter Halbleitertypen, insbesondere solcher ausländischer Herkunft, Schwierigkeiten. Wir geben daher nachstehend die deutschen Vertretungen der wichtigsten ausländischen Firmen an, soweit sie Teile liefern, die gelegentlich in unserem Buch genannt sind. Man bestellt bei diesen Firmen zweckmäßigerweise mit genauer Teilebezeichnung per Nachnahme, um auch eine Lieferung kleinster Mengen sicherzustellen.

Beckmann Instruments GmbH, 8 München 45, Frankfurter Ring 115
Motorola, 62 Wiesbaden, Luisenstraße 28
Neumüller & Co. GmbH, 8 München 2, Karlstraße 55 (u. a. General Electric)
A. Neye-Enatechnik, 2085 Quickborn-Hamburg, Schillerstraße 14 (RCA)
Semikron, 85 Nürnberg, Wiesentalstraße 40
Texas Instruments Deutschland, 8050 Freising, Kepplerstraße 33
Transitron, 8 München 15, Pettenkoferstraße 24
Westinghouse Electric, 6 Frankfurt-Main, Kleine Wiesenau 1

Auf eine Firma sei besonders hingewiesen. Sie hat sich die Aufgabe gestellt, auch Kleinstabnehmer mit den Erzeugnissen verschiedener Firmen prompt zu beliefern, und zwar auf telefonische und schriftliche Bestellung. Sie führt u. a. die Erzeugnisse der Firmen Transitron, SGS, Valvo, Röderstein, SEL, Preh, Ero, Intermetall, Rudiwo und weitere. Von dieser Firma ist auch ein Übersichtskatalog gegen Schutzgebühr erhältlich. Die Anschrift lautet: Sasco GmbH, 8011 Putzbrunn bei München, Hermann-Oberth-Straße 16.

Sachregister

Heinz Richter
Ein Leben für die Elektronik

1932 startete Heinz Richter mit Absolvierung der Ingenieurprüfung seine Laufbahn als Techniker. Daß sie ihn zu einem der beliebtesten Fachschriftsteller auf dem weiten Gebiet der Elektronik machen würde, ahnte er damals noch nicht. Doch schon zwei Jahre später knüpfte er den ersten Kontakt mit der FRANCKH'SCHEN VERLAGSHANDLUNG und brachte dort zusammen mit W. De Haas sein erstes Buch, „Schule des Funktechnikers", heraus. Der Erfolg des Buches, es erlebte innerhalb kurzer Zeit sieben Auflagen, spornte ihn zu weiteren Veröffentlichungen an, die ebenfalls zum größten Teil bei der FRANCKH'SCHEN VERLAGSHANDLUNG erschienen. Trotz seiner Erfolge als Fachschriftsteller vor dem Kriege, blieb Heinz Richter der Praxis treu. 1935 bis 1939 war er Forschungsingenieur am Flugfunktechnischen Institut Oberpfaffenhofen bei Prof. Dieckmann, danach Leiter einer Arbeitsgruppe für Flugfunkforschung. 1946 nahm Heinz Richter seine Arbeit als freiberuflicher Entwicklungsingenieur, Redakteur, Gutachter und vereidigter Sachverständiger auf. Daneben wurde er verstärkt als Fachschriftsteller tätig und begann die Reihen „Bastelbücher" und „Unterhaltungselektronik für Alle", die er neben seinen anderen Reihen ständig durch neue Bände ergänzt und deren ältere Titel er stets der fortschreitenden Technik anpaßt.
Wieviel Bücher von Heinz Richter bis heute in die Hände der Leser gegangen sind und wie vielen sie ein Schlüssel zur Elektronik waren, kann heute niemand mehr sagen. Die Millionengrenze ist jedoch schon lange überschritten. Die Bastelbücher Heinz Richters erklären nicht nur Funktion

und Arbeitsweise der menschlichen Vielfalt von elektronischen Geräten, sondern ermöglichen dem Laien auch den Nachbau. Bis zum kleinsten Handgriff erklärt Heinz Richter alles was dem Bastler Ärger, Zeit und Kosten sparen kann. – Welche Werkzeuge erforderlich sind, welche Einzelteile und Bauelemente man braucht, wo diese preiswert zu bekommen sind. – Richter-Bastelbücher sind millionenfach bewährt, von Auflage zu Auflage verbessert und dem neuesten Stand der Technik angepaßt.

Telekosmos Hobby-Elektronik

Die neue Reihe für alle Elektronik-Bastler

Spielend lernen heißt doppelt lernen. Und diesem Motto folgend geben die Bändchen mehr als eine Schaltungssammlung elektronischer Geräte. Sie führen auf leichte und verständliche Weise in die Elektronik ein. Was der Bastler in einem Band gelernt hat, erleichtert ihm das Verständnis des nächsten. Die Autoren der Reihe, Praktiker und Fachleute auf ihrem Gebiet, haben alle Schaltungen und Geräte selbst erprobt. Sie kennen die Schwierigkeiten, weisen darauf hin und geben Lösungen.

25 Schaltungen mit einer Platine
Wie man gedruckte Schaltungen vielseitig einsetzen kann
von Waldemar Baitinger
79 Seiten. 65 Abbildungen im Text.
Ganz auf die Interessen des Elektronikbastlers zugeschnitten wird hier beschrieben, wie man auf einer einzigen, selbst hergestellten Platine die verschiedenartigsten Schaltungen aufbaut.

So baut man eine Schaltung auf
Von der Brettschaltung zur selbstgefertigten Leiterplatte
von Ing. (grad.) Heinrich Stöckle
80 Seiten. 16 Abbildungen im Text.
10 Fotos. 4 Kunstdrucktafeln.
Ein unentbehrliches Handbuch für den Elektronikbastler und ein ausgezeichnetes Hilfsmittel des einführenden Elektronikunterrichts.

Elektronische Thermometer
Temperaturmessungen von −100° C bis +1300° C
von Ing. (grad.) Heinrich Stöckle
80 Seiten. 28 Abbildungen im Text.
8 Fotos auf 4 Kunstdrucktafeln.
Auf einfache und verständliche Weise wird gezeigt, wie man elektronische Temperaturmeßgeräte selbst herstellen kann.

Wir bauen Niederfrequenz-Verstärker
Vom Vorverstärker zur Gegentakt-Endstufe
von Richard Zierl
68 Seiten. 28 Abbildungen im Text.
8 Fotos auf 4 Kunstdrucktafeln.
Wir erfahren, wie Niederfrequenz-Verstärker arbeiten, wie man sie mit einfachen Mitteln selbst herstellt und wo man sie einsetzen kann.

Wir steuern mit Licht
Einfache Lichtsteuergeräte – selbst gebaut
von Ing. (grad.) Heinz Richter
76 Seiten. 39 Abbildungen im Text.
8 Fotos. 4 Kunstdrucktafeln.
Die klaren Bauanleitungen und Schaltpläne, ergänzt durch instruktive Fotos, beschreiben vielfältig prakt. verwendbare Geräte.

Zu beziehen durch Ihre Buchhandlung.

Telekosmos-Verlag
Franckh'sche Verlagshandlung · 7 Stuttgart 1 · Postfach 640

Wichtige Schaltzeichen

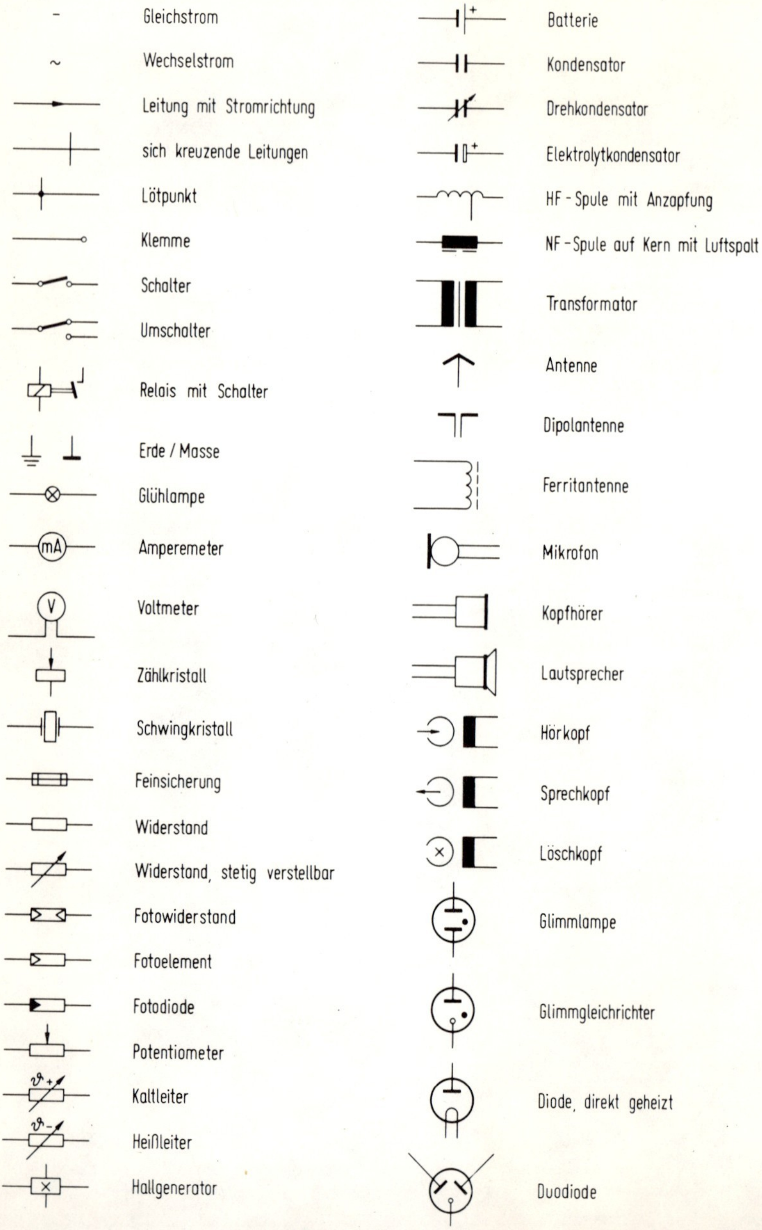

- Gleichstrom
~ Wechselstrom
Leitung mit Stromrichtung
sich kreuzende Leitungen
Lötpunkt
Klemme
Schalter
Umschalter
Relais mit Schalter
Erde / Masse
Glühlampe
mA Amperemeter
V Voltmeter
Zählkristall
Schwingkristall
Feinsicherung
Widerstand
Widerstand, stetig verstellbar
Fotowiderstand
Fotoelement
Fotodiode
Potentiometer
ϑ+ Kaltleiter
ϑ- Heißleiter
Hallgenerator

+ Batterie
Kondensator
Drehkondensator
+ Elektrolytkondensator
HF - Spule mit Anzapfung
NF - Spule auf Kern mit Luftspalt
Transformator
Antenne
Dipolantenne
Ferritantenne
Mikrofon
Kopfhörer
Lautsprecher
Hörkopf
Sprechkopf
Löschkopf
Glimmlampe
Glimmgleichrichter
Diode, direkt geheizt
Duodiode